AGROFORESTERIE EN AFRIQUE

Paul KERKHOF

AGROFORESTERIE EN AFRIQUE

PANOS
31, rue de Reuilly
75012 Paris

L'HARMATTAN
5-7, rue de l'École-Polytechnique
75005 Paris

Publié en Grande-Bretagne par Panos Publications Ltd
Angel House
9, White Lion Street
London N1 9PD

Première édition 1990

31, rue de Reuilly
75012 Paris
Tél. : (1) 43 79 29 35 - Fax (1) 43 79 91 35

L'Harmattan
5-7, rue de l'École-Polytechnique
75005 Paris

ISBN 2-7384-1016-2

Toutes les opinions exprimées dans ce livre n'engagent que leurs auteurs et non celles de l'Institut Panos, ni des agences qui ont participé à sa publication.
L'Institut Panos est un réseau international spécialisé dans les domaines de l'information, de l'environnement et du développement. Panos qui a des sièges à Londres, Paris, Washington et Budapest a été fondé en 1986 par l'équipe de Eartchan, qui poursuit la même politique depuis 1975.

La traduction et la mise en forme de ce livre en français ont été assurées par Cécile Guiochon, Christophe Roman et Martine Perrin.

SIGLES

BAT	British American Tobacco Company
BIT	Bureau international du travail (Nations unies)
CARE	Cooperative for American Relief Everywhere
CTA	Centre technique de coopération agricole et rurale
CTFT	Centre technique forestier tropical
DANIDA	Danish International Development Agency
DGIS	Directorate General for International Cooperation (Pays-Bas)
ENDA	Environnement, développement et action
EPAP	East Pokot Agricultural Project (Kenya)
FAO	Food and Agriculture Organization (Nations unies)
FLUP	Forest Land Use Project (Niger)
GLUP	Gursum Land Use Project (Ethiopie)
GRAAP	Groupement de recherche et d'appui pour l'autopromotion paysanne (Burkina Faso)
GTZ	Agence allemande pour la coopération technique
HADO	Hifadhi Ardhi Dodoma (Conservation des sols à Dodoma) (Tanzanie)
ICRAF	Conseil international pour la recherche en agroforesterie
IDRC	International Development Research Centre (Canada)
IITA	International Institute for Tropical Agriculture
INADES	Institut africain de développement économique et social
KEA	Kondoa Eroded Area (Tanzanie)
KWDP	Kenya Woodfuel Development Programme
ONG	Organisation non gouvernementale
NORAD	Norvegian Agency for international Developpement
PAF	Projet agroforestier (Burkina Faso)
PAFSAT	Promotion of Adapted Farming Systems Based on Animal Traction
PAP	Projet agropastoral (Rwanda)
RAP	Rural Afforestation Project (Zimbabwe)
SECAP	Soil Erosion Control and Agroforestry Project (Tanzanie)
SIDA	Swedish International Development Authority
SPU	Seedling Production Unit
TRDP	Turkana Rural Development Programme
UNHCR	Haut-Commissariat aux réfugiés (Nations unies)
USAID	United States Agency for International Development
ZOPP	Planification active par objectifs

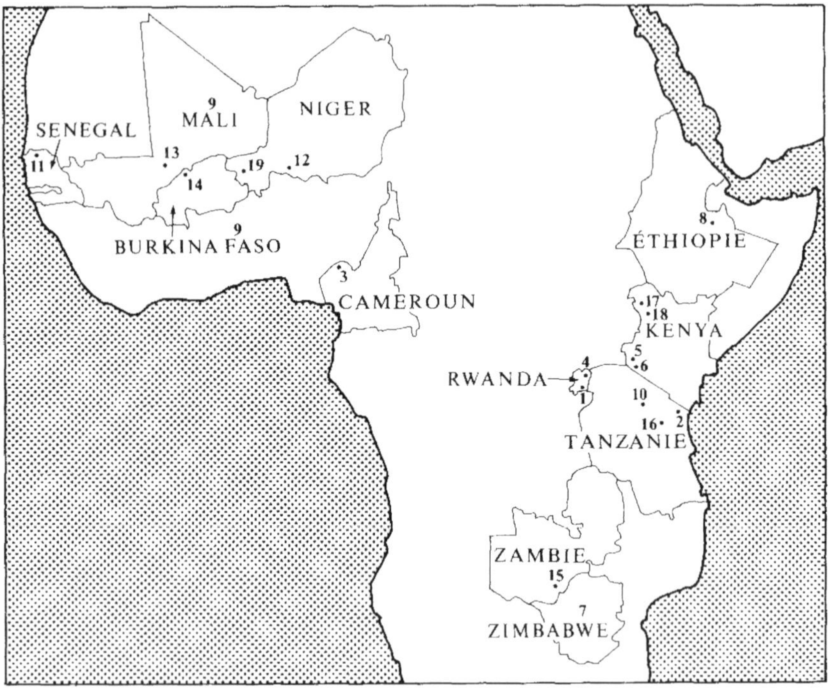

SENEGAL
9
MALI
NIGER
11
13
19
12
14
9
BURKINA FASO
3
CAMEROUN
8
ÉTHIOPIE
17
18
KENYA
5
6
4
RWANDA
1
10
16
2
TANZANIE
ZAMBIE
15
7
ZIMBABWE

LISTE DES PROJETS PAR CATÉGORIE

Catégorie A : arbres plantés pour augmenter la productivité en zone fertile

Projet	Sigle	Nom
1	PAP	Projet agropastoral de Nyabisindu, Rwanda
2	SECAP	Contrôle de l'érosion des sols et projet d'agroforesterie, Tanzanie
3	PAFSAT	Promotion d'un système agricole adéquat basé sur la traction animale, Cameroun

Catégorie B : arbres plantés pour le bois de feu ou autres produits

Projet	Sigle	Nom
4	Gituza	Projet forestier de Gituza, Rwanda
5	KWDP	Programme de développement pour le bois de chauffe, Kenya
6	BAT	Plan de boisement de la Cie BAT, Kenya
7	RAP	Projet de boisement rural du Zimbabwe
8	Gursum	Programme d'utilisation des sols à Gursum, Éthiopie

Catégorie C : projets de bois de villages

Projet	Sigle	Nom
9	Bois de villages	Projet Bois de villages, Mali et Burkina Faso
10	Boisement villageois	Programme de boisement villageois, Tanzanie
11	Ferlo	Reboisement autour des puits au Sénégal

Catégorie D : arbres plantés pour augmenter la productivité en zone aride

Projet	Sigle	Nom
12	Vallée Majjia	Projet de brise-vents dans la vallée Majjia, Niger
13	Koro	Projet agroforestier dans le village de Koro, Mali
14	PAF	Projet agroforestier, Burkina Faso
15	Lusume	Projet pour la conservation des sols et l'agroforesterie, Zambie

Catégorie E : projets pour restaurer la végétation naturelle

Projet	Sigle	Nom
16	HADO	Projet Hifadhi Ardhi Dodoma, Tanzanie
17	Turkana	Plan de développement rural au Turkana, Kenya
18	EPAP	Programme agricole du Pokot-Est, Kenya
19	Guesselbodi	Opération forêt, Niger

REMERCIEMENTS

Les auteurs tiennent à exprimer leur gratitude à tous ceux qui les ont aidés dans la préparation de cette étude. Ils adressent des remerciements tout particuliers au personnel attaché aux projets et à leurs collègues, dont les noms suivent, pour leur hospitalité et leur coopération :

Burkina Faso : M. Daudi, Alice Didi, Sana Issaka, Matthieu Ouadraogo, Wim Magerman, Jean-Marc Perrier, Damas Poda.
Cameroun : Karl Schleich, Mjei Mbah Wilfred, Klaus Zweier.
Éthiopie : Richard Doenges, Kevin Kamp.
Kenya : Floice Adoyo, Edmund Barrow, Noel Chavangi, Musa Enyola, Oscar Enyola, Mary Kekovole, Francis Kima, Simon Kimwe, Henry Kola, Sean McGovern, Duncan Michira, Jacob Moenga, Julius Mogire, Sarah Momenyi, Patrick Mungala, Milcah Ongayo, Boaz Shuma, Kees Vogt, Joseph Wekundah, Catherine Wituka, le personnel de vulgarisation et les producteurs de tabac de Kehancha.
Mali : M. Kombogourou, M. Koroporo, Dicko Adama Mahamane, Donald Mansius, Michael O'Brien, Garibou Podiogo.
Niger : Marshall Burke, Mani Djika, Armin Elbst, Leigh Heart, Amoul Kinni.
Rwanda : Ulrike Breitschuhe, Irma Corten, Peter Keller, Elie Hakizumwani, M. Mashavu, Jurgen Schmitt-Duchard, Siegfried Schroder.
Sénégal : M. Badji, Ulf Baum, Siggy Tluczykont.
Tanzanie : John Baributsa, Carl Gerden, M. Haule, Lars Johansson, Mwito Matiko, M. Mbegu, Michael Mdoe, M. K.C.H. Mndeme, Frank Mongi, M. Njau, M. Nkwera, Kiki Norden-Olsson, Cassian Sianga, M. Sakaya.
Zambie : Yembo Kaonga, Frank Boehener.
Zimbabwe : Blake Chakavanda, Antony Chazambamwe, M. Chihambakwe, Jeanette Clarke, Davison Gumbo, Yemi Katerere, M. Phiri.

Nous tenons également à remercier les personnes suivantes pour les précieux conseils qu'ils nous ont donnés en cours de projet, et pour leurs commentaires pendant la rédaction du travail :

Gordon Armstrong, Mike Arnold, Michel Baumer, Kjell Christophersen, Charles Condamines, Jean Clément, Alistair Fraser, Peggy Fry, Olivia Grant, Karin Holmgren, Dominique Hounkonnou, Robert Huggan, Nils Kjøllsen, John Michael Kramer, Jan Kuijper, Philippe de Leener, Mike McCall, Mathenge Mnene, Phil O'Keefe, Gay Pedlaw, John Raintree, Chris Rey, Marion van Schaik, El Hadji Sene, Gill Shepherd, Margaret McCall Skutsch, Claire Vignon, Remko Vonk, Karin Wohlin.

SOMMAIRE

AVANT-PROPOS

On a beaucoup écrit sur le potentiel de l'agroforesterie. Des exemples de systèmes traditionnels d'agroforesterie démontrent clairement comment les arbres peuvent être utilisés sur des exploitations agricoles de façon très productive. Des pistes de recherches sur de nouvelles techniques agroforestières et sur des combinaisons d'espèces offrent des résultats encourageants. Forts de ces recherches et soulevant beaucoup d'espoir, des projets agroforestiers ont démarré dans de nombreux pays.

Dans la pratique, être à la hauteur de ces espérances s'avène difficile. L'agroforesterie est une discipline encore récente. Le personnel, souvent isolé, doit dans une large mesure développer les techniques adéquates et envisager les problèmes au fur et à mesure qu'ils se présentent. Même si des leçons valables sont tirées chaque jour sur le terrain, il existe peu de réseaux pour en faire profiter d'autres projets, dans d'autres pays ou même dans des districts voisins.

Cette étude tente de remédier à ce problème. Elle propose un tour d'horizon de vingt et une expériences menées dans onze pays d'Afrique. Bien qu'elle s'inspire de divers rapports, elle est essentiellement basée sur une enquête menée sur le terrain auprès de chacun des projets décrits. L'agroforesterie est vue sous un angle pragmatique : celui des personnes les plus directement impliquées dans la conception et la réalisation des projets. C'est au même public que cet ouvrage s'adresse en priorité.

Le terme d'agroforesterie est ici employé dans son sens le plus large et les expériences ont été choisies pour illustrer des approches diverses et des situations écologiques variées. Leur point commun : toutes s'intéressent à l'exploitation intensive d'arbres dans un environnement agricole. Chacun de ces projets fonctionne également depuis trois ou quatre ans au minimum - leur âge moyen étant de presque neuf ans -, de sorte qu'il est possible d'en tirer des conclusions, au moins provisoires.

L'enquête a été menée de mars 1988 à mai 1989. Chaque visite fut l'objet de discussions détaillées avec les responsables du projet, des représentants locaux et autres acteurs. A partir de cette trame préalablement rédigée, le projet était soumis au personnel concerné pour être commenté et éventuellement corrigé.

Le rapport final est divisé en trois parties. La **première partie** résume l'ensemble des leçons qui ont pu être tirées jusqu'à ce jour. La **deuxième partie** esquisse le profil des vingt et une expériences (en dix-neuf profils, car deux d'entre eux intéressent deux projets). Pour faciliter les comparaisons, les profils sont regroupés en cinq catégories. Bien qu'il existe certains recoupements entre chacune d'elles, les projets de chaque catégorie présentent de grandes similarités étant donné leur approche et leurs objectifs et l'environnement dans lequel ils se déroulent. La **troisième partie**, enfin, reprend les différents profils puis propose et discute un certain nombre d'éléments clés pour la conception et la réalisation de projets.

Cette étude a été financée par la Swedish International Development Authority (SIDA), le Centre technique de coopération agricole (CTA) et la Commission de la Communauté européenne. La recherche et la rédaction ont été menées principalement par Paul Kerkhof, spécialiste en agroforesterie ayant une expérience professionnelle de terrain dans plusieurs projets en Afrique. Ce rapport a été coordonné et édité, dans sa version anglaise, par Gerald Foley et Geoffrey Barnard, de l'Institut Panos à Londres.

Nous remercions un grand nombre de personnes pour leur assistance dans la préparation de ce travail (voir page 8). Des remerciements particuliers s'adressent aux équipes de terrain des projets étudiés. Sans leurs patientes explications et la franchise avec laquelle elles ont accepté de discuter de leur travail, cette étude n'aurait jamais été possible. Nous adressons également toute notre reconnaissance à ceux qui ont relu le premier jet de ce rapport, pour les conseils et suggestions qu'ils nous ont proposés. La responsabilité concernant les opinions exprimées ici reste néanmoins exclusivement celle de leurs auteurs et n'engagent pas l'Institut Panos, SIDA, le Centre technique de coopération agricole ni l'Agence de coopération culturelle et technique.

The Panos Institute
9 White Lion Street
London N1 9PD
UK

La traduction et la mise en forme de ce livre en français ont été assurées par Cécile Guiochon, Christophe Roman et Martine Perrin.

Institut Panos
31, rue de Reuilly
75012 Paris
France

PREMIÈRE PARTIE

LES LEÇONS DE L'EXPÉRIENCE

LES LEÇONS DE L'EXPÉRIENCE

Les projets couverts par cette étude représentent une large gamme d'expériences. Le choix et l'analyse de ces projets ont porté essentiellement sur les résultats pratiques obtenus. L'objectif étant de faire ressortir, en situation concrète, ce qui a réussi et ce qui n'a pas réussi.

Bien que les expériences aient été très variées, un certain nombre de leçons précises peuvent en être tirées. Certaines sont extrêmement positives. Mais il est tout aussi important de souligner ce qui a échoué, ou mal fonctionné, pour mettre en garde les concepteurs de projets. C'est tout aussi stimulant pour les chercheurs. L'avenir de l'agroforesterie repose sur la mise en place de techniques et d'approches solides et éprouvées, applicables dans les conditions réelles de terrain.

ATTITUDES VIS-A-VIS DE LA CULTURE D'ARBRES

Quelles que soient les conditions climatiques ou écologiques, la plupart des gens reconnaissent l'importance des arbres. Ce qui varie, c'est leur façon d'envisager leur culture.

Là où les sols sont fertiles et le climat favorable, les agriculteurs font déjà pousser des arbres. Cela reste vrai même dans les zones où la densité de la population est très forte et la taille des exploitations petite. De la même manière, quand les projets ont fourni aux agriculteurs des plants des espèces souhaitées, ou même des semis, ils ont en général obtenu des résultats significatifs.

Dans ces mêmes zones, les nouvelles espèces et les techniques arboricoles proposées ont été bien reçues. On a cependant pu constater une résistance fréquente aux changements radicaux dans les méthodes de travail, surtout lorsque ces changements réclament un gros investissement de temps. Pour des raisons tout à fait évidentes et compréhensibles, les agriculteurs ont tendance à préférer des changements mineurs et progressifs. Et, à moins d'être convaincus de l'utilité de ces nouvelles techniques, ils ne souhaitent pas prendre de gros risques pour les essayer.

Dans les zones agricoles arides, la culture d'arbres est beaucoup plus diffficile : la vitesse de croissance est plus lente, le taux de survie plus bas, et la protection des plants pose de réels problèmes. Les agriculteurs sont alors très réservés à l'idée d'investir du temps et des efforts pour la culture des arbres. Même lorsqu'ils y sont prêts, ils ont du mal à aller chercher les plants dans les pépinières. Il semble qu'encourager la régénération naturelle des arbres est, pour les paysans, plus facilement acceptable que d'en planter, car c'est une activité plus économique et moins risquée. Certains projets ont également étendu leur activité en créant des haies autour des champs, ou en y ajoutant d'autres techniques agroforestières visant à améliorer la production agricole.

En zones pastorales, les tentatives de plantation d'arbres ont donné, presque partout, des résultats médiocres, avec des coûts élevés et des vitesses de croissance souvent très faibles. Protéger certaines zones de la dent des ruminants s'est avéré un moyen beaucoup plus efficace pour restaurer la végétation naturelle et la strate arbustive. La clé de telles situations est le contrôle des pâturages — sujet sensible dans toute communauté pastorale. Certains projets ont introduit ce contrôle en collaboration étroite avec les communautés locales. D'autres l'ont imposé par des réglementations gouvernementales rigides et une surveillance stricte. Là où les contrôles sont efficaces, l'impact sur la végétation locale est souvent spectaculaire : de grandes surfaces de terrain sévèrement endommagées redeviennent productives, à un coût bien inférieur à celui d'une opération de plantation de même ampleur.

LES MOTIVATIONS

Certains projets ont encouragé les villageois à planter des arbres ou à s'occuper de la conservation des sols, en leur offrant en échange de la nourriture ou de l'argent. Au-delà de la question de savoir si les agriculteurs resteront suffisamment motivés pour continuer ce travail quand ces incitations auront disparu, les résultats concrets de ces projets ont souvent été considérables.

Là où les agriculteurs ont choisi délibérément de planter des arbres sur leurs terrains, ils ont en général sélectionné les espèces avec soin ; leurs choix étant souvent très différents de ceux de l'équipe responsable du projet. Les espèces fixant l'azote ont, par exemple, été moins appréciées que ne l'avaient imaginé les concepteurs du projet au départ.

Les expériences qui ont tenu compte de telles préférences ont en général eu de bien meilleurs résultats que celles qui ont conservé leur idée de départ quant au type d'arbres à planter.

Il est également apparu clairement que la pénurie de bois de chauffe est rarement une motivation suffisante en elle-même, pour encourager les gens à planter des arbres. Bien que le bois de chauffe puisse être apprécié comme produit secondaire, les agriculteurs considèrent plutôt les arbres comme source de bois de construction, pour faire des perches et surtout comme source de produits divers pour l'alimentation humaine et animale, la pharmacopée, l'artisanat — en particulier quand ils peuvent en tirer de l'argent liquide. La recherche d'ombre ou le marquage des limites d'exploitations peuvent aussi constituer de bonnes motivations pour certains. C'est pourquoi les projets centrés sur la seule production de bois de chauffe ont rencontré certains problèmes.

L'IMPACT DES ARBRES SUR LA PRODUCTION AGRICOLE

L'objectif explicite de plusieurs projets était de permettre l'utilisation des techniques agroforestières pour augmenter la production agricole. Cependant, jusqu'à présent, aucun d'entre eux n'a donné de preuve irréfutable que cet objectif avait été atteint sur le terrain.

La pénurie de bois de chauffage constitue rarement une motivation suffisante pour planter des arbres. Cependant, quand les arbres ont poussé, le bois de feu s'avère être un sous-produit utile.

Sean Spragues/Panos Pictures

Des résultats encourageants ont été obtenus par des essais de culture intercalaire dans le projet PAP au Rwanda, mais ils n'ont pas encore été confirmés auprès des paysans. De la même façon, il est clair que les brise-vent construits dans la vallée de la Majjia au Niger ont sensiblement augmenté la production agricole. Mais les résultats sont très inégaux, et, jusqu'à aujourd'hui, il n'a pas été possible d'en tirer de conclusions définitives.

Le fait est que les arbres occupent un espace qui pourrait être utilisé pour l'agriculture. C'est vrai aussi qu'ils disputent aux cultures voisines la lumière et les substances nutritives du sol. L'amélioration du rendement sur l'ensemble du système agricole doit donc pouvoir compenser ces effets négatifs pour que l'agriculteur en tire un bénéfice correct.

C'est pourquoi les conclusions restent prudentes. S'il est possible, dans certains cas, d'observer des effets positifs sur le rendement agricole, ces effets ne sont pas toujours garantis. Au-delà de certains résultats évidents, il serait dangereux de faire des hypothèses sur l'amélioration assurée de la production. Il est préférable d'envisager ces projets dans un esprit plus large, en s'attachant aux produits que ces arbres peuvent fournir et à l'amélioration de l'environnement.

L'EXIGENCE DE SOUPLESSE

Bon nombre de projets démarrent sur une idée préconçue des problèmes à traiter et de leurs possibles solutions. Ces hypothèses de départ se sont souvent révélées fausses dans la pratique. Pourtant, la plupart des projets ont, plus ou moins tardivement, pris conscience de cette erreur et corrigé le tir. Dans certains cas, les projets ont été complètement remodelés.

Cette souplesse est cruciale pour le succès des projets. Pourtant, soumis à l'urgence d'obtenir des résultats immédiats, bien des efforts et des ressources ont été gaspillés par la poursuite d'approches inadaptées ou mal adaptées aux réalités locales. L'expérience montre toujours, combien il est risqué de poursuivre des projets, sans en avoir préalablement et sérieusement vérifié les fondements.

LA CONCEPTION D'ENQUÊTES ET L'EXPÉRIMENTATION

Des enquêtes préalables bien étudiées, suivies d'une surveillance et d'une évaluation adaptées, sont cruciales pour lancer un projet sur la bonne voie et s'assurer qu'il y reste. Dans la pratique, de nombreux projets analysés ici n'ont entrepris d'étude globale que bien après avoir débuté, et peu d'entre eux ont réussi à mettre en place des systèmes de contrôle et d'évaluation.

Trouver le juste équilibre dans la conception de cette enquête, soit en recueillant des données de base, soit en prévoyant le suivi et l'évaluation ultérieure, est une chose difficile. Lorsque ces études ont été effectuées, elles ont tendance à surévaluer le rôle des techniques, faisant appel à de longs questionnaires et à une grande quantité d'analyses de données ; tout en ignorant souvent des points importants comme la propriété de la terre, les droits des propriétaires terriens, la disponibilité en main-d'œuvre, le rôle des femmes dans les prises de décisions, etc.

S'il est clair que des études détaillées sont tout à fait utiles dans certains cas, le risque serait plutôt de trop en faire. Ce genre d'études absorbe un temps et un travail énormes, souvent sans grand résultat. Lorsque les ressources sont limitées, la simplicité est souvent la meilleure formule. Dans ce cas, l'enquête doit être précise, de façon à se centrer le mieux possible sur les thèmes directement liés au projet.

Il est important également de s'assurer que les études préalables sont bien intégrées au projet, qu'on ne les considère pas comme une pure formalité administrative. Associer le personnel de vulgarisation à ce travail préliminaire et à l'analyse des résultats est souvent le meilleur moyen de réussir cette étape. D'autant qu'elle remplit en même temps un rôle de formation du personnel.

Les mêmes conclusions s'appliquent aux recherches expérimentales. Pour donner de bons résultats, elles doivent être intégrées au projet. Elles doivent aussi être adaptées aux ressources, au calendrier et aux besoins définis préalablement. A quoi bon, en effet, commencer des recherches élaborées si elles ne peuvent se poursuivre faute de moyens financiers ou humains, ou si elles ne donnent pas de résultats en temps voulu pour influencer les stratégies en cours ?

La question des mérites respectifs de la recherche en laboratoire ou sur le terrain est toujours l'objet de débats houleux dans les milieux agroforestiers. Il est extrêmement difficile de prévoir des recherches qui donnent des résultats statistiquement valides et qui, en même temps, reflètent fidèlement la complexité et la variété des conditions agricoles locales. Il n'existe pas de solution miracle à ce problème. Une combinaison des deux systèmes — recherche en laboratoire et sur le terrain — sera souvent nécessaire.

ADAPTER LE DISPOSITIF TECHNIQUE

Une des grandes leçons de la pratique est la nécessité de tester, dans les conditions locales, tout le dispositif technique avant de le diffuser. Les essais pour transposer les techniques directement d'un projet à un autre, ou bien d'un livre ou d'un laboratoire de recherche au terrain, ont souvent été décevants.

L'exemple le plus frappant, parmi les projets visités, est celui de la culture en bandes alternées de *Leucaena leucocephala*. C'est une des techniques agroforestières qui a connu la plus large publicité et qui, en son temps, a été considérée comme universellement applicable. En fait, dans sa forme originale, elle a conduit à de cruelles déceptions dans tous les projets où l'on a cherché à l'appliquer.

Cela ne signifie pas pour autant que des techniques comme la culture en bandes alternées ne puissent jamais être transférées d'un lieu à un autre. Cela souligne simplement que, pour une application à grande échelle, tout l'appareillage technique de ce modèle doit avoir fait ses preuves dans les conditions locales.

Dans bien des cas, il faudra modifier le dispositif technique pour l'adapter aux conditions locales. En ce qui concerne la culture en bandes alternées, par exemple, certains agriculteurs ont retenu l'idée principale et l'adaptaient d'eux-mêmes à leurs propres plantations. Ils ont, par exemple, utilisé différentes espèces et, plutôt que de planter les arbres en rangs serrés, ils ont opté pour une plantation dispersée — pratique qui s'avère souvent beaucoup plus populaire auprès des agriculteurs que les formes plus intensives de cultures intercalaires.

Là où les projets n'ont pas le temps ou les moyens nécessaires de mettre en place un véritable programme de recherche, engager des agriculteurs volontaires comme « chercheurs locaux » peut être une alternative très efficace. On leur offre un éventail de techniques et d'espèces, et il leur appartient de trouver celles qui leur semblent les plus utiles. Après ce tri, la sélection la plus fréquemment retenue peut être adoptée en toute confiance comme référence pour développer les projets.

LES MÉTHODES D'ÉVALUATION

Toutes les équipes ont dû affronter la tâche délicate de transmettre leur message aux populations locales. De nombreuses approches ont été tentées. Aucune ne s'est montrée vraiment efficace, et la plupart des animateurs ont reconnu qu'il restait beaucoup à faire, comme par exemple associer les femmes aux projets.

Il est essentiel que le personnel chargé de la vulgarisation s'implique sur le terrain et rencontre les intéressés, s'il souhaite faire son travail correctement. Ce n'est pas si simple, car souvent les routes sont mauvaises, les moyens de transport rares, et les conditions difficiles. Mais c'est là que se joue toute la différence entre un travail d'évaluation réussi et un travail peu efficace.

Les responsables du projet doivent soutenir ce processus en s'impliquant eux-mêmes, en rencontrant le personnel de terrain et en lui apportant le soutien et les encouragements nécessaires. Il est bien sûr essentiel de mettre en place des procédures de planification et de bilan des projets. Mais si ces activités finissent par perturber le travail capital de rencontre avec les agriculteurs, alors, elles produisent l'effet inverse.

Il est également essentiel que les approches de vulgarisation s'adaptent aux coutumes locales et aux traditions. Certains ont utilisé les réunions de villages pour diffuser le message, d'autres sont passés par les groupes de femmes, les écoles, les Églises... Certains ont travaillé avec des agriculteurs isolés, mais cette méthode est plus lente que le travail de groupe.

Difficile de transférer un « paquet technique » d'un lieu à un autre. Leucanea *qui pousse bien dans la Tanzanie voisine donnera-t-il de bons résultats dans les cultures en bandes alternées de Gituza ?*

Lars Johansson

Dans certains cas, des techniques audiovisuelles, des dessins, des pièces de théâtre ont été très utiles pour sensibiliser les villageois. Mais on ne peut se contenter de divertir les gens. Pour que ces spectacles soient efficaces, les exemples choisis doivent être en prise sur les réalités et les problèmes locaux.

Des fermes modèles ont parfois permis de présenter de nouvelles techniques ; mais la plupart du temps elles ont eu peu d'impact sur les agriculteurs. Même si, sur le plan technique, elles étaient performantes et impressionnaient les visiteurs, elles restaient perçues comme des îlots coupés de la communauté agricole. C'est pourquoi cette approche a en général été abandonnée.

Dans la majorité des cas, l'accent a été mis sur la participation des villageois. De nombreux projets ont évolué d'une attitude centralisée et lourde, vers une stratégie visant à encourager les intéressés à définir eux-mêmes le mode d'aide qu'ils souhaitaient obtenir. Il convient cependant de noter que ce n'est pas la seule formule qui ait réussi. Certains projets ont eu d'excellents résultats en appliquant des mesures autoritaires, comme le contrôle obligatoire des zones de pâturage.

Des écoliers du Zimbabwe s'occupant de jeunes pousses. De nombreux projets ont eu recours aux écoles pour diffuser leur message.
Chris Pennarts

LE CADRE INSTITUTIONNEL

Le contexte institutionnel des projets est varié. En termes de taux de réussite, il n'apparaît aucune différence entre les projets menés par des agences gouvernementales et ceux conduits par des ONG, qu'elles soient locales ou internationales. Les meilleurs résultats ont été recueillis là où la collaboration entre agences gouvernementales et ONG avait fonctionné d'une manière efficace.

D'autre part, on ne peut noter aucune corrélation entre le succès des projets et le montant des frais engagés. Il semble même que les programmes les plus coûteux, avec des budgets de 500 000 dollars par an ou plus, aient eu de moins bons résultats que les projets plus modestes. En effet, les plus gros budgets ont tendance à investir beaucoup d'argent dans les bureaux, les logements de fonction, les véhicules et autres dépenses de service, au détriment des aspects concrets liés aux objectifs de terrain.

Une autre question importante, qui découle d'exemples vécus, est de savoir si les services des Eaux et forêts sont les mieux placés pour s'occuper de vulgarisation agroforestière. En effet, dans les pays où les forestiers sont encore perçus comme des policiers, cela représente un blocage de taille pour gagner la confiance du public. De plus, certains départements spécialisés manquent de l'infrastructure et du cadre de formation nécessaires pour assurer un programme de vulgarisation dans ce domaine. Dans ce cas, on peut se demander si les agences de vulgarisation agricole ne sont pas mieux placées pour promouvoir l'agroforesterie. En tout cas, il serait bon, presque partout, d'élargir les équipes pour y associer des agronomes et autres spécialistes, plutôt que de s'en remettre aux seuls forestiers.

Quelle que soit l'agence qui exécute le projet, il est important qu'elle prévoie une aide étalée sur une période suffisamment longue, les projets agroforestiers exigeant, pour porter leurs fruits, une durée relativement importante. Si l'on veut qu'une opération réussisse, il est capital de lui assurer un financement pendant une période suffisamment longue (de cinq à dix ans).

On peut aussi remarquer que la plupart des projets ont dû changer de cap en cours de route, parfois de façon très radicale, au vu des résultats des premières années d'expérience. Ce fait souligne à quel point il est important que l'équipe responsable ne soit pas soumise à toutes sortes de pressions pour produire des résultats immédiats, mais qu'elle puisse tirer les leçons de sa propre expérience.

CONCLUSION

Aucun jugement définitif n'est encore possible au sujet des projets présentés dans cette étude. La plupart d'entre eux ont obtenu un degré de réussite variable, dans des domaines parfois différents de ce qui avait été initialement prévu. De plus, tous ces projets continuent de rencontrer des problèmes. Vu les défis variés qu'ils rencontrent, il faut bien reconnaître que beaucoup de travail reste à faire.

Sur la question essentielle de l'efficacité du soutien qu'elles apportent, peu d'équipes peuvent assurer que les changements qu'elles ont introduits subsisteront et s'étendront, au-delà du temps imparti au projet. Dans certains cas, notamment ceux qui font appel à la formule « nourriture contre travail », cet objectif semble peu réaliste. Mais il est certain que malgré les erreurs qui ont pu être commises, la plupart des projets étudiés ont permis des progrès importants. Ils ouvrent, en tout cas, une voie utile et positive.

En bref, cette étude démontre à la fois le potentiel que représente l'agroforesterie et les difficultés pratiques qu'elle soulève. Elle rappelle qu'il n'y a pas de solution simple, instantanée, universellement applicable. Elle confirme cependant la pertinence de l'approche agroforestière, à condition de l'appréhender dans son sens le plus large et de la mettre en œuvre selon les priorités et les besoins locaux.

DEUXIÈME PARTIE

LES PROJETS

PROJET AGROPASTORAL DE NYABISINDU AU RWANDA

DES FERMES ÉCOLOGIQUES A L'AGROFORESTERIE

La nécessité d'améliorer les techniques agricoles au Rwanda paraît évidente depuis longtemps. En effet, la densité de population dans certaines parties du pays figure parmi les plus élevées d'Afrique et constitue une sérieuse menace pour le système agricole actuel.

Des essais ont été menés dans cette région depuis plus de vingt ans pour introduire des méthodes d'agriculture sophistiquées. Pour des raisons écologiques, la priorité absolue a été donnée aux arbustes de la famille des légumineuses. Mais les agriculteurs préfèrent de loin planter du *Grevillea robusta* pour faire du bois.

Promouvoir un développement écologique

Nyabisindu est situé au sud du Rwanda. A l'image de presque tout le pays, le terrain est vallonné, l'altitude variant entre 1500 et 2000 m. La pluviométrie annuelle atteint environ 1200 mm.

Du fait de sa proximité avec la zone montagneuse de forêt ombrophile, la végétation est verte et luxuriante et donne l'impression d'une agriculture florissante. Mais le Rwanda est un des pays les plus pauvres et les plus peuplés du monde. Les six communes actuellement concernées par le projet comptent une population de 300000 habitants. Chaque commune est, à son tour, divisée en secteurs de 5000 habitants environ. Dans certains endroits, la densité de population — qui va croissant — est supérieure à 400 habitants au km^2.

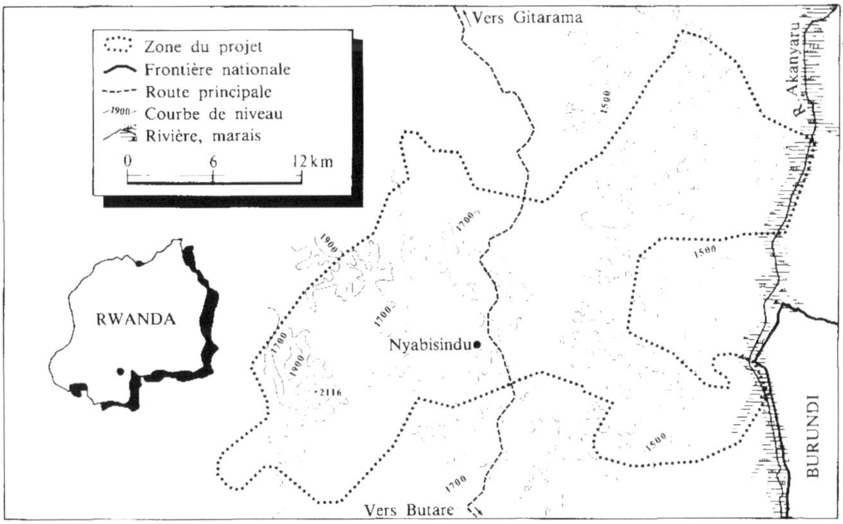

Nom du projet	**Projet agropastoral de Nyabisindu (PAP)**
Adresse	**BP 70, Nyabisindu, Rwanda**
Zone du projet	**Six communes au sud du pays**
Précipitations	**1 200 mm par an**
Exécution	**Ministère de l'Agriculture, avec 3 ou 4 expatriés**
Financements	**Tous les financements extérieurs viennent de GTZ Jusqu'en 1987 : 760 000 $ par an En 1988 : 540 000 $**
Taux de change	**1 franc rwandais – 0,08 F**

Le projet agropastoral de Nyabisindu (PAP) existe depuis 1969. C'est un des projets les plus anciens et les mieux connus en Afrique. Chaque année, plus de deux mille personnes viennent en visite d'étude sur le site.

Depuis qu'il a démarré, le projet est financé par GTZ, l'Agence allemande pour la coopération technique, le gouvernement du Rwanda apportant pour sa part environ 20 % du budget, salaires des personnels non compris. GTZ finance également trois ou quatre conseillers techniques permanents.

Le budget de départ prévoyait la réhabilitation d'une laiterie et l'amélioration de la collecte de lait. Après la crise du pétrole de 1973, l'équipe a compris que le développement du projet était limité par le coût des engrais et la pénurie de bois de chauffe. Le projet s'est alors étendu à la production de fourrage, à la confection de potagers et à la plantation d'arbres.

La philosophie du projet repose sur les postulats écologiques des années 70. En réaction contre les principes de la révolution verte, populaire à cette époque, le projet défendait l'agriculture biologique pour restaurer et stabiliser la fertilité des sols, très dégradés dans la région. Dans ce système de « développement écologique », chaque volet était censé soutenir l'autre et trouver en même temps son propre équilibre.

Une centaine de fermes modèles furent conçues, sur les principes de l'agriculture biologique. Des salariés furent embauchés pour diffuser les nouvelles techniques et l'on fournit aux agriculteurs tout ce dont ils avaient besoin pour créer les exploitations, y compris du personnel temporaire. Ce type d'aide était perçu comme essentiel pour mettre en pratique ces idées, dans la mesure où elles demandaient une transformation radicale de toutes les conceptions antérieures.

On pensait que si les fermes expérimentales réussissaient, le message se propagerait automatiquement. Les animateurs étaient convaincus que si le dispositif technique était performant, les agriculteurs du voisinage souhaiteraient aussitôt l'employer à leur tour.

La politique de création et de financement des fermes modèles fut poursuivie jusqu'à la fin des années 70. On se rendit compte alors qu'elles avaient en fait peu d'impact. Les fermes elles-mêmes avaient des mérites évidents par rapport aux objectifs du projet. Elles étaient relativement faciles à gérer, elles étaient convaincantes pour le public, et elles rassuraient les financeurs. Malgré leurs mérites, la plupart de ces expériences restaient coupées des communautés agricoles locales.

Cependant, cette phase du projet a favorisé une prise de conscience importante des contraintes écologiques qui pèsent sur le développement rural en Afrique et ailleurs. Elle mit encore plus en évidence les limites de la révolution verte et permit de développer des alternatives, comme l'agroforesterie, les engrais verts et le pâturage contrôlé.

Un programme de recherche en agroforesterie

En 1979, un programme de recherche fut lancé pour justifier scientifiquement les recommandations qui étaient faites. Trois conseillers en recherche agroforestière furent engagés et entamèrent les plus grandes recherches jamais faites en Afrique sur les associations d'arbres et de cultures vivrières.

Leur travail a produit une moisson de données très utiles (Neumann et Pietrowicz, 1986 — voir bibliographie). Il en ressortait que le système agroforestier le plus efficace était celui qui prévoyait la plantation de *Grevillea robusta* en rangs, sur des « bandes de conservation du sol » longeant les courbes de niveau, sur les terrains pentus et le long des clôtures. Selon ce plan, les arbres sont en général associés à un sous-étage d'arbustes de la famille des légumineuses. L'orientation est-ouest est l'orientation idéale de ces bandes, de façon à réduire l'ombre sur les cultures vivrières ; à moins que l'orientation des pentes n'impose une autre implantation.

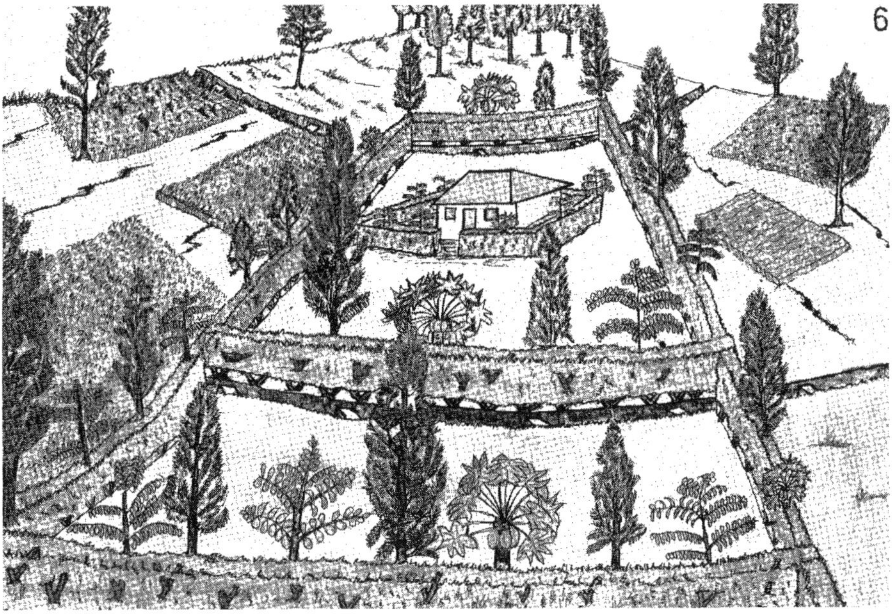

Pour illustrer les nouvelles techniques, on fait appel au dessin

Plusieurs densités et périodes de rotation furent essayées. La combinaison la plus productive entre la culture d'arbres et les cultures vivrières fut obtenue avec 400 à 600 *Grevillea*, âgés de 4 à 6 ans, par hectare ou 250 à 300 arbres, âgés de 9 à 10 ans, par hectare. Dans les deux cas, le couvert maximal des cimes était de 20 % environ.

Un essai avec 350 *Grevillea* par hectare a donné, au bout de neuf ans, une production annuelle de 14,6 m^2 de bois et 3,07 tonnes de feuilles (poids frais). Les chercheurs affirment que de tels rendements sont plus que suffisants pour satisfaire aux besoins en bois d'une famille de six personnes. En conséquence, ils ont expliqué qu'une taille et un élagage rigoureux permettraient de maintenir ces résultats, avec le procédé des cultures intercalaires intensives.

On a également lancé des recherches sur les cultures intercalaires dispersées d'arbustes de la famille des légumineuses. Les résultats sont très variés, en fonction des espèces et des sites choisis. Lorsque *Sesbania sesban*, par exemple, est cultivé avec du café à raison de 500 arbres par hectare, la production totale de la biomasse des arbres est de 7,4 tonnes par hectare (poids frais) au bout de quatre ans de culture. Le grand avantage de ces espèces est qu'elles demandent peu d'entretien. A la différence de *Grevillea*, une taille ou une récolte tardive de *Sesbania sesban* a peu d'influence sur le rendement des cultures vivrières.

Les recherches ont également montré que les arbres ont un taux de croissance et de survie bien meilleur sur les terres cultivées. C'est particulièrement vrai sur les limites de terrains. Quatre fois plus d'arbres survivent aux abords des terres cultivées qu'aux abords des pâturages. De même, la croissance des arbres sur les terres cultivées est une fois et demie à trois fois plus rapide que sur les pâturages. Ce n'est pas très surprenant, compte tenu de la concurrence qui se joue dans les herbages, au niveau des racines, alors que les champs cultivés ne portent pas de mauvaises herbes. Plusieurs autres projets en Afrique ont abouti aux mêmes résultats.

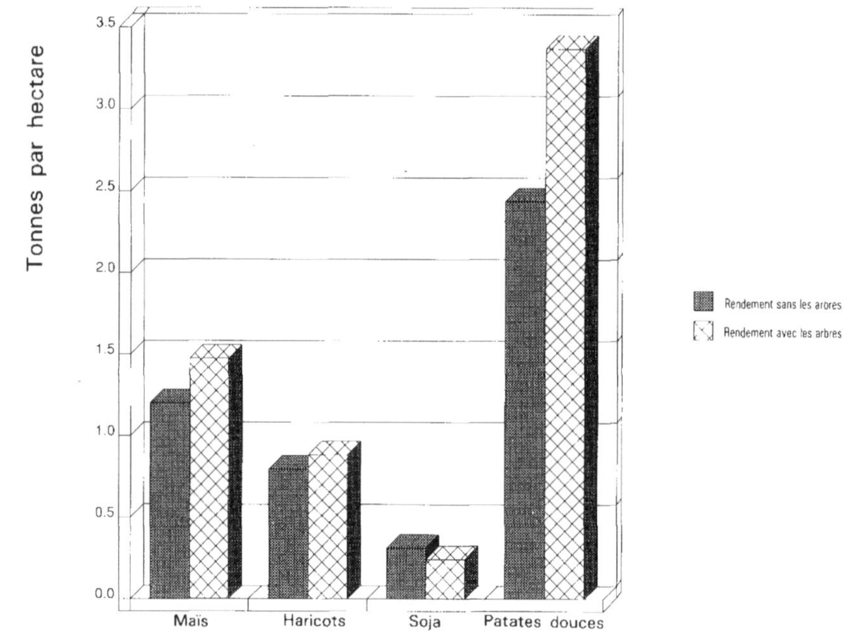

Source : Neumann et Pietrowicz (1986)

Figure 1.1 — *Incidences de la culture intercalaire sur la production agricole (moyenne sur cinq saisons)*

Tableau 1.1

Espèces	Hauteur de la taille (cm)	Production* (kg)
Leucaena leucocephala	80	102
	45	66
Calliandra calothyrsus	165	196
	50	124

** Production sèche annuelle pour 100 m de haie.*

Source : Neumann et Pietrowicz (1986).

Des essais ont également été menés sur des haies avec *Calliandra calothyrsus, Leucaena leucocephala, Sesbania sesban, Morus alba* et *Tephrosia vogelii.* Les conclusions suggèrent de planter les haies en bandes de 60 cm de large, sur les parties hautes des terrasses ou le long des courbes de niveau. Elles indiquent également qu'une taille à un mètre du sol ou plus est préférable à une coupe au ras du sol. Le tableau 1.1 montre les résultats (production sèche) pour différentes espèces et différentes hauteurs de taille.

Les effets de la culture intercalaire d'arbres sur les rendements des cultures vivrières ont été mesurés sur plusieurs années ; ils apparaissent en général positifs. Certains résultats sont présentés dans le tableau 1.1. Ils montrent une augmentation des rapports pour le maïs, les haricots et les patates douces, alors que les rendements ont diminué pour le soja.

Ce programme de recherches intensives a débordé sur la conception d'un certain nombre de projets types. *Grevillea robusta* est recommandé aussi bien pour les cultures intercalaires que pour délimiter les champs ou courir le long des courbes de niveau ; la densité des arbres étant réduite par des rotations successives. Les arbustes de la famille des légumineuses sont particulièrement conseillés pour des haies de 60 cm de large, en altitude ou sur les terrasses.

Les chercheurs ont calculé que les bénéfices d'un agriculteur utilisant ces techniques seraient plus de deux fois ceux d'un agriculteur ne les employant pas. Mais rien n'assure que les paysans seront convaincus ou qu'ils pourront reproduire ces résultats dans la pratique.

Entre 1980 et 1984, des expérimentations furent menées en laboratoire ou dans des fermes modèles, dans des conditions contrôlées. Les chercheurs étaient persuadés qu'il était pratiquement impossible d'obtenir des données scientifiques fiables à partir des recherches de terrain. Mais plus tard, on s'efforça de mener les recherches sur les exploitations elles-mêmes. Malgré la qualité du travail en laboratoire, le projet PAP préconise désormais de poursuivre les recherches dans les conditions agricoles réelles.

Techniques de diffusion

Le recours aux fermes modèles pour faire connaître les nouvelles techniques agroforestières fut abandonné en 1982. Le projet emprunta alors les méthodes de vulgarisation du Projet agropastoral de Kibuye, dans l'ouest du Rwanda. Cette nouvelle approche fut tout à fait au point en 1985.

Dans ce nouveau système, la validité des dispositifs définis dans la phase de recherche a tout d'abord été testée auprès d'un groupe limité d'agriculteurs (de 200 à 1 000). Les techniques mal adaptées ont alors pu être corrigées avant d'être appliquées plus largement.

La diffusion de l'information se fait surtout lors des réunions de village au cours desquelles l'animateur développe un thème particulier, illustré par des images dessinées sur place et présentées sur un panneau de flanelle ; l'objectif est de provoquer un débat avec les villageois. Les thèmes sont toujours choisis sur la base de consultations et d'entretiens annuels avec les agriculteurs. Après la discussion, on distribue des petits documents en langue locale, parfois même des semences ou des plants. Bien que cette méthode ait son caractère propre, elle présente des points communs avec celle employée en 1979 par le Groupe de recherche et d'appui pour l'autopromotion paysanne au Burkina Faso (GRAAP).

La dégradation de l'environnement, les cultures en bandes alternées et les engrais organiques sont des thèmes possibles de débat. Une présentation type contient une quinzaine d'images. Comme les personnes chargées de la vulgarisation des projets sont relativement nombreuses, des milliers d'images sont nécessaires. Une dizaine de personnes sont donc rattachées à un atelier pour peindre ces images.

Pendant les années 70, le PAP avait son propre personnel pour vulgariser les projets, mais à partir de 1980, il eut recours à celui du ministère de l'Agriculture. Ses activités ont néanmoins été entravées par le manque de personnel qualifié. En outre, les autorités locales ont tendance à employer les spécialistes à des tâches extérieures au développement agricole, donner des amendes ou récolter les taxes, par exemple.

Soixante-dix personnes environ participent à la vulgarisation de ce projet, et six au développement forestier. Des agronomes supervisent l'ensemble, à raison de un par commune. Le projet compte également un forestier et du personnel vétérinaire.

Les vulgarisateurs ont droit chaque année à environ trois semaines de formation et reçoivent une formation complémentaire de l'Institut africain de développement économique et social (INADES), spécialisé dans la formation agricole en Afrique francophone. Le forestier, les agronomes et le personnel vétérinaire bénéficient de trois à quatre semaines de formation.

Renforcer les capacités de planification

Une des contraintes les plus gênantes qui a freiné le développement des projets concerne le manque de planification, de coordination et de contrôle adéquats au sein du ministère de l'Agriculture C'est pourquoi un gros effort a été fait pour améliorer la situation au niveau du ministère.

De façon à s'assurer que les objectifs visés, les moyens utilisés, et les niveaux de production atteints sont toujours évalués et vérifiés, le projet a mis en place un système de planification élaboré. Le système, baptisé ZOPP (Ziel orientierte Projekt Plannung) : « Planification participative par objectifs », emprunta les bases du système mis en place par l'Agence allemande pour la coopération technique (GTZ), en 1987.

Le système ZOPP prévoit des discussions à tous les niveaux, des agriculteurs aux responsables du projet. En 1986, par exemple, plus de cent réunions ont eu lieu, associant des agriculteurs, des vulgarisateurs, des agronomes et des responsables. Une évaluation des besoins a été menée auprès de 130 paysans ; 440 personnes ont été questionnées pour établir le programme de formation, et des groupes spécifiques de femmes ont été constitués.

Chaque année, les objectifs, leur cible, les indicateurs de progrès, les actions à entreprendre, les méthodes à retenir sont consignés par écrit. Le plan annuel est ainsi détaillé au fil d'une soixantaine de pages. De leur côté, les vulgarisateurs établissent des plans de travail plus simples mais plus fréquents, selon une périodicité annnuelle, trimestrielle, mensuelle et quotidienne. Les résultats sont sans cesse évalués et contrôlés. De telle sorte qu'il est désormais très facile de voir si le personnel passe son temps sur le terrain ou au café du coin !

La méthode ZOPP a été utilisée pour d'autres projets et le gouvernement envisage de l'étendre à l'ensemble du pays. Mais ce système demande un personnel très qualifié et exige un équipement informatique. Sans personnel ni matériel spécialisés, sans une discipline stricte, il serait inutile de chercher à l'appliquer dans d'autres régions.

Remplacement des forêts d'eucalyptus

L'eucalyptus pousse au Rwanda depuis longtemps et reste une espèce très prisée. Pourtant, la culture de cet arbre en rotation rapide épuise vite les sols, surtout si la biomasse est prélevée. Ce phénomène, aggravé par le surpâturage, a rendu improductives les plus anciennes plantations d'eucalyptus. Dans certains endroits, les sous-bois ont complètement disparu et l'érosion du sol est très avancée, la terre étant parfois dégradée jusqu'à 50 cm de profondeur.

Les arbres sont plantés sur des banquettes en courbes de niveau. On espère qu'à la longue, des terrasses se formeront naturellement.

Contrairement à l'idée répandue, l'eucalyptus n'est pas le seul responsable de la dégradation des sols. C'est plutôt le résultat d'un certain mode d'exploitation, du fait que ces arbres poussent très vite, et que le surpâturage a été toléré. Dans les mêmes conditions, on rencontrerait le même type de problème avec toute autre culture à haut rendement.

Un des aspects du projet concerne la conversion des parcelles communales épuisées. La contribution de la commune consiste à couper les arbres et à installer des dispositifs antiérosion sur les pentes. Il revient alors aux acteurs du projet de retirer les souches et de planter les nouveaux arbres. En général, le *Pinus* remplace l'eucalyptus. C'est une des rares espèces à supporter les sols dégradés. Mais il ne faut pas espérer qu'il restaure la fertilité du sol !

Tableau 1.2 Résultats du projet en 1986

Nombre d'agriculteurs formés	43 397
Pourcentage de fermes utilisant des mesures de conservation des sols :	
Communes de Rukondo et Karama	80 %
Communes de Kigoma, Murama et Nyabisindu	30 %
Communes de Ntongwe et Ntyazo	15 %
Nombre d'agriculteurs pratiquant le compost	90 %
Nombre d'agriculteurs recevant les graines sélectionnées	11 109
Nombre de pépinières	124
Nombre total de plants d'arbres produits	2 388 190

Source : PAP (1987).

Tableau 1.3 La culture d'arbres chez les agriculteurs

Type d'approche	Pourcentages d'agriculteurs
Nombre d'arbres plantés	
Dans les cultures	
10-50	72 %
Sur les courbes de niveau	
72	80 %
En parcelles boisées	
200	73 %

Source : Corsten (1989).

Décentralisation de la production de plants

Dès le début, le projet a mis en place un grand nombre de pépinières. Elles étaient gérées par des conseillers expatriés et n'offraient donc pas de modèle de gestion locale. Il est vrai qu'étant donné son objectif : produire des plants, il existait alors peu d'alternatives réelles, le personnel rwandais formé étant rare dans ces années 70 post-coloniales.

En 1986, 124 pépinières au total avaient été installées ; elles produisaient, toutes espèces confondues, 2,4 millions de plants. La plupart des fermiers avaient donc eu relativement facilement accès aux variétés de leur choix. Gérer un aussi grand nombre de pépinières, aussi dispersées, est cependant une tâche difficile et, depuis 1988, la technique de production de plants a été modifiée. La responsabilité des pépinières est passée aux mains d'une entreprise privée à qui le projet achète les plants. Le contrat entre le PAP et cette entreprise prévoit un étalement des paiements au cours du cycle de production : à la germination, au moment du repiquage, et à la livraison.

Contrôle et évaluation de l'impact du projet

Le système ZOPP prévoit le contrôle régulier des différentes phases du projet. Le nombre de stages de formation, le nombre de participants à ces sessions, le volume d'informations produit, le nombre d'agriculteurs ayant adopté telle ou telle innovation sont étroitement surveillés, par le biais de petites études fréquemment réalisées. Certains des résultats de 1986 sont présentés dans le tableau 1.2.

Bien que l'évaluation des activités soit en général très précise, il y a eu, jusqu'à ces derniers temps, peu de suivi au sujet des résultats et des taux de survie des plants. Une étude menée en 1988 montre que 70% des arbres sont en bonne santé et que 30% sont morts ou en mauvais état. Une étude globale menée en 1987 s'est aussi intéressée aux attitudes des agriculteurs vis-à-vis de la culture d'arbres. Elle révèle que c'est une pratique courante chez eux, comme le montre le tableau 1.3.

Pour déterminer si cette habitude relève des traditions ou si elle a été encouragée par le projet, un questionnaire remis aux agriculteurs leur demandait combien d'arbres ils plantaient par le passé et combien ils en plantaient maintenant. En fait, peu de paysans avaient pratiqué la culture intercalaire avant 1975, davantage après 1980, une majorité après 1983. Il est possible de confirmer ces données peu fiables, puisque basées sur des souvenirs, en observant l'âge des arbres. Il apparaît alors clairement que le projet a eu un impact notoire.

L'une des caractéristiques les plus frappantes dans la région est sans doute le grand nombre d'arbres de futaie, dont *Grevillea* est l'espèce la plus courante. De nombreux agriculteurs ont également planté quelques arbres de la famille des légumineuses, ne serait-ce que pour répondre à la pression des vulgarisateurs. Ces derniers reconnaissent volontiers que la rentabilité de ces végétaux est moindre que celle de *Grevillea*, ce que ne contestent pas, bien sûr, les agriculteurs. D'ailleurs, lors des distributions de plants, tout disparaît, sauf les plants d'arbres de la famille des légumineuses. Après vingt ans d'efforts pour en promouvoir l'usage, c'est un point précieux à garder en mémoire...

Bibliographie

I. Corten. *PAP Onderzoeks Gegevens* (1989).

GTZ. *ZOPP, initiations aux éléments de la méthode* (1987).

I. Neumann, P. Pietrowicz. *Agroforesterie à Nyabisindu — Études et expériences n° 9*, PAP, Rwanda (1986).

PAP. *Réalisations de l'exercice 1986*, Rwanda (1986).

PROJET POUR LE CONTRÔLE DE L'ÉROSION DES SOLS ET L'AGROFORESTERIE, TANZANIE

UNE APPROCHE INTÉGRÉE

La région montagneuse de l'Ouest-Usambaras, en Tanzanie, a beaucoup souffert ces dernières années d'un déboisement excessif et du surpâturage. Un plan pour y remédier a été mis en place en 1981. Des efforts ont été faits principalement pour adopter des mesures anti-érosion et appliquer des méthodes performantes de production d'industrie laitière. Un programme de reboisement a été lancé et des plans d'exploitation forestière prévus, en collaboration avec les communautés locales. Les premiers résultats prouvent que certaines de ces mesures ont rencontré un grand succès. D'autres, en revanche, qui ont échoué ne présentent aucun intérêt économique pour les agriculteurs.

La zone d'expérimentation

La chaîne de montagnes de l'Ouest-Usambaras se trouve au nord-est de la Tanzanie et s'élève entre 1400 et 2200 m d'altitude. Les plaines environnantes sont à quelques centaines de mètres à peine au-dessus du niveau de la mer. La majeure partie de cette région était jadis couverte de forêts épaisses, mais au cours des dernières décennies elles ont été terriblement décimées.

Lushoto est le centre administratif du district, l'ancienne capitale coloniale du Tanganyika. Lushoto possède un ancien laboratoire de recherche forestière, désormais intégré à l'Institut de recherches forestières de Tanzanie. Les précipitations annuelles, enregistrées depuis le début du siècle, diminuent régulièrement. Elles sont passées de 1300 mm en 1910 à 1100 mm ces dernières années.

Les montagnes couvrent environ 4500 km², dont 70 % sont cultivés. Les habitants sont des agriculteurs sédentaires des ethnies Washambaa, Wapare et Wambugu. La population totale compte environ 300000 personnes et augmente de 3 % par an. La densité moyenne de la population est environ de 68 habitants au km², mais elle atteint 400 habitants dans les zones très cultivées.

Les activités agricoles sont réparties entre hommes et femmes, si bien qu'il y a une imbrication importante des rôles. Les hommes s'occupent plutôt des cultures de rapport sur les terrains fertiles de la vallée (la production de légumes pour les marchés de Arusha, de Tanga et de Dar es-Salam est particulièrement importante). Les femmes s'occupent plutôt des cultures vivrières sur les hauts plateaux.

Les ressources agricoles ont été très exploitées ces dernières décennies, du fait de la croissance démographique. Aucune mesure — ou presque — de protection des sols n'est appliquée sur les hauts plateaux. Les zones de pâturage, qui se trouvent souvent sur les pentes les plus basses, souffrent elles aussi d'un sévère surpâturage et d'une érosion préoccupante.

Le projet

En 1981, un projet de laiterie est lancé par le Programme de développement rural intégré de Tanga, avec des fonds de l'Agence allemande pour la coopération technique (GTZ). En 1984, le projet élargit son champ d'action, incluant le contrôle de l'érosion des sols et la plantation d'arbres ; il se fait connaître sous le nom de « Projet pour le contrôle de l'érosion des sols et l'agroforesterie » (SECAP, en anglais). La phase III a commençé en 1988, avec pour objectif « la stabilisation du milieu écologique dans l'Ouest-Usambaras ».

Le SECAP dispose d'un budget annuel de 400000 dollars environ (frais des expatriés exclus). GTZ finance les opérations et le gouvernement tanzanien apporte environ 30000 dollars (frais de personnel non compris). Les techniciens attachés à la laiterie préconisent l'affourragement à l'étable — facilité par la culture de fourrage le long des courbes de niveau — et l'utilisation de fumier comme engrais. L'agroforesterie encourage la culture intercalaire d'arbres avec des cultures vivrières et des cultures de rapport, et la plantation d'arbres sur les courbes de niveau. Un volet forêt s'attache à reboiser les collines et les pentes montagneuses érodées.

La laiterie et l'agroforesterie

Les secteurs laitier et agroforestier du projet reposent sur des lois

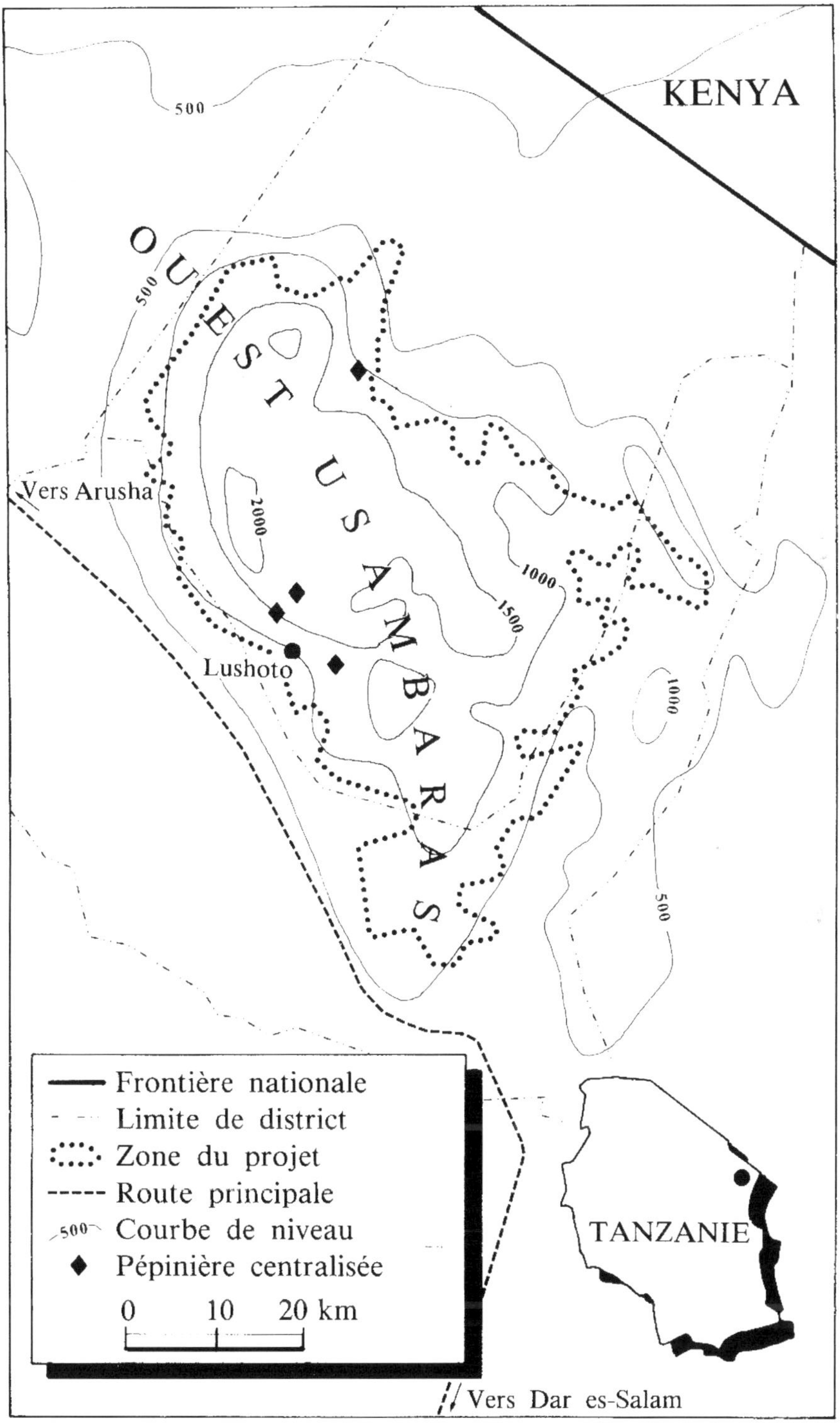

KENYA
500
OUEST USAMBARAS
500
Vers Arusha
2000
1000
1500
Lushoto
1000
500
Frontière nationale
Limite de district
Zone du projet
Route principale
500 Courbe de niveau
Pépinière centralisée
0 10 20 km
TANZANIE
Vers Dar es-Salam

Nom du projet	Contrôle de l'érosion des sols et agroforestier (SECAP)
Adresse	PO Box 72, Lushoto, Tanziana. Tél. 159
Zone du projet	Ouest-Usambaras, au nord-est de la Tanzanie
Précipitations	1 100 mm par an à Lushoto
Exécution	Ministères tanzaniens et des expatriés
Financements GTZ	400000 $ par an (hors frais expatriés)
Gouvernement tanzanien	30000 $ par an (hors frais de personnel)
Taux de change	1 shilling tanzanien = 0,046 FF

écologiques et des principes de développement écologique. Chacune des mesures est censée agir sur les autres et les renforcer. La plupart de ces idées viennent du projet Nyabisindu au Rwanda, soutenu lui aussi par GTZ.

L'idée maîtresse est la création de ce que l'on appelle les « *macro-contour lines* » (les cultures bordées d'arbres en lignes de niveau). Elles consistent en une bande de culture implantée sur une même courbe de niveau, bordée en bas par une rangée d'arbres, et en haut par des arbustes à fourrage fixant l'azote. L'écart entre chaque *macro-contour line* varie selon la pente, de 5 à 25 mètres. Parmi les espèces utilisées, on trouve *Leucaena leucocephala* et *Calliandra calothyrsus*. En arbustes, on utilise *Stylocenthus* et *Desmodium*, espèces grimpantes et vivaces que les agriculteurs ont d'ailleurs trouvées difficiles à faire prendre. Pour les bandes de culture, on utilise le *Guatemala grass* et « l'herbe » éléphant.

Ces bandes de culture doivent à la fois servir pour le fourrage du bétail et empêcher le lessivage du sol par la pluie. On espère même qu'à la longue des terrasses naturelles stables se formeront. En plantant des arbres qui fixent l'azote, l'idée n'est pas seulement d'améliorer la fertilité du sol. Il s'agit en même temps de freiner l'érosion et d'adoucir le microclimat par la réduction des écarts de températures. Enfin, les arbres fournissent du bois et du fourrage.

La pratique traditionnelle qui consiste à laisser paître les troupeaux là où ils veulent est devenue illégale. On espère ainsi que les agriculteurs nourriront leurs bêtes à l'étable avec du fourrage. Ainsi, la production laitière pourra augmenter et, en même temps, il sera plus aisé de récupérer le fumier pour engraisser la terre. On fournit également aux agriculteurs des taureaux reproducteurs pour améliorer la qualité des cheptels.

La plupart de ces recommandations n'ont cependant pas encore été massivement adoptées. La construction d'étables et le métissage du bétail sont encore hors de portée d'une grande majorité d'agriculteurs. La plupart d'entre eux se contentent de conduire leurs troupeaux sur les basses terres. D'autres ont attaché leurs bêtes près de chez eux et les nourrissent avec des restes de récoltes, du fourrage ramassé par-ci par-là, ou tel ou tel herbage que le fermier a réussi à faire pousser.

Une raison simple de l'impopularité de l'affourragement à l'étable est que, compte tenu de la grosse surcharge de travail qu'il demande, il n'augmente pas suffisamment la production laitière. L'analyse financière du projet montre qu'avec les prix actuellement pratiqués le système n'est pas rentable.

Il existe peu de données sur le nombre d'arbres ou les espèces plantés. Une étude fait apparaître que les agriculteurs s'intéressent surtout à *Grevillea robusta* ou à d'autres espèces à croissance rapide, comme l'eucalyptus. 18 % déclarent cultiver des arbres pour améliorer la fertilité du sol, et 2 % pour obtenir du fourrage. La plupart des arbres sont plantés sur les limites de terrains plutôt que sur les courbes de niveau. Ce choix apparaît évident aux agriculteurs, qui pensent qu'ainsi les arbres entrent moins en compétition avec les cultures.

L'expérience a également prouvé que *Leucaena* pousse très mal. C'est peut-être dû à la rigueur du climat, à l'acidité ou à la pauvreté des sols. On a parfois réussi à le faire pousser avec des engrais, mais même dans ce cas, on se demande s'il fixe vraiment l'azote. En revanche, les agriculteurs connaissent bien *Albizia schimperiana*, réputé pour améliorer les sols ; ils sont prêts à l'utiliser quand ils arrivent à s'en procurer des plants.

La production de plants

Au cours des six ans d'expérience, plus de 2 millions de plants ont été produits. Mais depuis le début de la phase III, on s'intéresse davantage à la culture des arbres eux-mêmes, et la production de plants est passée à 1,6 million environ par an.

La plupart de ces plants sont produits par les cinq pépinières du projet. Ce sont surtout des *Grevillea robusta, Acrocarpus fraxinifolius,* et des *Croton* destinés à reboiser les collines. Certains sont distribués gratuitement lorsqu'il y a des surplus. Une pépinière est exclusivement réservée à la production de plants fruitiers.

Le projet tente de décentraliser la production de plants. De plus, des petites pépinières ont été installées dans 80 des 126 villages de la zone. Dans certains cas, la pépinière est sous la responsabilité directe du village, parfois de l'école. Le SECAP fournit les plants, les plastiques et les conseils techniques. Dans les pépinières villageoises, on essaie d'employer une personne à la surveillance quotidienne du travail, partagé par l'ensemble de la communauté. Chaque pépinière produit une moyenne de 4000 plants par saison, ce qui signifie une production annuelle d'environ 600000 plants.

En dépit de ces chiffres impressionnants, ce secteur du programme pose des problèmes. Bien souvent, les gens ne font pas suffisamment confiance au responsable local et sont réticents au travail collectif. De plus, le village dispose en général de peu d'argent et les employés quittent parfois leur travail, faute de salaire. Quand les plants meurent dans la pépinière, ceux qui y ont travaillé ne voient pas de résultat, se découragent et deviennent désabusés.

Aujourd'hui, les animateurs pensent qu'il faut décentraliser les pépinières encore davantage. Ils suggèrent que de petits groupes d'agriculteurs, ou même des individus, cultivent des plants. En fait, un certain nombre de petites pépinières privées ont démarré en 1988-1989, indépendamment du projet. C'est une bonne chose car la culture des arbres devient progressivement une activité normale dans la vie agricole locale.

Le Programme de captage forestier

Une grande partie des pentes montagneuses de cette région a été dépouillée de ses forêts naturelles et utilisée pour la culture vivrière et le pâturage. Les sols ont fondu et sont en général détériorés. L'érosion est courante et l'on craint que l'eau des rivières et des puits en soit affectée. Fin 1987, le SECAP passa un accord avec le ministère des Terres, des Ressources naturelles et du Tourisme, pour mettre en place le Programme de captage forestier (PCF).

L'objectif de ce programme est de reboiser la région, de contrôler l'érosion et de restaurer la régulation des ressources hydriques. Un contrôle efficace des villages et un plan de gestion ont été mis en place. On espérait que les villageois disposeraient de bois de construction, de bois de chauffe, de piquets et de fourrage, dans les limites compatibles avec la fonction protectrice de la forêt. Le plan prévoyait aussi que les villageois retireraient davantage de bénéfices en suivant le programme qu'en l'ignorant.

Ce plan est assez différent des programmes forestiers classiques. Les villageois ne sont pas des forestiers professionnels. Ce sont des fermiers soucieux de maintenir le couvert forestier pour protéger leur environnement. Un plan qui rendrait les villageois dépendants des forestiers professionnels ou de financements extérieurs ne serait, bien sûr, pas approprié.

Une approche à trois niveaux a été adoptée : un plan général de gestion définit les grandes lignes du projet. Le SECAP et des représentants du village établissent un plan détaillé des différentes zones de la forêt à traiter. Enfin, un plan de travail détaille les tâches des villageois. Le projet insiste sur la nécessité de donner la parole à tous les villageois pour mettre au point ces plans, puisqu'il serait impossible de les réaliser sans l'accord et l'appui d'une large majorité d'entre eux. Au stade de l'exécution du projet, le SECAP fournit les plants, les apporte au village, forme des villageois aux techniques forestières correspondantes et rémunère le travail de plantation. La délimitation de la zone avec des *Eucalyptus saligna* est une tâche collective, de sorte que tout le monde la connaît bien.

Une fois la plantation réalisée, la zone délimitée est confiée à la protection et aux soins du village. Tous les revenus de la vente des produits lui sont remis. Lorsque les arbres sont prélevés, en accord avec le plan, il revient au village de renouveler les plantations. Si un village déroge à la règle, il perd ses droits.

Les démarches pour obtenir le consentement du village et son accord pour un plan de gestion sont très longues. Jusqu'à deux ans de discussions et de réunions. Il est encore trop tôt pour évaluer les résultats de ce volet du projet. Il est sûr, en tout cas, que l'implication systématique des villages dans la gestion d'un large programme de reboisement et d'entretien des forêts exige des efforts considérables. Le bilan fournira des leçons importantes pour l'avenir, valables dans la région comme dans d'autres.

Formation et vulgarisation

Au départ, les fermes modèles devaient être le principal vecteur de vulgarisation des projets. Des agriculteurs ont été sélectionnés et aidés pour mettre en pratique les différentes techniques proposées par le SECAP, dans l'espoir qu'elles serviraient de modèle aux autres agriculteurs. Mais cela eut, en fait, peu d'effets et on abandonna le procédé.

Le SECAP n'a pas de service de vulgarisation ; il passe par les services gouvernementaux. Le ministère de l'Agriculture dispose du plus grand service de vulgarisation, aussi intervient-il dans des projets forestiers comme la culture intercalaire d'arbres sur des terres cultivées. Le travail de vulgarisation est le plus souvent fait par les forestiers eux-mêmes.

Les vulgarisateurs participent à l'organisation des réunions villageoises qui sont en général convoquées par le personnel divisionnaire ou le personnel de district du ministère. Ces réunions permettent de sensibiliser les agriculteurs aux idées du SECAP, comme planter des bandes de *Guatemala grass*, et d'utiliser des arbustes de la famille des légumineuses.

Les vulgarisateurs ministériels ont de très bas salaires, ce qui pose des problèmes de motivation. Nombre d'entre eux sont très peu formés et les anciens trouvent qu'ils sont plutôt incompétents. Ils ne sont pas autorisés, par exemple, à convoquer les assemblées villageoises.

Le projet a publié un manuel de 276 pages à l'usage des vulgarisateurs, dans lequel sont décrites en détail les principales techniques de culture (Scheinmann et McHome, 1986). Cet ouvrage est disponible en anglais et en kiswahili mais est en fait peu utilisé, car il n'est pas toujours pratique et les termes techniques employés sont trop com-

Les pépinières à l'école constituent une tentative pour décentraliser la production et impliquer la population locale.

Lars Johansson/Panos Pictures

pliqués. D'ailleurs, de nombreuses pratiques décrites sont dépassées. Il faut dire que l'ouvrage n'avait pas été testé sur des vulgarisateurs avant d'être publié. On a remarqué qu'il était plus apprécié par les visiteurs étrangers que par les vulgarisateurs eux-mêmes.

Devant le nombre limité d'idées lancées et retenues, quelques anciens du SECAP ont pensé que les vulgarisateurs avaient besoin d'une formation sérieuse en matière de communication. Un nouveau poste a donc été créé pour un formateur en communication. On reconnaît qu'un appui à la vulgarisation est également nécessaire mais il n'a pas encore été planifié. Il pourrait s'agir d'images en couleur sur des tableaux de flanelle, comme dans le projet rwandais de Nyabisindu.

Les avis sont néanmoins partagés sur la nécessité de soutenir davantage la vulgarisation. Certains pensent que le défaut vient plus du dispositif que l'on cherche à promouvoir que des méthodes de vulgarisation employées.

Autre sujet de discussion : savoir si le projet nuit aux intérêts des femmes. Les bandes de céréales cultivées sur les pentes, par exemple, réduisent les surfaces cultivées par les femmes. Et les fumures obtenues par l'affourragement du bétail à l'étable avec les herbages de ces bandes enrichissent les champs cultivés par les hommes dans la vallée au lieu de revenir sur les terres entretenues par les femmes.

Ce ne sont pas des questions simples à régler. L'érosion des sols n'est pas plus l'affaire des femmes que des hommes. Il est important en même temps de tenir compte de l'impact social, à court terme et à long terme, de ces mesures antiérosion. De tels problèmes seraient peut être résolus de façon plus efficace si les femmes étaient davantage associées au projet.

Actuellement, sur les vingt-six vulgarisateurs employés, il n'y a que quatre femmes ; et deux femmes parmi les vingt spécialistes. Le même déséquilibre se retrouve dans la fréquentation des réunions de village qui sont pourtant le principal support de vulgarisation. Les femmes ne représentent qu'un quart de l'assistance, et participent très peu. Il est pourtant difficile pour le SECAP de peser sur les politiques de recrutement du ministère tanzanien en ce qui concerne son personnel de vulgarisation.

Intégrer la recherche dans les activités du projet

Des recherches dans différents secteurs du projet ont été entreprises au laboratoire de recherche forestière de Lushoto et dans d'autres unités de recherche à travers l'Ouest-Usambaras. Les efforts ont été centrés sur les effets des *macro-contour lines*. Des essais ont également été menés sur certaines espèces pour évaluer leur degré de fixation d'azote, ainsi que sur la récolte de bois de chauffe et de fourrage.

Ces essais montrent que les *macro-contour lines* ont un effet ambivalent sur la production agricole. Elles occupent 10 % du terrain et réduisent le rendement des cultures immédiatement voisines. Théoriquement, les agriculteurs devraient pouvoir compenser ce déficit en utilisant le fumier récupéré par la technique de stabulation (affourragement). Mais il est difficile de transporter le fumier sur des pentes parfois très raides et c'est peu pratiqué. Cependant, la production des arbres et de fourrage des *macro-contours* compense les pertes de rendement et ralentit considérablement l'érosion des sols.

Les recherches n'ont pas mesuré la quantité de travail nécessaire à la création de ces *macro-contour lines*. Il est donc difficile d'évaluer la surcharge de travail qu'elle représente pour les femmes qui cultivent les pentes. De plus, les observations en laboratoire sont tellement différentes des conditions réelles que les résultats auraient été forcément discutables.

Au départ, les recherches ont surtout porté sur des espèces exotiques et des espèces comme *Grevillea robusta, Acrocarpus fraxinifolius, Casuarina cunninghamiana, Sesbania sesban, Leucaena* et *Calliandra calothyrsus. Albizzia schimperiana* fut la seule espèce locale testée. Par la suite, les recherches ont pris en compte d'autres végétaux indigènes.

Les résultats obtenus sur ces espèces indigènes ont été décevants : toutes poussaient très lentement. *Maeasopsis eminii* est cependant une exception, quoique étrangère à la région des Usambaras. Il est donc nécessaire de continuer de travailler avec les espèces exotiques.

La plupart des recherches ont été menées par des étudiants de doctorat venus de l'étranger, et financées plus ou moins indépendamment du SECAP. Ce qui a conduit à isoler la recherche du travail de vulgarisation lui-même, et donc à réduire sa portée. En fait, les agriculteurs sont parfois plus au fait que les chercheurs, mais leurs connaissances ne sont pas organisées de façon adéquate. Les responsables du projet ont aussi le sentiment que les étudiants de doctorat sont plus tournés vers la collecte de données à des fins universitaires que soucieux de résoudre les problèmes concrets qui se posent. Certains ont même l'impression que le secteur de la recherche n'a en fait aucun impact sur le programme. Ce qui pourrait aussi être le signe d'un manque de communication entre les chercheurs et les responsables du projet.

Le SECAP est tout à fait conscient de ces problèmes et cherche à renforcer la recherche de différentes façons. Un chercheur tanzanien va être intégré à l'équipe, et le secteur de la recherche va faire partie intégrante du projet. Il est également entendu que les chercheurs doivent quitter leur centre pour aller sur le terrain, mais personne ne sait encore comment cela se fera.

Contrôle et évaluation du projet

Le SECAP a une petite unité de contrôle indépendante, mais la direction du projet estime que pour être vraiment efficace son personnel devrait recevoir une formation beaucoup plus consistante. Actuellement, les résultats les plus parlants sont mesurés, comme le nombre d'étables construites pour supprimer le pâturage sauvage, ou le nombre de plants sortant des pépinières (cf. tableau 2.1). Mais le contrôle et l'évaluation du travail mené dans les pépinières communautaires sont insuffisants.

Tableau 2.1 Suivi et évaluation ; résultats des phases I et II

	Phase I	Phase II
Nombre d'agriculteurs utilisant les cultures en lignes de niveau bordées d'arbres	157	–
Nombre d'étables construites	125	44
Nombre de charrues vendues	31	–
Nombre de fruitiers adultes distribués	50 000	–
Surfaces érodées réhabilitées (ha)	700	–
Volume de *Guatemala grass* distribué (m^3)	5 400	–

L'évaluation du programme sur le terrain est aussi insuffisante pour mesurer, par exemple, le nombre d'arbres plantés et leur taux de survie. La seule chose connue au sujet des « *macro-contour strips* » est le volume de *Guatemala grass* quittant les pépinières. Les responsables du projet craignent que les agriculteurs laissent souvent des trouées dans ces bandes de culture, ce qui est dommageable pour la conservation des sols ; mais aucune enquête précise n'a été menée à ce sujet. On ne sait rien quant à l'impact du projet sur les attitudes des agriculteurs et sur les pratiques agricoles.

Bibliographie

L. Johansson. *Forestry strategy : SECAP, phase III* (1988-92) TIRDEP-SECAP, Lushoto (1988).

D. Scheinmann et McHome. *Caring for the land of the Usambaras. A guide to preserving the environment through agriculture, agroforestry and zero grazing*, SECAP (1986).

G. Taube. *An economic analysis of SECAP's basic recommendations for soil erosion control*, SECAP (1988).

PROMOTION D'UN SYSTÈME AGRICOLE ADÉQUAT, FONDÉ SUR LA TRACTION ANIMALE AU CAMEROUN

L'INNOVATION COUPE COURT A LA CULTURE INTERCALAIRE

Les fermiers traditionnels, habitués à une agriculture sur brûlis, ont volontiers accepté la charrue à bœufs et la culture le long des courbes de niveau. Mais ils se sont montrés beaucoup plus réticents vis-à-vis de la culture intercalaire avec des espèces d'arbres fixatrices d'azote. Le projet montre bien que les agriculteurs sont prêts à innover s'il sont sûrs d'en tirer profit.

L'effondrement de la culture traditionnelle

La province nord-ouest du Cameroun est une région montagneuse de 18000 km² dont les sommets atteignent 3000 m. Elle reçoit envion 2300 mm de pluie par an. La végétation naturelle, la forêt ombrophile tropicale, a en grande partie disparu et a été remplacée par des herbages et par la savane.

La densité moyenne de la population était estimée en 1988 à 73 habitants au km², mais elle atteint 150 habitants dans certains endroits. La population connaît un taux de croissance de 2,4 % à 3 % par an et présente une importante diversité ethnique, avec des langues différentes tous les 20 km. L'anglais pidgin fut introduit au début du siècle, tout comme le sabir, et sert aujourd'hui de langue commune à tous les groupes.

Les agriculteurs ont toujours pratiqué la culture itinérante sur brûlis. La végétation d'un terrain est coupée, recouverte de terre, et on y met le feu. C'est à peu près le même procédé que celui utilisé pour faire du charbon de bois. Localement, on l'appelle « enterrer et brûler » ; il donne de très bons résultats au cours des trois premières années qui suivent.

Face à la croissance démographique, les périodes de jachère sont devenues si courtes que dans de nombreux endroits il est désormais impossible d'utiliser cette méthode. Les paysans se tournent plutôt vers l'agriculture permanente. Mais, tant par ignorance des techniques appropriées que par manque de moyens, ils n'arrivent pas, la plupart du temps, à préserver la fertilité des sols. Ce qui conduit à une dégradation généralisée des terres et à une chute des rendements agricoles.

Le projet PAFSAT

Vers la fin des années 60, l'Agence allemande pour la coopération technique (GTZ) lança un programme de mécanisation agricole. L'objectif était de diminuer le temps des travaux liés à l'utilisation de la houe et de permettre aux agriculteurs de travailler de plus grandes surfaces pour compenser la baisse des rendements qui s'annonçait.

Des tracteurs furent introduits pour labourer et faciliter divers travaux. Ce fut un échec ; le projet opta alors pour la traction animale et des techniques agricoles plus adéquates. Le volet traction animale devint un projet indépendant dans la province du Nord-Ouest, en 1980. Il devint un projet pilote et se concentra sur le développement de techniques de traction animale pour différents travaux. Il entreprit aussi des recherches sur des méthodes d'agriculture permanente, incluant le contrôle de l'érosion, la surveillance et l'amélioration de la fertilité des sols. En 1984, le projet PAFSAT (Promotion d'un système agricole adéquat basé sur la traction animale) a vu le jour et fonctionne depuis lors avec un budget annuel variant entre 270 000 et 800 000 dollars.

Le projet a pour objectif de promouvoir des techniques d'agriculture permanente, utilisant les bœufs. Les groupes visés sont les agriculteurs et les éleveurs de bovins. On insiste sur l'importance de la participation des femmes, en tant que membres des familles d'agriculteurs, en tant qu'agricultrices indépendantes, ou membres de groupes agricoles féminins.

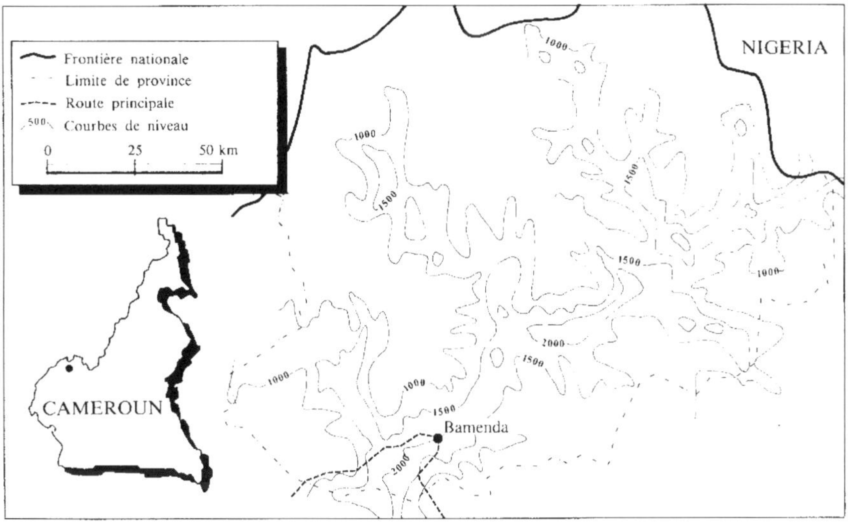

Nom du projet	**Promotion d'un système agricole adéquat, basé sur la traction animale (PAFSAT)**
Adresse	**BP 558, Bamenda, Cameroun. Tél. 362510. Telex. 5087KN**
Zone du projet	**Province du Nord-Ouest**
Précipitations	**2300 mm par an**
Exécution	**GTZ et le ministère de l'Agriculture Financement de 1984 à aujourd'hui : 270800 000 $ par an**
Taux de change	**1 F CFA = 0,02 FF**

Pour ce projet, les agriculteurs reçoivent une formation de six semaines sur les techniques de traction animale et de culture permanente. On leur propose des bêtes et de l'équipement, charrues, charrettes, avec un crédit de cinq ans. Les vulgarisateurs les suivent en leur donnant également des conseils sur les techniques agricoles, l'élevage, et l'entretien du matériel.

Au niveau des méthodes agricoles, l'accent est mis sur le contrôle de l'érosion et la préservation de la fertilité des sols. On recommande particulièrement la pratique des banquettes le long des courbes de niveau, renforcées par des cultures permanentes, les cultures saisonnières le long des courbes de niveau, l'utilisation de bouse de vache et d'engrais, la fumure avec des résidus de récoltes et les cultures associées.

Les engrais verts sont également recommandés, avec *Sesbania sesban, Tephrosia vogelii* et *Crotalaria.* Il est conseillé de les planter sur les banquettes, le long des courbes de niveau en même temps que les

1. La nuit, les bovins sont gardés à l'étable pour donner du fumier
2. Contrôle de l'érosion par les levées de terre sur les courbes de niveau, renforcées par des cultures vivaces
3. Cultures associées et rotation des cultures pour l'amélioration du sol et le contrôle phytosanitaire
4. Plantation de cultures annuelles sur billons riches en humus
5. Rangées de cultures intercalaires avec des légumineuses
6. Préparation de billons et sarclage avec le buttoir à bœufs
7. Intégration des cultures de rapports et des cultures vivrières dans le même champ.

Diagramme tiré du Manuel de l'agriculteur, édité par PAFSAT pour vanter les mérites des banquettes en courbes de niveau.

cultures vivrières, ou de les utiliser comme élément de jachère. Après trois mois à un an, on les coupe, puis les feuilles et les tiges sont incorporées à la terre. *Leucaena leucocephala*, trop lent de croissance, n'est pas utilisé.

Après une période initiale, pendant laquelle il s'est focalisé sur la formation des pères de famille, le projet a étendu ses objectifs aux femmes. Désormais, beaucoup plus de femmes que d'hommes participent au programme et, contrairement à ce qui se voit dans bien d'autres pays d'Afrique, il n'est pas rare de trouver des femmes derrière la charrue (Linz et Zalang, 1988 — voir bibliographie).

Recherche sur le terrain

Afin de soutenir et développer les innovations qu'il recommandait, le projet a mis en place un important programme de recherche à la ferme. Depuis 1985, de nombreux essais ont été faits dans plus de quatre-vingts exploitations, de façon à offrir une sélection représentative de sols, d'altitudes et de micro-climats.

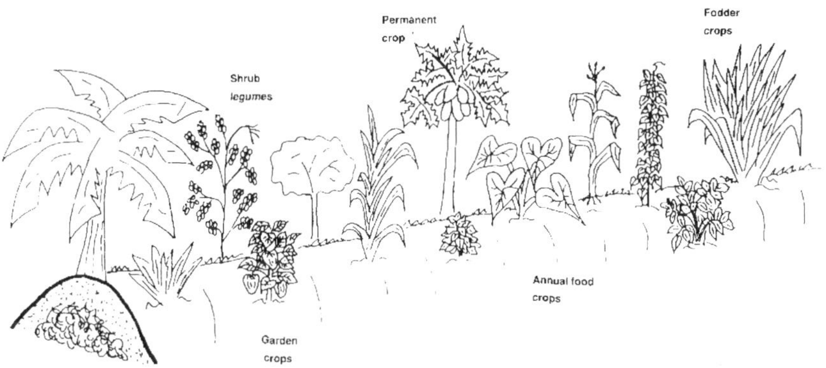

Ces butées de terre protègent vos sols de l'érosion et améliorent vos rendements agricoles.
En dehors des cultures permanentes qui procurent des revenus à long terme, vous pouvez planter des cultures saisonnières comme les haricots, le soja, l'arachide, le maïs, des poivrons, des gombos, etc., qui vous assurent des rentrées d'argent plus rapides.

Les essais portent sur les principaux éléments des techniques agricoles recommandées. Le plan type de parcelles d'essai comprend cinq banquettes plantées d'espèces vivaces comme le bananier plantain, le café. Les talus sont recouverts d'arbustes de la famille des légumineuses, intercalés avec des cultures saisonnières comme les haricots, l'arachide, le soja, pour la production immédiate. Entre chaque ligne de talus, les bandes de terre permettent de faire des démonstrations, par exemple de rotation des cultures ; l'objectif étant de donner aux agriculteurs des exemples à suivre ou à adapter.

Les recherches portent également sur les effets de différents traitements sur le rendement des cultures et les propriétés du sol. Par exemple, l'utilisation de bouse de vache et d'engrais, la culture intercalaire de maïs avec des arbustes de la famille des légumineuses ont été expérimentées. On prévoit de faire des analyses de sols tous les quatre ans pour en mesurer les effets.

Dans la phase initiale du programme, les vulgarisateurs supervisaient et conduisaient eux-mêmes les essais. Les agriculteurs, plutôt tenus à l'écart de ce qui se passait, étaient plus ou moins réduits au rang de spectateurs, cantonnés à l'exécution des tâches qui leur étaient confiées. La parcelle expérimentale était « la parcelle de PAFSAT », et la recherche « la responsabilité de PAFSAT ».

Cette pratique s'est révélée très insatisfaisante. Les parcelles d'expérimentation demandent de nombreux traitements comme la fumure et le sarclage. Elles sont aussi exposées à toutes sortes d'incidents imprévisibles, comme la grêle ou l'intrusion de troupeaux. Seul le fermier travaillant sur son propre champ à côté de la parcelle expérimentale peut apporter l'attention et les soins nécessaires, et noter les facteurs de perturbation. Aucune équipe ne peut assurer en continu un tel degré de surveillance. D'autant qu'elles ont bien d'autres tâches à accomplir.

C'est pourquoi on a laissé aux agriculteurs une plus grande initiative pour leurs propres expérimentations. Au cours d'un séminaire de deux jours avec des agriculteurs et le personnel du projet, les points d'achoppement ont été discutés et les diverses responsabilités définies. Les agriculteurs intéressés ont été informés des objectifs de ces essais et ils ont reçu la formation nécessaire à la mise en place et à l'entretien de ces parcelles. Désormais, ils sont responsables du suivi des recherches, y compris le relevé des données pertinentes au moment des récoltes, comme à tout autre moment.

Le contrôle, la conduite et l'assistance restent sous la responsabilité des techniciens du projet. Un salarié à plein temps assure l'organisation, la coordination et l'évaluation globale. Chaque vulgarisateur suit trois ou quatre fermes expérimentales.

Résultats actuels

Jusqu'à aujourd'hui, 50 % seulement des recherches ont produit des données exploitables. Les autres ont été perturbées ou faussées de diverses manières. Le fait que l'on dispose tout de même d'un grand nombre de résultats fiables indique cependant que l'on peut accorder une confiance raisonnable aux conclusions.

Une première conclusion est que l'on obtient les meilleurs résultats en utilisant de la bouse ou des engrais. Les expérimentations ont révélé une augmentation des rendements de 50 % avec 10 tonnes de bouse de vache ou 250 kg d'engrais NPK (20, 10, 10) à l'hectare, et une augmentation de 100 % en associant les deux systèmes. Les résultats préliminaires montrent que la méthode traditionnelle « enterrer et brûler » donne, la première année, un meilleur rendement que la méthode préconisée par PAFSAT. On attend encore le bilan des quatre années suivantes, mais on peut observer une baisse des performances du système traditionnel, par rapport à celles, plus ou moins constantes, de la méthode de PAFSAT.

Généralisation des nouvelles techniques

Les agriculteurs ont adopté sans problème les nouvelles techniques comme la charrue à bœufs et la construction de levées de terre sur les courbes de niveau. L'utilisation de la bouse de vache et la récupération des résidus agricoles ont également été acceptées sans difficulté. Il semble que cela soit le résultat direct des démonstrations de ces techniques dans les fermes modèles. La pratique d'essais comparatifs — comme l'application de bouse de vache et d'engrais —, qui permet aux agriculteurs de se faire eux-mêmes une idée, est particulièrement efficace.

En revanche, intercaler des cultures vivrières avec des arbustes de la famille des légumineuses n'a pas convaincu les agriculteurs. Ils considèrent la culture des arbustes comme un gâchis d'espace productif et ne croient pas en des résultats à long terme. Il apparaît aussi clairement qu'une information est nécessaire sur les périodes optimales de plantation et sur les associations possibles de cultures intercalaires, pour éviter une baisse de la production alimentaire. Toutes ces questions sont étudiées sur place, dans une série de recherches lancée en 1989.

Pour bon nombre de ses objectifs, il est évident que ce projet constitue une réussite. Il prouve que les agriculteurs sont tout prêts à adopter des innovations lorsqu'elles ont prouvé leur efficacité et leur pertinence. Mais — on l'a également observé dans bon nombre de pays d'Afrique — ils n'appliqueront pas les mesures préconisées s'ils ne sont pas convaincus qu'elles leur seront profitables, et ce, quels que soient les efforts déployés par les promoteurs du projet.

Bibliographie

S. Linz et Mpolzalang. *Impact of the PAFSAT project on the situation of the women.* PAFSAT/GTZ (1988).

PAFSAT. *On-farm Observation and Demonstration trials.* Technical handout.

K. Zweier. *PAFSAT farmers handbook.* PAFSAT/GTZ.

LE PROJET FORESTIER DE GITUZA, RWANDA

DU BOIS POUR LES RÉFUGIÉS

De grands progrès ont été faits en matière de plantation d'arbres pour le bois de chauffe, concernant la promotion de l'agroforesterie dans la commune de Gituza, au nord du Rwanda. De grandes étendues sont désormais plantées et, dans la plupart des exploitations, plusieurs nouvelles espèces d'arbres exotiques ont été introduites.

Le programme a montré ce qui peut être fait avec une organisation efficace et des moyens financiers importants, concentrés sur une zone limitée. Reste à savoir si l'opération est viable à long terme.

Le projet

Le projet est implanté sur la commune de Gituza, une unité administrative de 360 km², proche de la frontière ougandaise. C'est une région de collines arrondies et de vallées, oscillant entre 1400 m et 1900 m d'altitude. Le climat y est relativement sec pour le Rwanda, avec des précipitations annuelles d'environ 1000 mm. L'installation des agriculteurs dans cette région est assez récente.

Le parc national d'Akagera s'étend sur 210 km² de la commune. Le reste de la zone, cultivé et fortement peuplé, compte quelque 33 000 habitants. Les cultures vivrières occupent les vallées, et les collines servent au pâturage communal.

La guerre civile d'Ouganda a amené 23000 réfugiés installés dans un camp proche du parc national. Pour leurs besoins en bois, ils disposaient des forêts voisines et du bois acheté aux villageois locaux par le Haut-commissariat aux réfugiés (HCR).

Conçu en 1984, le projet s'orienta dans un premier temps sur les problèmes d'approvisionnement en bois résultant de cet afflux de réfugiés. Il prévoyait la plantation de forêts pour la production de bois de chauffe, la promotion de l'agroforesterie pour augmenter les stocks de bois et diminuer la surexploitation des ressources existantes ; et l'introduction des foyers améliorés, à bois et à charbon de bois.

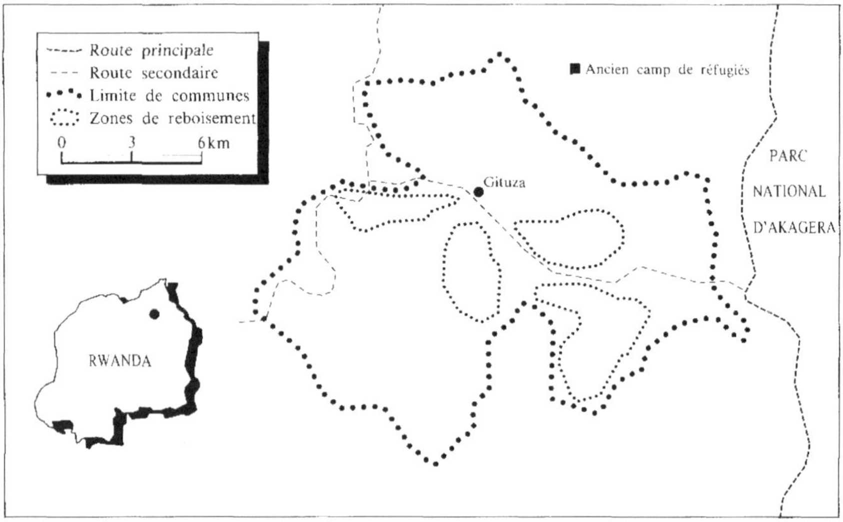

Nom du projet	**Projet forestier de Gituza**
Adresse	**c/o CARE, BP 550, Kigali, Rwanda**
Zone du projet	**Commune de Gituza**
Précipitations	**1 000 mm par an**
Exécution	**CARE-Rwanda**
Financement	**1985-1989 : 1 million $ par an, par USAID** **1989-1993 : (prévision) 1 million $ par an, par DGIS**
Taux de change	**1 franc rwandais = 0,08 FF**

Le directeur du projet, un expatrié, et son assistant, un Rwandais, sont employés par CARE, une ONG basée aux États-Unis. Les autres salariés sont employés par Minagri, le ministère qui coordonne les départements de l'Agriculture, de la Forêt et de l'Élevage. Le personnel qui s'occupe des pépinières est payé par CARE.

Le programme bois de chauffe

La première ébauche du projet estimait à 3 600 hectares la surface de plantation nécessaire pour couvrir les besoins des réfugiés. Cette estimation étant basée sur une consommation présumée de 2 m^3 de bois par personne et par an.

Le terrain choisi pour la plantation se trouvait sur les coteaux de pâturage communal, dont la plupart avaient été touchés par le feu et montraient des signes d'érosion. Des réunions de villages ont permis d'exposer le projet. Ensuite, ni le pâturage ni aucune autre activité ne furent autorisés sur la zone de plantation. Certaines limites de terrains furent cependant déplacées après consultation des populations locales.

Le travail de plantation était assuré par les animateurs du projet, s'appuyant sur un système d'« aide alimentaire pour le travail », financé par le HCR. On construisit des mini-banquettes, on ajouta du calcaire aux sols trop acides et on utilisa des pesticides contre les termites. Les principales espèces utilisées : *Pinus, Callitris* et *Acacia mearnsii.* Des gardes ont été embauchés, à raison de un pour 50 hectares, voire deux pour 50 hectares en période sèche. Les plantations ont en général très bien pris. Les plus anciennes donnent déjà l'impression d'une forêt dense et semblent se porter beaucoup mieux que celles d'un projet voisin financé par la Banque mondiale. La surface totale plantée par le projet dans la commune de Gituza s'élève à 1 850 hectares ; 650 hectares supplémentaires ont été plantés sur une commune voisine. 80 % environ des espèces plantées sont des conifères classiques et le reste, des feuillus. Aucune plantation n'a été faite depuis 1987.

En 1986, un an après le début du projet, les réfugiés sont retournés en Ouganda. L'Agence américaine pour le développement international (USAID), principal bailleur de fonds, a décidé de continuer à financer le projet, mais seulement jusqu'à la fin de la première phase de trois ans, en 1988. Les objectifs énoncés n'étaient plus la production de bois, mais la conservation des sols ; la stratégie, cependant, restait fondamentalement la même.

L'avenir des plantations de bois

Les plantations sont actuellement gérées par le personnel du projet, en collaboration avec le département des Forêts. Les grosses dépenses sont à la charge du projet.

En 1984, un document précisait que « 10 % *des produits des plantations reviendraient à la commune* » ; mais aucun plan précis n'a prévu la répartition des bénéfices. Les villageois n'ont eu en effet aucune retombée du projet, si ce n'est la rémunération de leur travail.

La gestion et la protection d'une jeune forêt de 2 500 hectares coûtent cher. Et les frais d'éclaircissage, d'élagage, de gardiennage reviendront au département des Forêts si les financements extérieurs s'arrêtent. Compte tenu des revenus dans la région, il est peu probable que la vente du bois de chauffe et du bois de construction sur les marchés voisins puisse couvrir ces dépenses. Il est vrai que le départ des réfugiés a créé un vide dans le secteur forestier. Tant qu'ils étaient là, le projet se justifiait car il couvrait leurs besoins en bois. L'achat de bois à leur intention par le HCR rapportait également des revenus qui couvraient au moins une partie des frais de plantation.

Le simple fait de changer le nom de l'objectif déclaré du programme — *De la production de bois à la conservation des sols* — n'a pas suffi à régler le problème, car ces deux opérations nécessitent des stratégies différentes. Le *Pinus*, par exemple, n'a pas très bonne réputation pour son action sur les sols. De façon générale, la plantation d'arbres est une opération coûteuse et pas forcément efficace pour conserver les sols. La construction de mini-banquettes est effectivement un remède éprouvé sur les pentes érodées, mais n'implique pas directement la production de bois de chauffe ou la plantation de quelque arbre que ce soit. Le directeur adjoint du projet a expliqué malgré tout que, depuis que la région est reboisée, les habitants sont beaucoup plus attentifs et que les feux sont moins fréquents.

Une étude récente a mis en évidence le coût élevé de la gestion des forêts. Elle proposait de réduire ces coûts en recourant au travail bénévole des villageois et en vendant le bois ainsi produit à Kigali, la capitale. Cette proposition est apparue contestable ; en effet cela revenait à exploiter le travail des habitants de Gituza pour financer la ville. De telles discussions montrent bien la précarité de l'avenir de ces plantations.

Le volet agroforestier

Une étude diagnostique de la région fut menée en 1985, peu après le début du projet. Elle a permis d'obtenir des données à partir desquelles les réalisations futures pourraient être mesurées.

L'étude était basée sur un questionnaire qui couvrait de nombreux domaines, du type de cultures pratiquées au nombre de bêtes, en passant par les attitudes vis-à-vis de la culture d'arbres, et les problèmes généraux rencontrés par les agriculteurs. Coordonnée par un représentant de CARE, elle a été conduite par du personnel recruté localement, qui assura plus tard le travail de vulgarisation, lorsque le projet en fut au stade de la réalisation. Cette étude a permis d'améliorer la connaissance et la compréhension des villageois vis-à-vis du personnel du projet à différents niveaux et, de ce fait, elle a même eu un rôle formateur et au niveau de l'organisation.

L'étude a fait ressortir que la pauvreté des sols est la principale contrainte pesant sur la production vivrière. Les agriculteurs ont l'habitude de planter des arbres, des eucalyptus pour le bois d'œuvre et, le plus souvent, *Euphorbia tirucalli* pour les haies. Les arbres sont plantés selon des configurations très variées, 50% en enclos de cases et le reste réparti entre les champs et les haies. L'étude a également montré que la pénurie de bois de chauffe n'était pas perçue comme un gros problème par la majorité des agriculteurs.

Au vu de ces résultats, il fut entendu que les arbres fixateurs d'azote et à haut rendement seraient la meilleure solution au problème d'appauvrissement des sols qui pèse lourdement sur les agriculteurs. L'usage de ce type d'arbres dans la région n'étant pas courant, on estima que des recherches s'imposaient. Des parcelles d'expérimentation furent installées sur chacune des deux zones écologiques de Gituza.

Les recherches ont été menées par CARE. Elles se sont concentrées sur des essais d'espèces exotiques comme *Leucaena leucocephala, Calliandra calothyrsus* et *Giliricidia sepium* et d'espèces indigènes comme *Sesbania sesban* qui ont été plantées en haies intercalaires, en association avec les cultures vivrières. Quelques arbres fruitiers ont également été testés.

Les résultats obtenus, traités sur ordinateur par CARE à Kigali, ont fourni des données sur les rendements de bois et de feuillage, mais très peu d'informations sur l'interaction entre les arbres et les cultures. En attendant de plus amples résultats, quelques mesures ont été adoptées, comme la culture intercalaire d'arbustes de la famille des légumineuses dans les cultures vivrières, la promotion d'espèces d'arbres comme *Markhamia platycalyx* et *Cedrela fissilis*, l'association de ces mêmes espèces avec des bandes d'herbages le long des courbes de niveaux, et la plantation d'arbres fruitiers près des fermes.

Production de plants et distribution

Toute personne en bonne santé doit consacrer un jour par semaine à travailler pour des projets communautaires, appelés « *Umuganda* », telle était la politique prescrite par le gouvernement du Rwanda. L'un de ces *Umuganda* consiste à créer des pépinières dans les communes, de façon à mettre en place un système de production de plants sur l'ensemble du pays, et à les distribuer gratuitement aux agriculteurs. Le personnel d'encadrement du projet reconnaît que les pépinières *umuganda* ne fonctionnent pas très bien. C'est pourquoi il a été proposé que du personnel rémunéré s'en occupe et que les plants soient non plus distribués gratuitement, mais vendus à prix subventionné. Minagri qui a la responsabilité des pépinières umuganda a accepté de tenter l'expérience.

Le projet a donc désormais une très grande pépinière qui alimente à la fois les secteurs forestier et agroforestier. Elle avait précédemment une capacité de production d'un million de plants par an qui a diminué lorsqu'on a arrêté les nouvelles plantations de bois de chauffe. De plus petites pépinières ont également été installées dans certains districts. D'une capacité de 10 000 plants chacune par an, elles sont gérées par les vulgarisateurs locaux, avec l'aide de personnel occasionnel. Les vulgarisateurs sont censés évaluer auprès des agriculteurs les besoins en plants dans leurs subdivisions, et les agriculteurs viennent chercher leurs plants eux-mêmes.

Formation du personnel et vulgarisation

Lorsque le pays a acquis son indépendance, en 1962, le manque de personnel qualifié se faisait cruellement sentir. Aujourd'hui, le manque de personnel local compétent reste toujours un problème majeur. La formation des huit vulgarisateurs recrutés sur place pour le projet a demandé un très gros travail.

Le travail de diagnostic, assorti de maintes discussions sur l'agroforesterie avec des agriculteurs, leur a apporté de bonnes bases. Ils ont ensuite reçu une formation de plusieurs mois en communication, sur des sujets comme le rôle des arbres dans l'environnement, la sélection des espèces appropriées et le choix des sites de plantation. Mais par rapport à ce qu'attendaient d'eux les agriculteurs, ils n'étaient pas encore assez performants. Si, par exemple, un agriculteur se trouve devant des pieds de tomates malades, il attend des conseils sur ce problème précis avant d'accepter de discuter du bois de chauffe ou d'agroforesterie. De plus, le service de vulgarisation responsable de ce type de culture est tout à fait insuffisant et dispose de peu de ressources. Il n'y a en effet que dix vulgarisateurs en agriculture pour toute la commune de Gituza. On s'aperçut alors que ces vulgarisateurs avaient besoin d'une formation générale en agriculture. L'INADES, une ONG francophone spécialisée en formation rurale agricole, dispensa donc des cours à temps partiel.

La zone d'expérimentation est partagée entre les huit vulgarisateurs, qui sont également responsables de la pépinières de leur secteur. Pour développer l'agroforesterie, ils utilisent deux méthodes, intitulées « vulgarisation intensive » et « vulgarisation extensive ». A côté de chaque pépinière, ils disposent d'une parcelle de démonstration. La méthode intensive consiste à rendre visite régulièrement à un petit nombre de paysans au cours de la saison. L'année suivante, un autre groupe reçoit la visite de l'instructeur.

La méthode extensive passe par les réunions de villages. Un vulgarisateur fait un exposé sur un sujet déterminé, comme l'érosion du sol ou le problème du bois de chauffe. Des tableaux de flanelle et des dessins aident à retenir l'attention de leurs interlocuteurs et à provoquer des discussions, idées empruntées au projet rwandais PAP, de Nyabisindu. Les agriculteurs qui assistent à ces réunions bénéficient de tarifs préférentiels sur les plants.

Une étude récente a cependant révélé que la plupart des vulgarisateurs n'arrivent pas à provoquer ces discussions, et que les agriculteurs se lassent des dessins ; on songe donc à mettre en place un autre système pédagogique (Speich et *al.* — voir bibliographie).

Tableau 4.1 Données sur les résultats du volet agroforestier

	Avant le projet	*La 2e année*
Pourcentage d'agriculteurs qui ont planté des arbres dans les champs	83 %	42 %
Pourcentages d'agriculteurs qui ont planté des arbres sur les limites des champs	82 %	61 %
Pourcentage d'agriculteurs qui ont planté des espèces		
d'eucalyptus	37 %	80 %
de *Leucaena leucocephala*	20 %	0 %
de *Cedrela fissilis*	23 %	0 %

Source : Gibson et Müller (1987).

Suivi et évaluation

Le projet a développé un système de suivi et d'évaluation qui lui permet de mesurer son efficacité et d'adapter ses stratégies en conséquence. Il s'appuie sur trois axes principaux : une étude générale, une distribution de plants et une visite sur place, six mois plus tard. Les visites permettent d'évaluer le taux de survie des plants, mais surtout d'étudier les réactions des agriculteurs face aux nouvelles espèces, de voir comment les arbres sont utilisés, et d'anticiper les besoins en plants pour l'année suivante.

Les résultats connus à ce jour sont très positifs. Le nombre d'arbres plantés dans les champs cultivés, près des clôtures et le long des courbes de niveau a énormément augmenté. On observe également un passage de l'eucalyptus à des espèces fixatrices d'azote comme *Leucaena* ou *Cedrela fissilis*. Cependant, aucune donnée n'est encore disponible sur les rendements de la culture de *Leucaena* en bandes alternées au milieu des cultures vivrières, ni sur son impact sur les revenus des agriculteurs. Le tableau 4.1 montre certains des résultats obtenus.

Le gros problème du système de suivi et d'évaluation est son coût en main-d'œuvre qualifiée, et la nécessité d'un traitement par ordinateur à Kigali. L'étude générale a par exemple nécessité les services d'un bureau spécialisé pendant six mois. On demande également beaucoup au personnel d'encadrement du projet. C'est pourquoi, dans sa forme actuelle, ce système ne peut être repris s'il ne peut compter sur des appuis financiers importants et des conseils de haut niveau.

Les foyers améliorés

Au départ, le projet prévoyait de réduire la consommation en charbon de bois en introduisant des foyers améliorés. L'idée fut abandonnée quand on s'aperçut que le charbon de bois n'était pas utilisé dans la région. Puis un poêle à bois en céramique, le *Zigamingkwi* (qui veut dire « économisez plus ») fut mis sur le marché dans le cadre du projet, et vendu à prix subventionné 150 francs rwandais (environ 2 $). Succès mitigé. Au printemps 1988, par exemple, vingt-cinq poêles seulement étaient vendus en moyenne par mois. Pourtant, ce point ne préoccupe pas le personnel du projet qui y voit plutôt l'occasion d'une prise de conscience. Les poêles en effet ne sont pas au point, et beaucoup se détériorent très vite. Une étude a montré que 50 % des poêles étaient déjà hors d'usage.

Viabilité des projets

Le volet bois de chauffe de ce projet reposait sur la présence d'une population mobile et imprévisible, celle des réfugiés. Quand les réfugiés sont rentrés chez eux, 12 % de la commune de Gituza s'est retrouvée couverte de plantations de bois sans aucun débouché commercial. Cet exemple souligne le danger de prévoir des opérations à long terme comme le reboisement, en réponse à des situations fluctuantes ou urgentes comme un afflux de réfugiés. Un simple changement de circonstances rend alors la réponse impropre et peut même hypothéquer l'avenir. Dans de tels cas, il est préférable de prévoir des solutions à court terme, souples et ajustables aux éventuels changements de situation.

Néanmoins, le fait que les collines aient été reboisées est une bonne chose pour les sols. Mais cela ne peut être pris pour modèle pour préserver les collines du Rwanda. Les 2500 hectares plantés de forêt resteront définitivement dépendants d'une aide extérieure, le département des Forêts ne disposant pas, pour sa part, des ressources nécessaires pour sauvegarder cet investissement.

Mais les techniques mises au point dans le volet agroforestier sont, elles, susceptibles d'être utilisées ailleurs. Les méthodes de production et de distribution des plants, par exemple, offrent une alternative au système actuel Umuganda, plutôt inefficace. Le principe du suivi et de l'évaluation est aussi un grand pas en avant, quand on sait que dans la plupart des projets forestiers, personne ne sait exactement ce qu'il en est des plants ni ce qui se passe au niveau de la vulgarisation. Mais le fait que les données nécessitent un traitement par ordinateur le rendra plus facile d'utilisation ailleurs, même dans des projets relativement bien financés.

Une grande inquiétude émerge également : le niveau actuel de financement du secteur agroforestier est bien supérieur à ce qu'il sera quand le projet arrivera à son terme. Actuellement, on compte un vulgarisateur agroforestier pour un vulgarisateur agricole. Mais la direction du projet a bien peur que, lorsque les tiroirs seront vides, le personnel, ancien et nouveau, ne soit muté ailleurs. Le départ de CARE signerait alors la mort des pépinières.

Bien que le programme ait eu un impact évident sur les habitudes locales en matière de plantation d'arbres, il se pourrait que cela ait surtout été le fait des financements confortables. Mis à part l'hypothèse où les agriculteurs constatent des rendements vraiment meilleurs ou des bénéfices tangibles, immédiatement palpables, il est à craindre qu'ils n'abandonnent ces nouvelles pratiques dès que la pression des vulgarisateurs se relâchera, surtout s'il devient difficile de trouver des plants.

Bibliographie

D.C. Gibson et E.U. Miller. *Diagnostic surveys and management information systems in agroforestry project implementation — a case study from Rwanda.* ICRAF, Working Paper n° 49 (1987).

E.U. Muller. *Draft case study of the CARE Gituza Forestry Project in Rwanda.* Agroforestry monitoring and Evaluation Project. (1987).

A. Speich *et al. Gituza Forestry Project Evaluation.* (1988).

LE PROGRAMME DE DÉVELOPPEMENT DE BOIS DE CHAUFFE AU KENYA

FAIRE FACE A « L'AUTRE CRISE DE L'ENERGIE »

Un vaste programme est expérimenté depuis cinq ans sur les hautes terres du Kenya pour développer des méthodes efficaces de promotion de la culture d'arbres pour le bois de feu. Les résultats sont appréciables. Le programme a, notamment, fait avancer d'un grand pas les techniques d'enquêtes rurales. Mais on peut se demander s'il a vraiment réussi à se mobiliser sur les priorités des agriculteurs locaux, à savoir la culture d'arbres. On peut également se poser la question de savoir si le dispositif de vulgarisation utilisé pourra être repris par les services gouvernementaux lorsque les financements extérieurs du projet se seront taris.

Historique du projet

Vers la fin des années 70, face à l'épuisement des ressources en bois — dont la majorité des gens du tiers monde dépendent pour leurs besoins énergétiques —, les préoccupations sur « l'autre crise de l'énergie » allaient grandissant. Une large enquête menée par le ministère de l'Énergie du Kenya, de 1979 à 1982, prédit une grave pénurie de bois de feu, surtout dans la région très peuplée des hautes terres.

Le Programme de développement de bois de feu au Kenya (KWDP) est l'un des projets mis en place pour répondre à cette menace. Il a débuté en 1983, sous la responsabilité du ministère de l'Énergie. Ses

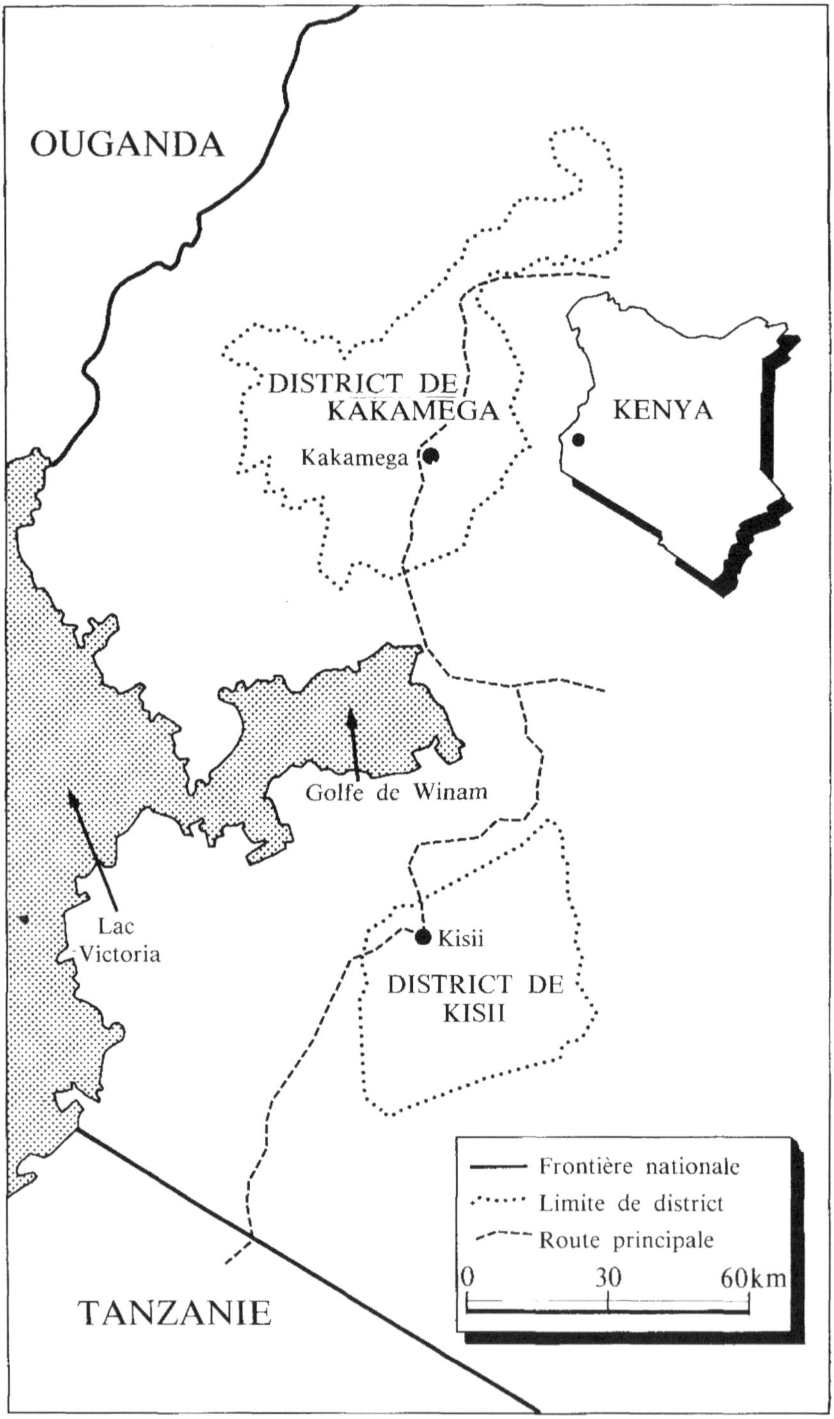
OUGANDA
DISTRICT DE
KAKAMEGA
Kakamega
KENYA
Golfe de Winam
Lac
Victoria
Kisii
DISTRICT DE
KISII
TANZANIE
Frontière nationale
Limite de district
Route principale
0
30
60km

Nom du projet	**Programme de développement pour le bois de chauffe, Kenya (KWDP) ; maintenant appelé Projet pour le bois de chauffe de l'agroforesterie, Kenya (KWAP)**
Adresse	**PO Box 1080, Kakamega, Kenya. Tel. 0331 20456** **PO Box 2417, Kisii, Kenya. Tel. 0381 20094**
Zone du projet	**Districts de Kakamega et de Kisii**
Précipitations	**1 500 à 2 000 mm par an**
Exécution	**1983-1988 : Institut Beijer, Stockholm, et la Fondation ETC, Pays-Bas** **1989 à maintenant : Fondation ETC**
Financement	**1983-1988 : environ 10 millions de dollars (DGIS)**
Taux de change	**1 shilling kenyan = 0,32 FF**

principaux objectifs consistent à développer les techniques de culture d'arbres et les méthodes de vulgarisation nécessaires pour assurer l'augmentation de la production de bois dans la région des hautes terres ; et à plus long terme de passer la main aux différents ministères concernés.

Le programme opère dans deux districts des hautes terres, Kakamega et Kisii. Cette région, située à environ 1 500 m d'altitude, reçoit des précipitations de 1 600 mm à 2 000 mm par an. Elle possède les terres les plus fertiles du pays et est officiellement reconnue comme une région à haut potentiel agricole. Chacun des deux districts — dont la densité de population est très forte, variant entre 200 et 1 000 habitants au km^2 — compte environ 1,25 million d'habitants. Le taux de croissance annuel de la population est de 4 %. Les exploitations agricoles sont en général assez petites, certaines familles ne possédant que 0,2 hectare. La région est peu boisée et possède peu de terres communales.

Le projet est financé par le gouvernement des Pays-Bas. Jusqu'à ces derniers temps, le KWDP disposait d'un bureau à Kakamega et à Kisii, ainsi que d'un siège à Nairobi. Mais le bureau de Nairobi est désormais fermé. En 1988, on a craint des problèmes de financement, ce qui a gêné le travail, mais depuis avril 1989 les activités ont repris.

Enquêtes préliminaires

Après que le programme eut été établi, et avant toute décision concernant les techniques à employer pour promouvoir la plantation d'arbres, de larges enquêtes furent menées, tant à Kakamega qu'à Kisii. Trois types d'approches ont été retenues.

« L'analyse des ressources du district » a utilisé des photographies aériennes, des clichés satellites et des travaux de terrain. Elle a permis d'établir un système de classification basé sur une trentaine de caractéristiques comme la taille des fermes, le type de cultures, l'étendue des haies et des parcelles boisées. Des cartes détaillées furent alors tracées, divisant chaque district en onze zones conformes au système de classification. Cette analyse a montré que les espèces indigènes et les arbustes tendent à disparaître au profit de l'eucalyptus et d'autres espèces exotiques, parallèlement à l'augmentation de la densité de population. Elle révéla aussi une chose surprenante : les surfaces boisées augmentent, elles aussi, proportionnellement à la densité de la population.

Dans les régions relativement peu peuplées — 200 habitants au km^2, par exemple — la terre est peu cultivée ; on trouve donc encore de la savane couverte de peu d'arbres. Alors que dans les régions très peuplées — 500 habitants au km^2 — les agriculteurs ont planté beaucoup d'arbres, couvrant jusqu'à 30 % de leur terrain (Bradley, 1988 — voir bibliographie).

La deuxième enquête s'intéressait à l'agroforesterie, pour savoir quelles techniques de propagation employaient les agriculteurs, et comment ils entretenaient et exploitaient les arbres. 500 agriculteurs furent interrogés à Kakamega, et 250 à Kisii. Utilisaient-ils le bouturage, le semis direct, ou avaient-ils recours aux pépinières ? On leur demandait aussi quelles ressources ils tiraient des arbres adultes.

Ces enquêtes ont montré que la culture d'arbres est chose courante. Les haies, les bosquets et les brise-vents font partie du décor dans nombre de fermes, et il n'est pas rare de trouver des arbres sur des terres cultivées et dans le jardin de la case. Les schémas de plantation, en revanche, varient considérablement d'un district à l'autre, et à l'intérieur même de chaque district (Van Gelder et Kerkhof, 1984 ; Kuyper et Bradley, 1985 — voir bibliographie).

Les enquêtes ont aussi montré que les agriculteurs maîtrisent beaucoup plus que ce que l'on imaginait les techniques de la reproduction des espèces sylvicoles, et qu'ils sont tout à fait capables de produire leurs propres plants. On a découvert que des « mini-pépinières » existaient dans un tiers des fermes — on en dénombrait plus de 50 000 dans le seul district de Kakamega. Il s'agit le plus souvent d'espèces donnant du bois de construction, comme l'eucalyptus ou le *Cupressus lusitanica.*

La plupart des agriculteurs démarrent leur pépinière au début de la saison des pluies, dans un endroit ombragé et protégé, par exemple, dans la bananeraie juste derrière la maison. Les plants sont élevés en pleine terre et peuvent être repiqués au cours de la même saison des pluies. Leur taux de survie est généralement bas, mais l'investissement l'est également.

Avoir pris conscience que les agriculteurs pouvaient produire leurs propres plants changea du tout au tout la stratégie initiale du projet. Il était prévu que les agriculteurs se procureraient les plants auprès du département des Forêts, mais l'absence de pépinières proches, pensait-on, les dissuaderait de planter des arbres. C'est pourquoi on adopta alors le système des pépinières communautaires décentralisées. Mais par la suite, lorsque les résultats de l'enquête furent connus, on s'orienta vers les pépinières à la ferme.

Le troisième volet d'enquêtes portait sur les contraintes culturelles liées à l'augmentation de la production de bois de feu (Chavangi, 1984 ; Ong'ayo, 1986 — voir bibliographie). Des groupes de femmes, de villageois, ainsi que des particuliers furent soigneusement interrogés par des responsables du projet. Les questions étaient centrées sur les problèmes de ramassage du bois : les femmes en sont responsables alors que les hommes sont propriétaires des terrains. Il s'agissait de comprendre comment les conflits qui en résultent pouvaient se résoudre.

Cette enquête culturelle a montré qu'il y avait les espèces « destinées aux hommes » — qui produisent du bois pour les poteaux, comme le *Cupressus* et l'eucalyptus — et les espèces « destinées aux femmes », comme *Sesbania sesban*, plutôt impropre à la construction, mais principalement utilisé pour le feu. A Kakamega par exemple, les femmes n'ont pas le droit de planter des eucalyptus, mais elles sont libres de planter et de récolter des *Sesbania*.

Le bois de feu n'est pas le sujet de discussion favori entre les hommes et les femmes, c'est ce qui ressort aussi de l'enquête, de même le fait que pratiquement aucune ressource n'est engagée dans cette production, si ce n'est le travail des femmes. En même temps, la récolte du bois de feu est un travail très ingrat et de nombreuses familles sont souvent obligées d'en acheter.

On comprit aussi que le fait que les femmes ne plantent pas d'arbres est lié à de gros obstacles culturels. Parfois, ce sont les maris qui l'interdisent. Mais il existe aussi des tabous, comme cette croyance qui dit que « *si une femme plante un arbre, elle sera stérile* ». Le KWDP en conclut que l'obstacle principal rencontré par rapport à la plantation d'arbres était d'ordre culturel.

Développer un dispositif technique crédible

Pour assurer le développement des plantations d'arbres à bois de feu, il était nécessaire de mettre en place des techniques acceptables par les agriculteurs. Des essais ont été menés à la fois dans les laboratoires de recherche forestière de chaque district et dans les exploitations des particuliers.

Les essais en laboratoire portaient sur le choix des espèces, l'espacement et la gestion des plants. A Kakamega, on planta les arbres selon trois espacements différents. A Kisii, on testa des plantations en haies, puisqu'on avait remarqué que c'était l'habitude chez les agriculteurs. *Leucaena leucocephala, Calliandra calathyrsus, Gliricidia sepium, Mimosa scabrella*, plusieurs variétés de *Sesbania*, et *Markhaemia lutea*, telles étaient les principales espèces utilisées.

Tableau 5.1 Rendements comparés des essais sur le bois de feu dans les districts de Kakamega et Kissi

KAKAMEGA
Production après un an de culture de bois plantés en 1985 (poids frais, en tonne par hectare).

Espèces		Espacement	
	1,5 × 1,5 m	0,5 × 0,5 m	1 × 1 m
Calliandra calothyrsus	35	62	34
Sesbania sesban	46	81	57
Mimosa scabrella	34	38	36

KISII
Rendements, après un an de culture, de haies plantées en 1986 (kilo par mètre de haie).

Espèces	Production	Espacement
Sesbania sesban	17 kg/m	0,2 × 0,1 m
Sesbania bispinosa	19 kg/m	0,2 × 0,1 m
Mimosa scabrella	16 kg/m	0,3 × 0,3 m
Calliandra calothyrsus	5 kg/m	—
Leucaena leucocephala	3 kg/m	—

Source : Mbuthia (1987).

Les arbres furent taillés au bout d'un an, pour étudier leur production en bois. La biomasse totale produite — c'est-à-dire le bois et les feuilles — fut mesurée dans chaque cas (cf. tableau 5.1). Les résultats ont montré, dans les deux districts, un très grand potentiel productif de bois de chauffe, tant dans les bosquets que dans les haies. Les observations menées à Kisii prouvent qu'une haie de *Sesbania sesban* autour d'une ferme de 1 hectare peut subvenir aux besoins en bois d'une famille de taille moyenne.

L'eucalyptus n'étant pas considéré comme un arbre producteur de bois de feu, aucun test n'a été effectué sur cette espèce, pourtant bien connue et appréciée des agriculteurs. Il est par ailleurs bien implanté dans la région et ses performances ne sont plus à démontrer. Aussi aurait-il été utile de le soumettre aux mêmes essais que les espèces exotiques.

On entreprit également une batterie de tests sur le terrain. On offrit aux agriculteurs des plants et des semences de nouvelles espèces, exotiques et indigènes, et ils avaient la possibilité de choisir celles qu'ils préféraient. Ils devaient aussi planter les arbres de la manière qui leur paraissait la meilleure. Le rôle des chercheurs du KWDP se limitait à donner quelques informations sur les caractéristiques de croissance de ces nouvelles espèces. En fait, les essais étaient sous le contrôle des fermiers eux-mêmes. Les chercheurs ont donc pu observer comment les agriculteurs tenaient leurs pépinières, où ils plantaient les arbres, et pourquoi. Ce qui fournit maintes informations sur le savoir des agriculteurs en matière d'arbres. Les performances des différentes espèces ont été mesurées par le diamètre et la hauteur des arbres.

Les opinions divergent quant à la valeur des résultats obtenus par ces différents essais. Les conditions d'expérimentation en laboratoire sont artificielles et très différentes des conditions réelles. Une partie du personnel du projet estime même que ces résultats ne sont pas directement pertinents pour la vulgarisation. Alors que les essais sur le terrain reflètent les conditions réelles de culture, présentent l'avantage de provoquer des discussions entre les agriculteurs, les chercheurs et les vulgarisateurs, et ont par là même un aspect éducatif. Leur gros inconvénient est qu'ils ne permettent pas d'amasser de grandes quantités de données.

Les techniques ont continué de s'affiner alors que le programme se poursuivait. L'espèce exotique qui a le mieux réussi est sans doute *Calliandra calothyrsus*. *Leucaena leucocephala* a donné de bons résultats pour le fourrage dans les zones les plus chaudes, et *Sesbania sesban*, originaire du Kenya, a été réintroduit dans plusieurs endroits. *Mimosa scabrella* s'est montré capricieux, mais se plaît bien dans les zones les plus fraîches de Kisii.

Des semences plutôt que des plants

Lorsqu'on eut compris que la plupart des arbres plantés venaient de plants produits chez les particuliers, la question fut de savoir comment soutenir le plus efficacement ce type de pépinières individuelles. Aucune expérience significative n'était disponible à ce moment-là.

Les enquêtes et les contacts ultérieurs avec les agriculteurs ont mis en évidence que, s'il n'y avait en général pas de problèmes pour se procurer des semences de *Cupressus lusitanica* ou d'eucalyptus, il était difficile de trouver celles d'autres espèces, surtout les espèces exotiques nouvelles à croissance rapide, comme *Calliandra calothyrsus* ; cela était vrai aussi pour les espèces productrices de bois de feu, quasiment inexistantes dans certaines régions.

Le KWDP eut alors l'idée de développer des « unités de production de semences » (UPS), parcelles de 0,05 hectare, mises en place sur des terres communales de groupement scolaire, ou devant les bureaux de la direction par exemple. On clôtura ces parcelles pour les protéger des troupeaux et on y planta des espèces à bois de feu que le KWDP souhaitait promouvoir, comme *Leucaena, Calliandra* et *Mimosa*. L'idée était de produire sur ces parcelles des semences qui seraient mises gratuitement à la disposition des agriculteurs intéressés. Entre 1984 et 1986, environ 160 UPS furent installées dans les deux districts.

Le personnel s'aperçut ensuite que les UPS n'étaient pas à la hauteur de leurs attentes. Une des raisons techniques était que les parcelles étaient plantées trop serrées ; les haies produisaient des semences mais pas les arbres plantés à l'intérieur de la parcelle. Plus grave : même lorsque des semis étaient produits, les gens ne venaient pas les ramasser, pour la simple raison qu'ils n'avaient pas l'impression que ces UPS leur appartenaient. Pour eux, ce n'était que des parcelles clôturées, *« celles du projet »*. Même le bosquet du groupement scolaire fut l'objet d'un respect excessif, les professeurs hésitant à ramasser les graines. Dans d'autres cas, les UPS furent installées sur une ferme, et plus ou moins confisquées par le propriétaire. Ce qui n'est pas très étonnant puisque c'était son terrain.

Ces expériences ont permis de faire connaître aux communautés locales les espèces à bois de feu et leur culture. Mais elles n'ont pas vraiment réussi à produire des semences. Les vulgarisateurs ont maintenant compris que les communautés sont beaucoup plus efficaces que les animateurs du projet pour diffuser les semences. Encore faut-il que quelques agriculteurs en possèdent et soient prêts à planter des arbres. Le KWDP table maintenant sur la distribution gratuite ou la vente de graines en paquet pour mettre le processus en route.

Améliorer les pépinières à la ferme

Les agroforestiers du KWDP ont cherché à améliorer les techniques traditionnelles de pépinières à la ferme par toutes sortes de moyens, notamment en augmentant le taux de survie des plants en pépinière et au moment du repiquage.

On suggéra aux agriculteurs de démarrer leurs pépinières avant la saison des pluies. On leur conseilla de surélever le lit de semences pour prélever les plants plus facilement, sans abîmer les racines au moment de la transplantation. D'autres idées furent proposées qui consistaient à tailler les racines avec une *panga* (sorte de machette), et éclaircir les plants pour avoir une production plus résistante et en meilleure santé, trop de pépinières particulières ne produisant que des plants maigrichons.

Ces recommandations eurent un effet assez inégal. Peu d'agriculteurs se montrèrent prêts à tailler les racines, n'y étant pas accoutumés et ayant besoin de temps pour comprendre l'intérêt d'une telle opération, pour améliorer la production. Cependant, le rehaussement des lits de semences se pratique désormais plus fréquemment, et un grand nombre de pépinières démarrent à la saison sèche.

Les méthodes de vulgarisation

Le KWDP n'est pas censé créer son propre service de vulgarisation, sa mission principale étant de promouvoir les techniques propres à la culture d'arbres à bois de feu. Son intention est de faire prendre en charge ce secteur par les services du département des Forêts et du ministère de l'Agriculture. C'est pourquoi les vulgarisateurs de KWDP sont peu nombreux. Une équipe de trois ou quatre personnes expérimentées et bien formées se partage entre Kakamega et Kisii. Dans chacun des districts, ils sont assistés par une dizaine d'*« agents pour l'énergie du village »*.

Dans sa première phase de programme, le KWDP n'avait donc pas de service de vulgarisation, puisque son rôle était de comprendre le mieux possible ce qu'étaient les pratiques locales et les attitudes en matière de culture d'arbres, avant de conseiller quoi que ce soit. Un vulgarisateur rendit visite à des agriculteurs sélectionnés et leur remit cinq ou dix plants à tester. On pensait que les vulgarisateurs pouvaient apprendre des agriculteurs et pas seulement leur intimer des ordres et leur transmettre de nouvelles techniques.

Les vulgarisateurs appelaient cette façon de travailler « l'approche sans message », et la plupart d'entre eux avaient de grosses difficultés à la mettre en pratique. Ils estimaient que leurs visites fréquentes en camion, pour n'apporter que cinq ou dix plants à la fois, paraissaient incompréhensibles aux agriculteurs, et somme toute les gênaient eux-mêmes. L'expérience eut néanmoins un impact éducatif incontestable et apprit aux vulgarisateurs à apprécier et évaluer le savoir des agriculteurs.

Pour toucher davantage de personnes, un groupe d'approche fut mis en place, s'appuyant soit sur les groupes d'agriculteurs existants, soit sur de nouveaux groupes créés tout spécialement. Des vulgarisateurs se déplaçaient pour les encourager à discuter des problèmes de bois de chauffe et prendre les mesures adéquates. Ils encourageaient la création de pépinières à la ferme, la plantation de parcelles réservées au bois de feu, et la culture intercalée d'arbres et de cultures vivrières.

Le travail auprès de ces groupes a élargi l'impact du programme, en permettant de recueillir les réactions des agriculteurs. Il permit aussi de percevoir certains problèmes sociaux. Le fait, par exemple, que certains sujets émergeaient dans le cadre de discussions individuelles mais jamais en groupe révélait la nature des tensions et les différences de sensibilités.

En même temps, certains problèmes matériels ont entravé le fonctionnement de ces groupes de vulgarisation. Des enterrements ou autres événements locaux suffisaient à annuler les réunions. Certains responsables politiques ou administratifs cherchaient à récupérer les groupes. Il apparut également que les groupes avaient une certaine tendance à l'introversion et qu'ils n'avaient aucun effet de contagion sur les villageois.

Le programme a aussi cherché à associer les écoles au processus de vulgarisation avec des pépinières créées et gérées par les élèves ; des parcelles de démonstration, des compétitions et diverses activités animées dans les écoles par le KWDP.

L'un des plus gros problèmes rencontrés avec les écoles est le manque de communication entre les enfants et leurs parents sur les thèmes en question. Même quand les enfants plantaient des arbres à bois de feu sur le terrain familial, les parents ne comprenaient pas pourquoi ils faisaient cela. Ils ne se sentaient pas non plus concernés par les parcelles de démonstration du groupe scolaire. Autre problème enfin, plus général celui-là : les activités, souvent animées par un seul professeur, disparaissent si le professeur quitte l'école.

Le projet entreprit également de sensibiliser l'ensemble de la population aux questions de pénurie de bois. On espérait que les couples allaient en discuter entre eux ; on pensait ainsi faire tomber les résistances des agriculteurs à investir du temps et de l'argent dans ce travail.

A Kakamega, une troupe de théâtre amateur, assistée d'un professionnel, créa une petite pièce mettant en scène une femme confrontée au problème de la pénurie de bois de feu, discutant avec son mari et trouvant finalement avec lui la solution, par la plantation d'arbres à bois de chauffe. Le spectacle était produit par le KWDP et tourna dans les écoles, sur les marchés, près des églises et sur les places du district. Cela marchait très bien et la pièce reçut une large audience. Mais il a fallu l'abandonner pour des raisons pratiques : les acteurs se fatiguaient ou devaient retourner à leur travail habituel, et le personnel du projet finissait par être débordé par les problèmes d'organisation.

On décida alors de faire un film, beaucoup plus facile à présenter qu'un spectacle. Cela fonctionne très bien depuis. La pénurie de bois est présentée comme un sujet à discuter entre maris et femmes. On montre comment créer des pépinières à la ferme pour produire du bois de chauffe, comment entretenir les arbres et faire la récolte de bois. Un vrai succès ! Dans un lieu où le film est resté un mois, 25 000 personnes — dont 80 % d'enfants — l'ont vu. On remettait des semences aux adultes. Un sondage auprès de 840 d'entre eux a révélé que 90 % avaient semé les graines, en pépinières ou directement en terre.

A Kisii, une autre stratégie de vulgarisation fut retenue. Des rallyes auxquels assistaient des représentants politiques ou administratifs locaux furent organisés dans plusieurs villages. Dans une bourgade de 10 000 à 15000 habitants, cinq rallyes furent organisés, qui ont tous attiré entre 1000 et 4000 personnes. Le message était transmis par un groupe de théâtre et repris par plusieurs orateurs. Des petites brochures et des sachets de graines étaient distribués pour expérimenter les recommandations. Mais les rallyes de Kisii achoppaient sur les mêmes obstacles que les séances de théâtre de Kakamega : l'investissement demandé au personnel du projet était trop lourd. Et même si tout était bien organisé, ils ne touchaient qu'une fraction de la population. Les cent villages de Kisii ne pouvaient être touchés de cette façon, compte tenu du personnel et des ressources disponibles.

La recherche de méthodes de vulgarisation moins chères et plus efficaces s'imposait. Des essais de messages radio sont actuellement menés à Kisii, en langue locale. Parallèlement, des sachets de semences d'arbres à bois de feu sont vendus dans des boutiques, au prix de 1 shilling kenyan chacun (soit environ 30 centimes). Le système est actuellement subventionné par le projet, mais on n'exclut pas qu'il devienne autonome.

Les petites brochures diffusées dans les deux districts sont largement illustrées. Les enquêtes montrent qu'elles sont très utiles. Elles sont rédigées surtout en anglais et en kiswashili plutôt qu'en langue locale, car la minorité qui sait lire est habituée à lire en anglais. Les quelques phrases qui accompagnent les bandes dessinées sont souvent déjà superflues pour la plupart des gens.

Les agroforestiers du KWDP ont également édité un manuel sur les pépinières à la ferme. Il ne s'adresse pas à l'agriculteur de base, mais est parfaitement adapté au vulgarisateur motivé.

Évaluer l'impact du projet

Le KWDP a dépensé beaucoup d'argent pour mesurer l'impact du projet. Chaque district dispose d'une unité d'évaluation composée d'un universitaire assisté d'un certain nombre d'enquêteurs, et équipée d'ordinateurs individuels. Le siège de Nairobi apportait autrefois son soutien et veillait aux publications, mais il est aujourd'hui fermé.

Les enquêteurs, armés de questionnaires, devaient évaluer combien de personnes avaient assisté aux projections de films ou aux rallyes, et vérifier si elles avaient utilisé les informations et les semences qui leur avaient été données. Six cents personnes pouvaient être touchées à chaque intervention.

Des résultats très intéressants ont ainsi été recueillis. Ces enquêtes ont confirmé, par exemple, que les films de Kakamega ont eu une grande influence. 80% des exploitants agricoles interrogés en ont entendu parler, 68% y ont directement assisté, et 51% reçurent des graines à l'issue de la projection. Sur un échantillon de 800 exploitants, 85% de ceux qui avaient reçu des semences ont fait des pépinières. Les études n'ont pas encore révélé comment ces plants ont ensuite été utilisés (Njuguna, 1988 — voir bibliographie).

A Kisii, 911 exploitants ayant assisté aux projections ont été interrogés. 810 avaient obtenu des semences, et 56% d'entre eux avaient créé des pépinières. Plus tard, une enquête s'intéressa à ce que les 383 exploitants qui avaient créé des pépinières avaient fait des plants. 38% les avaient repiqués ; 21% avaient déjà fait des semis directs ; et 41% n'avaient pas repiqué les plants.

Mimosa scabrella *pousse au milieu des ananas. Initialement, l'espèce était prévue pour le bois de chauffe, mais les paysans préfèrent l'utiliser pour le bois de construction.*

Certains agriculteurs ont expliqué que c'est par manque de temps qu'ils n'avaient pas repiqué les plants, mais qu'ils comptaient le faire plus tard. D'autres, qu'ils n'avaient pas su à quelle date le faire. L'information contenue dans la brochure n'avait cependant pas fait partie des démonstrations. Presque la moitié des plants avaient été repiqués dans des champs cultivés : 69% de *Sesbania*, 15% de *Calliandra*, 12% de *Leucaena*. Un tiers des plants globalement repiqués avaient été plantés en haie ; le choix se portait alors à 32% sur *Grevillea*, à 29% sur black wattle, et à 19% sur *Calliandra*. Le reste des plants — pour 70 % des black wattle — était en général repiqué en parcelles boisées.

Malgré ces résultats, les vulgarisateurs estiment que le travail, trop académique, a été de peu d'utilité pour la vulgarisation. Il a surtout servi, disent-ils, à remplir des papiers pour le siège de Nairobi plutôt qu'à élaborer des stratégies de vulgarisation. Cette remarque reflète le flou qui plane sur la définition du KWDP, à savoir : est-il un centre de recherche ou de vulgarisation ?

Viabilité et reproductibilité des projets

Le KWDP disposait de gros moyens et d'équipes bien outillées à Nairobi et dans les deux districts d'expérimentation. Le projet a fonctionné pendant cinq ans et des leçons peuvent en être tirées.

L'importance des enquêtes préliminaires pour appréhender le contexte local a été ici très probante. On n'avait pas soupçonné l'existence de pépinières sur le terrain familial, par exemple, avant que les enquêteurs les découvrent. De même, certaines contraintes culturelles n'avaient pas été détectées jusque-là. Ces études ont aussi établi que, contrairement à ce que l'on croyait *a priori*, le pourcentage de terres plantées d'arbres augmente proportionnellement à la population.

Ces enquêtes ont donc orienté les stratégies mises en place, et ont pu servir d'exemples pour d'autres projets. Mais dans leur forme actuelle, elles prennent trop de temps, sont trop compliquées et trop chères. Cela est tout spécialement vrai pour l'interprétation des photos aériennes et du traitement des données par ordinateur (KWDP, 1988).

Il est inutile d'établir des stratifications complexes du district à étudier. Il suffit de le diviser en quatre à huit catégories, en reprenant les données connues et en usant de bon sens. La preuve en est qu'à Kakamega, où les enquêtes agroforestières et culturelles ont établi leurs catégories sur la base des données connues, l'analyse des photos aériennes a été faite plus tard et n'a guère influencé les activités ultérieures.

Les enquêtes agroforestières ont dû, elles aussi, subir quelques mises au point, ce qui est compréhensible, compte tenu du caractère novateur du projet ; les pépinières à la ferme au Kenya occidental sont maintenant citées dans la littérature de vulgarisation forestière du monde entier. Mais si l'on veut adapter cette méthodologie aux services gouvernementaux, des simplifications s'imposent. On pourrait par exemple réduire la longueur des questionnaires pour ne garder que les sujets sensibles et réduire la taille des échantillons.

La méthodologie de vulgarisation proposée par le KWDP n'est pas encore totalement développée. L'accent a été mis sur la sensibilisation de masse aux problèmes de bois de feu, par des films et des rallyes ; ce qui s'est montré efficace pour toucher un large public. D'autant plus efficace que les personnes touchées utilisent les informations et les semences qu'elles ont reçues. Cependant, l'organisation de tels événements coûte très cher, ce qui est un réel problème.

Les films coûtent moins cher mais posent des problèmes tout aussi évidents. Assurer des projections dans des lieux reculés est, sur le plan pratique, très difficile, et pèse lourd sur l'équipe du projet. Autre problème : la pertinence du sujet. Les films de KWDP ont un grand succès à Kakamega car ils présentent la situation particulière de cette région. Ils seront bien sûr beaucoup moins intéressants pour un autre public. Et il est peu probable que les ministères qui mènent des projets aient les ressources nécessaires pour faire leurs propres films.

Une autre difficulté potentielle procède du fait que le KWDP a travaillé plus ou moins indépendamment du gouvernement kenyan. Cela lui a donné une plus grande marge de manœuvre et lui a permis de développer des méthodes originales pour promouvoir la plantation d'arbres. Mais cela veut dire en même temps que l'institution permanente concernée, le département des Forêts, s'est peu impliquée, et n'est donc guère en position de pouvoir assurer la relève. Si les financements venaient à manquer, le KWDP perdrait toute chance de maintenir son influence.

Le programme a néanmoins déjà accumulé une grande quantité de données, de connaissances et d'expériences. Il est passé des pépinières centralisées aux pépinières à la ferme. Il a aussi souligné le conflit d'intérêts entre les hommes et les femmes et montré que cette *« crise du bois »* est avant tout un problème d'ordre social.

Une question importante quant à la pertinence du programme reste cependant sans réponse. On était parti de l'hypothèse que la pénurie de bois de feu était un problème crucial pour les femmes et que, si l'on pouvait dépasser les obstacles culturels liés à la plantation d'arbres à bois de chauffe, on pourrait régler totalement le problème.

Il est sûr que la plantation d'arbres est aujourd'hui une question d'actualité sur la zone du projet. Mais, puisqu'aucune enquête n'a été menée pour mesurer l'impact du projet, on ne peut affirmer qu'il a convaincu les agriculteurs du caractère séduisant de la proposition. On ne peut pas non plus affirmer que la majorité des femmes voient dans la plantation d'arbres un remède à la pénurie de bois, même après les campagnes de sensibilisation. Dans certains cas, en effet, des femmes ont planté des centaines d'arbres à bois de feu avec le KWDP, puis s'en sont désintéressées et ont remplacé les *Leucaena* et les *Calliandra calothyrsus* par des eucalyptus.

Le projet permet de comprendre de plus en plus clairement que les hommes et les femmes sont prêts à planter des arbres, pour toutes sortes de raisons, et pas simplement pour obtenir du bois de feu. Un vulgarisateur s'est plaint que le KWDP n'associe pas à son programme l'eucalyptus, *Leucaena, Calliandra calothyrsus* et autres espèces à bois de construction. Il est significatif que le projet ait justement récemment changé de nom : il ne s'appelle plus « Programme pour le développement du bois de feu au Kenya », mais « Projet pour le bois de feu et l'agroforesterie au Kenya ».

Bibliographie

P. N. Bradley. *Survey of woody biomass on farms in western Kenya*, Ambio, vol. 17, n° 1 (1988).

N. Chavangi. *Cultural aspects of the fuelwood programme*, KWDP working paper n° 4 (1984).

A. Van Gelder et P. Kerkhof. *The agroforestry survey in Kakamega district*. KWDP working paper n° 3 (1984).

H.O. Kola. *The outcome of mass rally. An overview of on-spot monitoring*. Kisii technical report n° 1, KWDP (1987).

J. Kuyper. *On farm agroforestry trials in Kisii district*. KWDP, working paper n° 12 (1988).

J. Kuyper et P. Bradley. *Woodfuel and agroforestry in Kisii district*. KWDP, working paper n° 7 (1985).

KWDP. *A critical analysis of KWDP activities in Kisii district and work programme up to 1991*. KWDP (1988).

M. Mbuthia. *Spacing trials : first harvest data analysis report*. KWDP (draft) (1987).

P. M. Mung'ala, J. Kuyper et S. Kimwe. *On farm tree nurseries*. KWDP (1988).

M. N. Njuguna. *Kakamega film monitoring, phase 2*. KWDP (1988).

M. Ong'ayo. *Report on the cultural survey carried out in Kisii district*. KWDP (1986).

LE PLAN DE BOISEMENT DE LA COMPAGNIE BAT AU KENYA

PLANTER DES ARBRES, MAIS PAS POUR LE BOIS

Les agriculteurs qui cultivent le tabac au Kenya sont tenus par une obligation légale de planter des arbres supposés produire le bois nécessaire au séchage du tabac.

En un certain sens, le plan a été bien suivi : les agriculteurs ont planté un grand nombre d'arbres. Mais ils utilisent ce bois comme bois de construction, ou pour faire des poteaux, et ils continuent de récolter leur bois de chauffe sur les arbres qui poussent naturellement.

Culture du tabac au Kenya

Après l'effondrement de la communauté est-africaine dans les années 70, le Kenya s'est trouvé tout à fait dépendant des importations, en matière de tabac. Il a donc commencé à envisager de le cultiver localement. En 1982, le pays couvrait ses besoins, avec une production de 4650 tonnes de tabac sec ; production en constante hausse, qui atteignait 8600 tonnes en 1986.

La British American Tobacco Company Ltd (BAT), elle-même grosse productrice de tabac dans de nombreux pays africains, gère la production. Elle a mis en place un système qui consiste à faire cultiver le tabac par les agriculteurs qui le revendent à la compagnie. Ils ont accès à des crédits de campagne pour acheter les engrais, les plants de tabac et les pesticides. Les services de vulgarisation de la BAT leur donnent une formation. Lorsqu'ils apportent leur récolte au centre local de collecte des feuilles, on déduit le remboursement du prêt de la valeur livrée.

Avant de le vendre, les agriculteurs sèchent le tabac dans des hangars qu'ils construisent eux-mêmes ; on les appelle des « *sueries* ». Certains en construisent plusieurs. Les toits de ces granges sont en chaume et il n'est pas rare qu'elles prennent feu. Pour sécher le tabac, on expose les feuilles fraîchement récoltées à l'air chaud, soit par un système de cheminées (*flue-curing*), soit par un système à feu direct (*fire-curing*), selon le type de feuilles. Dans le premier système, des tuyauteries métalliques chauffent l'air des hangars par conduction, alors que le deuxième procédé opère directement par la chaleur des flammes.

La quantité de bois nécessaire au séchage par cheminée varie selon la forme du hangar, la quantité de tabac à sécher et le degré d'humidité du bois. On compte en moyenne 40 kg de bois par kilo de tabac, mais le plus souvent 4 à 20 kg de bois sont utilisés pour 1 kilo de tabac. Le système de séchage direct demande beaucoup moins de bois, mais la compagnie achète également moins cher le tabac ainsi séché.

Le tabac vient surtout de l'ouest du pays — la plus grande production venant de la région de Kuria — et du centre. Kuria est situé dans les hautes terres et ondule aux environs de 1500 m d'altitude, avec des précipitations annuelles de 1500 mm, et deux saisons des pluies. Maïs, manioc, patates douces, haricots et bananes, telles sont les principales cultures vivrières, le tabac et le café étant les cultures de rente les plus importantes.

Autrefois, les gens de cette région étaient des pasteurs, mais ils sont devenus des agriculteurs sédentaires. Ils ont gardé un bon nombre de bêtes qu'ils protègent la nuit des attaques des éleveurs masaï ou autres intrus. La protection consiste en une haie de poteaux reliant entre elles les maisons d'une même famille élargie, disposées en cercle. La densité de la population est élevée et augmente rapidement, atteignant jusqu'à 200 habitants au km^2 dans certains endroits.

Kuria avait été choisi par la compagnie BAT en 1970, car il est facile d'y faire pousser du tabac, mais aussi à cause de l'abondance de ses forêts naturelles et de sa savane. Les agriculteurs qui voulaient devenir producteurs de tabac devaient avoir de grands terrains plantés d'arbustes et d'arbres en quantité suffisante pour couvrir leurs besoins en bois de feu pendant au moins sept ans. De plus, ils étaient contraints à n'exploiter que 0,5 hectare en tabac.

Réduire les répercussions de la culture du tabac sur l'environnement

Pour préserver les forêts naturelles de la coupe pour le séchage du tabac, la BAT introduisit un certain nombre de mesures destinées à

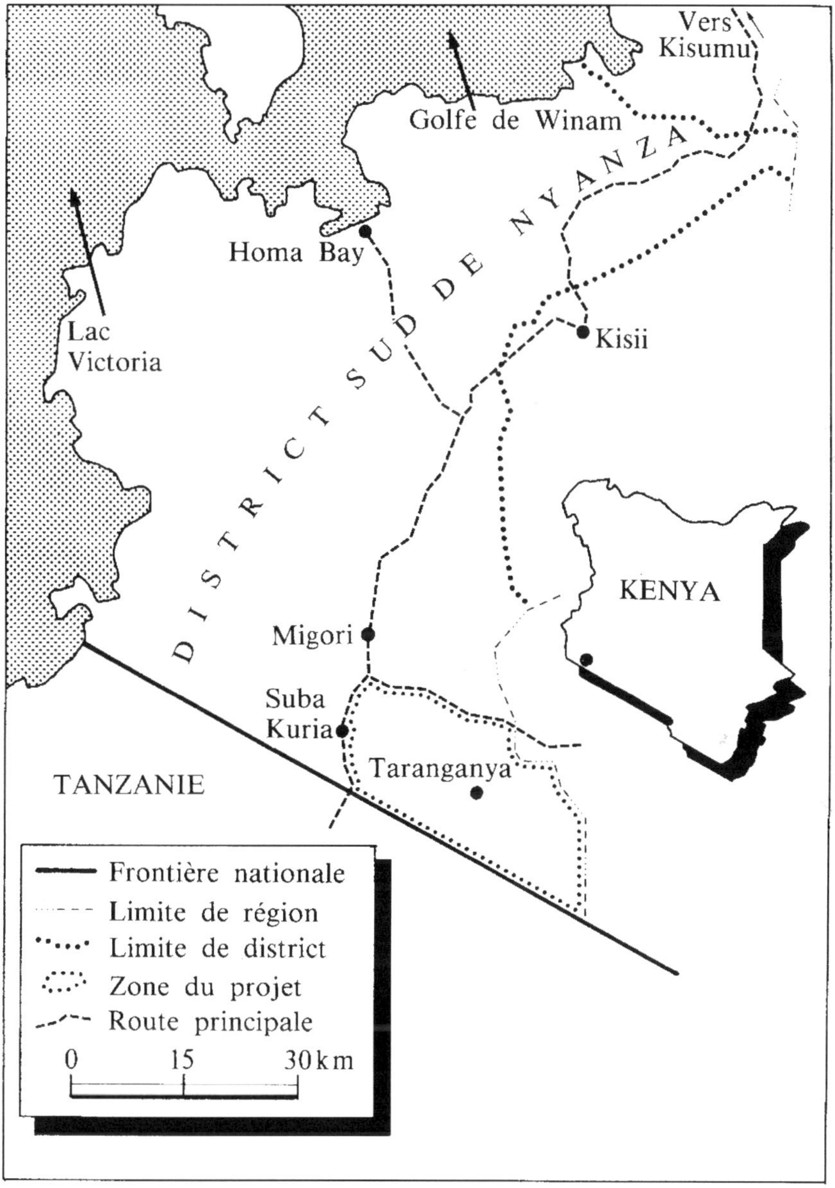
Vers Kisumu
Golfe de Winam
DISTRICT SUD DE NYANZA
Homa Bay
Lac Victoria
Kisii
KENYA
Migori
Suba Kuria
Taranganya
TANZANIE
Frontière nationale
Limite de région
Limite de district
Zone du projet
Route principale
0
15
30 km

Nom du projet	Plan de reboisement de la Cie BAT
Adresse	BAT, PO Box 2, Kehancha, Kenya
Zone du projet	Division Kuria, dans l'ouest du Kenya
Précipitations	1 500 mm par an
Exécution	British American Tobacco Company (BAT)
Financement BAT	British American Tobacco Company
Taux de change	1 shilling kenyan = 0,32 FF

Des femmes empilant du bois auprès des traditionnelles granges à sécher le tabac.

Paul Kerkhof/Panos Pictures

améliorer l'efficacité énergétique des *sueries*. La consommation moyenne est donc passée à 8 kg de bois par kilo de tabac sec dans le système à cheminée et à 2 kg pour le système à feu direct. A Kuria, la compagnie a encouragé le système à feu direct, moins gourmand en combustible (IFSC, 1986 — voir bibliographie).

Elle a également fait adopter un plan qui exigeait des agriculteurs travaillant pour elle qu'ils plantent un certain nombre d'arbres chaque année, en prévision de leurs besoins futurs. Ceux qui séchaient leur production par le procédé de cheminée devaient planter 1000 plants par an, les autres 100. Certaines années, les quotas sont passés respectivement à 1500 et 300 arbres. Les agriculteurs devaient se soumettre à ces exigences pendant au moins trois ans.

Au départ, il s'agissait presque exclusivement d'eucalyptus, associés à quelques *Markhaemia platycalyx* et à quelques *Cassia siamea*. L'espace recommandé entre les arbres était de 2 × 2 m, mais de nombreux agriculteurs plantaient plus serré, sans doute contraints par le manque de terrains dans la région. En 1987, 13,5 millions d'arbres avaient été plantés, soit environ 3 600 hectares pour la région de Kuria et ses environs.

Les plants étaient produits dans des pépinières, à côté des centres de récolte de feuilles. Les plus grosses unités ont produit plus d'un million de plants par an. Mais la distribution à partir de ces pépinières centralisées s'est révélée coûteuse et peu efficace. Les routes sont souvent impraticables en saison des pluies et il était de toutes les façons impossible de livrer des plants à la porte de milliers d'agriculteurs. Les plants étaient donc déposés sur le bord d'une route à l'intention de leurs destinataires, ce qui a provoqué de grosses pertes.

En 1983, une étude a révélé que le taux moyen de survie des plants tournait autour de 30 % à 50 %, ce qui est très peu pour une région montagneuse et humide comme celle de Kuria. La BAT a donc dû trouver une alternative. La méthode actuellement en usage repose sur les pépinières locales, intégrées au cycle de production du tabac.

Le tabac grandit d'abord en pépinière avant d'être repiqué à la saison des pluies. Dans ces pépinières locales, gérées par des vulgarisateurs de la BAT, chaque agriculteur dispose de son propre lit de semences. Aujourd'hui, on demande aux agriculteurs de produire ces plants le long de leur champs de tabac, ce qui règle le problème de la distribution des plants et réduit les frais de la compagnie.

Beaucoup d'agriculteurs préfèreraient ne pas planter d'arbres. Mais dans la mesure où ils se retrouvent régulièrement sous la houlette des animateurs de la BAT, les occasions de leur rappeler leurs obligations sont nombreuses. Et ceux qui ne s'occupent pas correctement de leurs arbres se voient privés des produits nécessaires à la culture.

Si la BAT peut se permettre ainsi d'imposer sa loi, c'est que les agriculteurs n'ont pas d'autres débouchés pour le tabac et que les prix sont plus intéressants que ceux des autres cultures, même en tenant compte de la surcharge de travail imposée par la culture d'arbres. La compagnie a essayé de persuader, dans d'autres pays, les producteurs de tabac de planter des arbres, mais jamais avec le même succès qu'au Kenya.

Le choix des espèces d'arbres

La préférence massive pour l'eucalyptus a conduit les dirigeants politiques kenyans à réagir, pour toutes sortes de raisons. La BAT a répondu à ces pressions en développant des espèces locales mais la majorité des agriculteurs les accepte mal.

On les encourage à recueillir eux-mêmes les semences et à choisir principalement l'eucalyptus et le *Cupressus lusitanica*. Les vulgarisateurs peuvent fournir les semences des espèces indigènes, mais la plupart des agriculteurs ne sont pas prêts à les utiliser. Ils estiment que s'ils doivent planter des arbres, ce doit être des arbres faciles à cultiver et qui poussent vite.

Les chercheurs de l'université Moi estiment à 20 m^3 par an pour le premier cycle, et à 24 m^3 pour le bois de taille la production d'eucalyptus dans la zone plantée de tabac. Leurs estimations pour les rendements d'espèces indigènes à croissance rapide ne sont que de 5 à 10 m^3. On comprend mieux de cette façon les réticences des agriculteurs.

En 1982, le personnel de la compagnie a tenu un séminaire avec le Conseil international pour la recherche en agroforesterie (ICRAF) sur les stratégies de reboisement. Cela provoqua un certain enthousiasme pour la promotion de la culture intercalaire d'arbres de la famille des légumineuses, comme alternative à l'eucalyptus. Des jeunes plants de *Leucaena leucocephala* et d'autres espèces fixatrices d'azote furent élevés dans les pépinières centralisées et distribués aux agriculteurs. Mais ceux-ci obtinrent peu de résultats et refusèrent rapidement de continuer à planter ces espèces exotiques.

« On ne fait pas pousser des arbres pour les brûler »

Le plan de boisement fonctionne depuis maintenant plus de dix ans à Kuria, et des millions d'arbres ont été plantés avec succès. Mais contrairement aux objectifs du projet, ce bois sert peu au séchage du tabac. Ce phénomène a également été observé ailleurs. Une enquête menée à Kuria révèle que seulement 5 % des producteurs de tabac utilisaient l'eucalyptus comme principal combustible pour sécher le tabac, et que tous les autres utilisaient des arbres et des arbustes sauvages, ainsi que des résidus agricoles.

Les agriculteurs expliquent qu'ils ne font pas pousser du bon bois pour le brûler. Tant qu'ils trouveront du bois dans la nature, ils l'utiliseront comme combustible pour le séchage du tabac, plutôt que d'utiliser des arbres de bonne qualité plantés tout spécialement. Le plan tabac conduit donc très nettement à une rapide substitution des espèces indigènes par l'eucalyptus et le cyprès (Kerkhof, 1987 — voir bibliographie).

Ce qui ne veut pas dire que le plan ne soit pas valable. Preuve en est le cas de Mwita Kihika, un agriculteur enregistré comme producteur de tabac depuis 1976. Au départ, il plantait 1000 à 1500 arbres par an, conformément à son contrat. En attendant leur maturité, il utilisait comme combustible les arbres sauvages de son terrain. Une fois cette ressource naturelle épuisée, il acheta du bois à ses voisins. Aujourd'hui, ses bois comptent 10 000 eucalyptus, dont il vend une partie en bois de construction. Mais il s'aperçoit qu'il devient difficile de trouver du bois dans la nature pour alimenter ses feux de séchage. Il commence donc à utiliser ses eucalyptus comme combustible.

Tant que les agriculteurs pourront utiliser le bois sauvage comme combustible, ils le feront. Planter des arbres n'enraye pas le processus mais, en revanche, cela procure des revenus aux agriculteurs. Et, à long terme, les ressources en bois nécessaires pour alimenter l'industrie du tabac sont tout de même garanties.

Bibliographie

IFSC. *The use of wood by the tobacco Industry in Kenya.* International forest science consultants (1986).

P. Kerkhof. *South Nyanza District Afforestation Programme.* Kenya Forest Department/Danida (1987).

PROJET DE BOISEMENT RURAL DU ZIMBABWE

DES STRATÉGIES DE BOISEMENT EN PLEINE ÉVOLUTION

Les terres communales du Zimbabwe, sur lesquelles vivent la majorité des ruraux, ont été tout à fait négligées jusqu'à l'indépendance, en 1980. Depuis lors, le gouvernement se préoccupe réellement de l'état de dégradation des terres et du déboisement.

Un vaste programme, visant à aider les agriculteurs à augmenter la production de bois de chauffe et de bois de construction et à stimuler le taux de reboisement, a été lancé en 1983. Décentraliser la production des plants et impliquer davantage les communautés locales dans les processus de planification et de décision, telles sont les premières leçons à tirer de l'expérience en cours. Les premiers résultats d'un programme lancé par une ONG dans la région de Zvishavane ont en effet confirmé ce besoin, la Commission pour la forêt opère désormais des changements importants de stratégies.

Le projet de boisement rural

La Fondation Whitsun du Zimbabwe a mené, en 1981, une étude nationale sur la consommation de bois en milieu rural. Elle en a conclu que la coupe de bois à usage de combustible constitue la principale cause du problème. Des mesures ont donc été proposées.

En 1982, la Commission pour la forêt a proposé un plan de reboisement rural pour un montant de 28 millions de dollars. L'objectif principal était d'augmenter la production de bois de feu et de bois de construction des petits exploitants sur les terres communales. Ces dernières couvrent environ 40 % du pays et dépendent généralement d'un système de fermage tenu par des Africains, en opposition aux exploitations tenues par des Blancs.

Un accord pour un prêt à taux réduit fut passé avec la Banque mondiale en 1983. Prévu au départ pour quatre ans, il a été reconduit jusqu'en 1989.

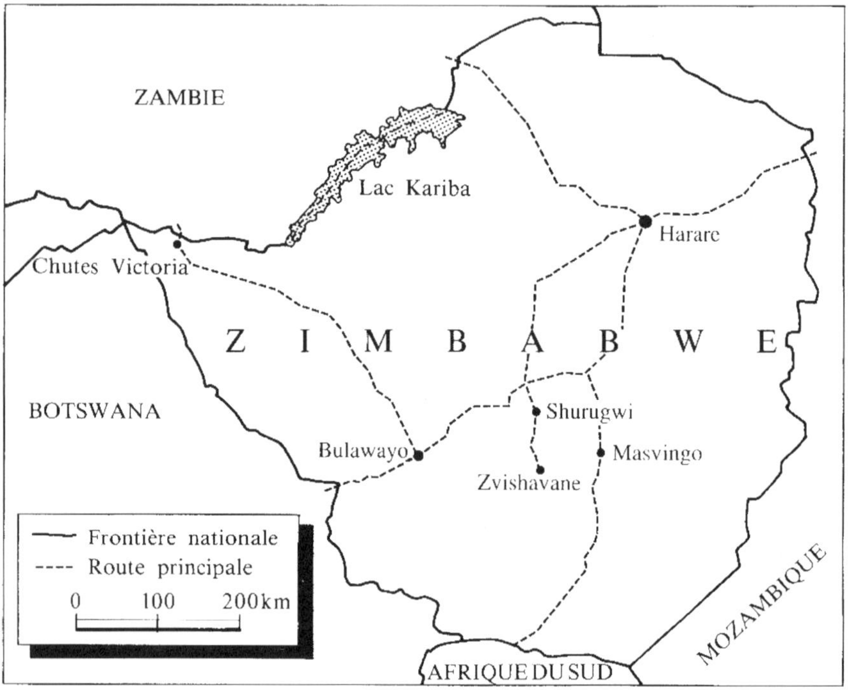

Nom du projet	**Projet de boisement rural**
Adresse	**Commission des forêts, PO Box 8111 Causeway, Harare. Tél. 736216. ENDA, PO Box 3492 ; Harare. Tél. 708568**
Zone du projet	**Les terres communales du Zimbabwe**
Précipitations	**500-1 000 mm par an**
Exécution	**Commission des forêts**
Financement	**1983-1988 : Banque mondiale : 7,3 millions $, gouvernement du Zimbabwe : 3,5 millions $**
Taux de change	**1 $ zimbabwe = 3,13 FF**

Le projet a commençé par créer la trame institutionnelle et les infrastructures nécessaires à ses activités. Une division pour le reboisement rural fut créée au sein de la Commission. La création de cette division et l'embauche du personnel compétent ont absorbé une grande quantité des fonds disponibles. Mais pour la première fois de son histoire, la Commission de la forêt fut dotée, au niveau national, d'une section spécifique pour la plantation d'arbres.

Pépinières, parcelles de démonstration et plantation d'arbres à bois de chauffe

La production et la distribution de plants constituent le principal volet du projet, lequel a progressivement été étendu. En 1988, plus de soixante-dix pépinières furent créées, produisant environ trois millions de plants par an. La plupart de ces arbres sont des eucalyptus, connus des forestiers zimbabwéens pour pousser droit et croître rapidement. Les plants sont subventionnés, mais, la demande des agriculteurs étant très faible, ce volet du projet est en difficulté. La moitié seulement des pépinières ont réussi à vendre plus de 50 % de leurs plants. Une estimation menée fin 1988 montre qu'elles ont touché moins de 1 % de la population rurale.

Bien que la menace de pénurie de bois soit réelle sur les terres communales du Zimbabwe, des enquêtes effectuées auprès de la population locale montrent que cette menace n'est pas encore vécue comme un réel problème.

Chris Pennarts/Panos Pictures

Les parcelles de démonstration ont été installées à proximité des pépinières pour montrer comment préparer les sols, comment utiliser les engrais chimiques et les pesticides contre les termites, et illustrer d'autres procédés classiques de sylviculture. Bien que l'effet de ces démonstrations n'ait pas été rigoureusement mesuré, il est peu probable que les agriculteurs aient été bien préparés à appliquer ces conseils. Cela s'explique principalement par le fait que le concept de parcelle boisée leur est étranger. D'autant plus que l'investissement matériel nécessaire et la somme de travail correspondante sont hors de portée de la plupart de ces agriculteurs. Un total d'environ 35 ares de parcelles de démonstration a été planté, mais cet axe du projet a maintenant été abandonné.

Le projet envisagea aussi la création de plus de 1400 hectares de bois pour répondre aux besoins des ruraux et des citadins en bois de chauffe, mais ce plan a également été abandonné quand il fut prouvé que ces plantations ne seraient pas rentables.

Campagnes de publicité et service de vulgarisation

Le projet a également mené une campagne de publicité pour sensibiliser le public à la détérioration des bois communaux et à l'urgence de planter des arbres. De grandes quantités d'affiches, de calendriers et autres matériels furent distribuées, accompagnées d'émissions de radio et de télévision. Des concours ont été organisés dans 75 % des écoles, pour encourager la plantation d'arbres. Le fonds spécial créé pour soutenir les écoles et divers autres groupes leur apporta une assistance en nature, des clôtures et des pots, par exemple ; les particuliers désirant créer des pépinières reçurent également de l'aide. Bien que les données d'évaluation soient rares sur ce projet, la plupart des gens qui l'ont suivi pensent qu'il a remporté un honnête succès.

Un formateur en agroforesterie a été appointé par Agritex (le service de vulgarisation agricole du gouvernement), pour former les vulgarisateurs en agroforesterie. Certaines activités de promotion ont été menées, comme l'ouverture de pépinières scolaires, mais l'engagement d'Agritex dans le projet reste aujourd'hui limité.

Des forestiers se demandent si Agritex a vraiment accepté l'idée que les arbres jouent un rôle important en agriculture. Agritex, de son côté, souligne que les forestiers n'ont pas su présenter un projet agroforestier convaincant ; c'est pourquoi ils n'ont pu entraîner les agriculteurs.

Les uns et les autres ont raison. Il est clair qu'il ne suffit pas d'ajouter un conseiller en agroforesterie à un service de vulgarisation agricole pour le changer en service de vulgarisation agroforestière. La nécessité de tenir à la disposition des agriculteurs des modèles agroforestiers qui leur soient accessibles, dans les différentes zones climatiques du pays, est également évidente.

Une grande enquête de fond

Une grande enquête sur les attitudes des petits agriculteurs et leur façon d'envisager la culture d'arbres fut menée par des consultants en 1985. 1 829 agriculteurs au total furent interrogés avec un questionnaire précodé, très élaboré, dont les résultats furent traités sur ordinateur ; des photos aériennes complétaient la recherche.

L'enquête révéla que le déboisement découle de l'habitude de défricher des terres pour l'agriculture. Les terres incultivables, en effet, ne sont pas déboisées et présentent même une biomasse en bois supérieure à ce qu'elle était il y a vingt ans. Le déboisement n'est donc pas seulement dû à des coupes excessives par les familles rurales pour se procurer du bois de chauffe. Ce problème — si toutefois c'est un problème — ne se règlera donc pas seulement en replantant des parcelles de bois.

Une autre conclusion de l'enquête est que la pénurie de bois n'est pas si dramatique que ce qui avait été imaginé dans les hypothèses du projet. La plupart des ruraux jugent peu problématique leur approvisionnement en bois de chauffe et en piquets.

L'enquête permit également de découvrir que 60% des personnes interrogées avaient planté des arbres au cours des cinq années précédentes. Les arbres fruitiers étaient les arbres les plus appréciés, suivis par les arbres ombrifères et les arbres décoratifs. Viennent seulement après les arbres dont le bois sert à construire. Planter des arbres pour le bois de feu, comme le proposait au départ le projet, n'entre pas dans les préoccupations des agriculteurs. Lorsqu'ils plantent des eucalyptus, ce n'est pas pour le combustible, mais pour la construction.

Ces observations montraient clairement qu'il fallait aménager l'idée de promouvoir des parcelles d'eucalyptus comme combustible. Mais l'enquête ayant été menée sans lien avec la Commission pour la forêt ou le ministère de l'Agriculture, elle ne tenait aucun compte du point de vue du personnel de vulgarisation. Ces résultats ne leur ont même jamais été clairement communiqués. De plus, le rapport d'enquête, plutôt académique, réduisait de lui-même l'accès des personnels concernés aux résultats.

Ces conclusions illustrent bien le risque de mener une enquête après que le projet a commencé. Dans cet exemple, on voit que l'intérêt des petits agriculteurs va bien au-delà des parcelles d'eucalyptus. Si l'enquête avait eu lieu en temps voulu, cela aurait permis d'éviter les erreurs quant aux objectifs initiaux que le projet a connus.

Recherche, suivi et évaluation

En 1982, un programme de recherche intitulé « Projet de boisement en zone sèche » fut mis en place avec des fonds du Centre international de recherche et de développement (IDRC) du Canada. L'accent avait tout d'abord été mis sur des essais de sélection d'espèces d'eucalyptus les mieux adaptées aux zones semi-arides, situation de 76 % des terres communales. Ces dernières années, des essais d'acacias indigènes et d'*Azadirachta indica* ont été tentés. Le programme complète donc le travail des laboratoires de terrain de la Commission de la forêt sur les hauts plateaux orientaux, qui ont un long passé de recherche en sylviculture commerciale.

En 1986, débuta un nouveau projet d'essais sur certaines espèces, principalement sur des espèces australiennes, financé par des prêts australiens. Utilisant les méthodes forestières traditionnelles il s'intéresse surtout à la sélection d'eucalyptus et d'acacias.

Une unité de suivi et d'évaluation fonctionnait durant la première phase du Programme de boisement rural, mais elle n'était pas particulièrement efficace. Les enquêtes portant sur les taux de survie des plants, par exemple, étaient basées sur des questionnaires adressés aux chefs des pépinières de district à qui l'on demandait d'évaluer ces taux dans leur zone.

Un travail d'échantillonnage leur était confié, mais beaucoup ne répondirent pas. Dans de telles conditions, il est impossible de se fier aux résultats obtenus. La Division du boisement rural est cependant très consciente de ces déficiences dans le suivi et l'évaluation de son travail, et de grands changements sont en cours.

Émergence de nouvelles stratégies

La première phase du Projet pour le boisement rural était caractérisée par la production de plants d'eucalyptus en pépinières centralisées. Selon certains forestiers, cette approche traditionnelle était relativement inévitable. En effet, le projet démarra au début des années 1980, juste après l'indépendance, alors que les forestiers nationaux avaient peu d'expérience en dehors de la sylviculture traditionnelle.

Plusieurs raisons expliquent la médiocrité des résultats obtenus. D'une part, les agriculteurs avaient de longues distances à parcourir pour venir chercher les plants. Quand le projet fut conçu, on pensait qu'ils n'hésiteraient pas à faire cet effort. Mais ce ne fut pas le cas. D'autre part, ils auraient préféré d'autres espèces à l'eucalyptus. Les arbres fruitiers et les espèces indigènes, très prisées, n'étaient pas disponibles dans les pépinières.

Un certain nombre de nouvelles stratégies voient aujourd'hui le jour, qui centrent les objectifs du projet sur l'aide aux agriculteurs et le soutien aux initiatives locales. La production de plants passe progressivement des grandes pépinières centralisées à une multitude de pépinières villageoises ou même implantées dans chaque exploitation. Et le choix des plants s'étend de plus en plus aux arbres fruitiers et aux espèces indigènes. Sur le plan technique, les méthodes agricoles cherchent à s'adapter aux moyens des petits agriculteurs. Ce qui signifie abandonner les critères conventionnels de culture, comme l'utilisation d'engrais et de pesticides commerciaux.

De tels changements ne s'opèrent pas sans difficulté pour certains employés forestiers. Les plus anciens, comme les diplômés et les directeurs de pépinières, doivent presque totalement revoir leurs habitudes. Or, le schéma « parcelles d'eucalyptus » est encore très ancré dans les esprits.

Le forestier responsable de la pépinière d'un district insiste : *« Ici, les agriculteurs ne s'intéressent pas aux arbres fruitiers ; c'est pourquoi nous n'avons que des eucalyptus.* » Et le propriétaire d'une pépinière à la ferme, suivie par le même forestier, se plaint amèrement : il voulait planter des fruitiers mais ne pouvait se procurer que des semences d'eucalyptus. Il assura qu'il continuerait à s'en prendre au forestier jusqu'à ce qu'il obtienne les semences qu'il désirait.

Le projet explore également les possibilités, pour les communautés locales, d'améliorer la gestion des forêts naturelles. Un projet de recherche a démarré dans ce sens en 1988 dans un district, pour voir comment utiliser les techniques de diagnostic et de conception de projet, en collaboration avec les populations locales. L'objectif est de profiter des réunions villageoises pour analyser les problèmes auxquels doit faire face la communauté, et de développer les méthodes de gestion des forêts et de production de plants.

L'impact de ces nouvelles stratégies ne se fera sentir complètement que dans un certain temps. Le changement de cap est néanmoins déjà évident. La décentralisation de la production des plants, par exemple, est en bonne voie, et un nombre croissant de fermes, d'écoles et de villages ont maintenant des pépinières suivies par les animateurs du projet.

Pour soutenir cette nouvelle approche, une unité pluridisciplinaire de planification a été mise en place par la Commission de la forêt, employant un économiste, un sociologue et un écologiste. Cette unité se charge aussi du suivi et de l'évaluation des projets.

Des changements s'imposent également dans le cursus des futurs lauréats du collège forestier du Zimbabwe, si l'on veut qu'ils aient les compétences et l'esprit en harmonie avec ces nouvelles orientations. Ces changements ne peuvent cependant s'opérer du jour au lendemain, et il faudra du temps avant que les effets soient visibles chez les nouveaux diplômés. Quoi qu'il en soit, on ne peut douter que la Commission de la forêt soit déjà en train de créer auprès des forestiers des attitudes fondamentalement différentes en matière de culture d'arbres en milieu rural.

Le projet Zvishavane

Un petit programme de culture d'arbres et de gestion des bois dans la région de Zvishavane offre un contraste intéressant avec l'approche centralisée du Projet de boisement rural. Ce programme est dirigé par ENDA, une ONG s'intéressant à l'environnement ; il repose sur une mise en confiance et une participation progressive de la communauté. C'est évidemment un processus lent qui ne peut, lui non plus, produire des résultats immédiats. La question est de savoir s'il offre un modèle généralisable et reproductible au niveau national.

Une approche alternative

La région de Zvishavane se trouve proche des célèbres ruines du Grand Zimbabwe. Le climat y est relativement sec, avec des chutes de pluies annuelles oscillant entre 450 et 650 mm. Le relief est légèrement ondulé, avec des villages et des exploitations dispersés au milieu de forêts desséchées qui se sont considérablement réduites au cours des dernières décennies.

Le projet est né à la suite d'une étude menée par deux étudiants en doctorat en 1985-1987 sur la façon dont les communautés locales géraient traditionnellement les forêts dans cette région. Cette étude a révélé que les agriculteurs locaux possèdent une profonde connaissance des arbres et accordent une grande importance aux forêts dans la communauté. Une étude ultérieure a précisé que les autochtones attribuaient la déforestation à la volonté du gouvernement et des étrangers de se débarrasser des forêts naturelles.

L'étude révéla également que les agriculteurs attachaient non seulement de l'importance aux forêts, mais aussi à leur structure et leur composition. Ils connaissaient parfaitement la façon de gérer les parcelles boisées, en plantant des arbres et en les coupant conformément aux règles ancestrales. La base d'une gestion locale adéquate était donc en place ; elle nécessitait évidemment d'être soutenue et améliorée.

ENDA s'intéressa au projet, non seulement parce qu'il permettait de mieux connaître les forêts naturelles du Zimbabwe, mais aussi parce qu'il offrait une opportunité de développer un projet axé sur la communauté. La Fondation Ford accepta le programme proposé, et le projet démarra pour une première période de quatre ans, avec un budget de 80000 $ par an.

En 1987, l'assistant qui avait mené l'étude de terrain devint le premier employé de la communauté ; il fut rejoint, en 1988, par trois autres employés embauchés en même temps qu'un coordinateur.

De la consultation à l'action : un parcours difficile

L'objectif du projet est d'améliorer la gestion des ressources locales des forêts. Il est basé sur l'idée que les efforts seront d'autant plus efficaces qu'ils tiendront compte des connaissances et des pratiques existantes, ainsi que des priorités et des besoins locaux.

Au départ, l'employé communal interroge trente à quarante personnes dans le village pour appréhender leur point de vue sur leurs ressources en bois. Cette étape prend environ une semaine. Ensuite, il convoque une réunion générale pour présenter les résultats de son enquête et tracer avec les villageois un plan de gestion des ressources forestières qui réponde aux besoins particuliers des habitants. En 1987 et 1988, vingt-cinq réunions villageoises ont eu lieu et des plans de gestion ont été acceptés. La plupart d'entre eux recommandaient de planter des arbres dans les zones de pâturage, autour des maisons et, en dernier ressort, dans les champs cultivés. 35000 plants ont été demandés.

La technique d'enquête est extrêmement simple comparée à celle du Projet de boisement rural. Elle ne permet pas de récolter beaucoup de données quantitatives, mais elle a l'avantage d'être comprise par les employés locaux et les agriculteurs. Les résultats, à ce jour, font apparaître très clairement que les agriculteurs ont conscience de la dégradation de la forêt et qu'ils souhaitent interrompre le processus. Ils sont prêts à planter des arbres, surtout des fruitiers. Les écoles sont également partantes.

Le projet a mis en place quatre pépinières. Bien que l'on n'ait pas d'information précise sur les taux de survie ni sur la gestion des espèces indigènes, on sait que 5000 plants ont été produits la première année. Ils ont été transportés sur les zones de culture par toutes sortes de moyens, de la charrette à bœufs à l'autocar, en passant souvent par les véhicules d'ENDA.

Sept villages ont également créé leurs propres parcelles clôturées d'espèces indigènes, ce qui favorise la prise de conscience des autres villages et les incite à en faire autant. En général, les espèces sont choisies par les villageois eux-mêmes, mais l'agent communal cherche à favoriser les espèces indigènes. Les clôtures, sans lesquelles les taux de survie des plants sont quasiment nuls, sont fournies par le projet.

Ces parcelles villageoises pourraient très bien remplir leur rôle de sensibilisation aux arbres locaux, mais l'équilibre entre les « initiatives villageoises » et les « priorités du projet » est tout à fait précaire. De nombreux agriculteurs s'intéressent surtout aux fruitiers, comme la papaye. On se demande même si certains d'entre eux se préoccupent vraiment de planter des espèces indigènes.

De nombreuses discussions sur les règles à instaurer pour réduire les dommages causés aux forêts naturelles ont eu lieu. Voici leurs conclusions.

Il ne faut pas...

• abattre les arbres en les brûlant, car cela les tue et empêche la taille ultérieure

• tailler les arbres sévèrement endommagés par le broutement des animaux au-dessous de 1 à 2 m

• tailler complètement un arbre simplement pour utiliser les feuilles en fourrage à la saison sèche.

Il est préférable de...

• les abattre de façon dispersée, plutôt que de dégarnir un bouquet d'arbres ;

• de tailler les branches plutôt que l'arbre lui-même ; si un arbre entier est abattu, il devra être utilisé entièrement ;

Rien de neuf dans ce règlement qui était déjà en vigueur pendant la période coloniale. La question est plutôt de savoir s'il peut être accepté et appliqué aujourd'hui par les communautés. Le développement de tels systèmes d'autodiscipline est un point important du projet, mais il est encore trop tôt pour savoir s'il produira des résultats significatifs.

Bilan du projet

Ce projet fut en partie créé en réaction à l'approche initiale de la Commission de la forêt et d'Agritex. L'information collectée au cours des études menées en 1985-1987 a été un point de départ pour un dialogue avec la communauté. Ce sont ces débats et les consultations menées par le personnel du projet qui ont permis d'adapter les activités de vulgarisation aux priorités locales.

Le projet n'en est encore qu'à ses tout débuts et bute sur divers obstacles. L'organisation d'une production et d'une distribution efficaces des plants rencontre, par exemple, les mêmes problèmes qu'ailleurs. A moins de développer un système performant et décentralisé de production de plants, le problème de dépendance aux véhicules à moteur se posera toujours de la même façon. Les consultations prouvent au moins que les plants produits satisfont les agriculteurs.

La question de savoir comment aider les communautés elles-mêmes à développer un système de gestion des forêts naturelles reste pour l'instant sans réponse. Malgré le consensus sur les principes qui devraient être appliqués, l'autodiscipline et le contrôle social nécessaires au bon fonctionnement des règlements adoptés restent tout à fait insuffisants. De telles transformations prennent du temps et, si elles se produisent, le projet aura au moins besoin des quatre ans prévus dans la phase I.

Des questions se posent également sur certaines activités du programme. Mais à l'heure actuelle il est difficile de faire le point sur les petites parcelles clôturées d'espèces indigènes à croissance lente. Là encore, il faudra du temps avant de pouvoir évaluer la valeur et l'effet, direct et indirect, de ce volet du programme.

Parfois, on sent un certain décalage entre ce que souhaite la communauté et ce que cherche à faire passer le projet. Un village, par exemple, voulait planter une parcelle d'eucalyptus plutôt que d'espèces indigènes. Bien que le projet ne soit pas favorable à ce choix, il a dû s'incliner devant les désirs de la communauté.

Il est certain qu'un équilibre doit être trouvé entre le principe de contrôle total du projet par la communauté, et les objectifs et les préférences des animateurs. Ces contradictions sont déjà difficiles à résoudre sur une petite échelle, mais elles poseraient de bien plus grands problèmes si le projet devait être étendu à tout le pays.

Il est donc de toute première importance de tirer le maximum d'informations des quelques années qui restent de la phase I du projet. Mais il est d'ores et déjà évident que l'étude attentive des attitudes et des pratiques locales en matière de culture d'arbres apporte des bénéfices tangibles si elle est menée *avant* que le programme proprement dit soit lancé. Il apparaît également nécessaire de mener des consultations régulières avec les agriculteurs au cours de l'exécution du programme.

Bibliographie

D.J. Gumbo. *Community-based management of indigenous woodland : the Chivi and Zvishavane Districts Demonstration project.* ENDA, Harare (1989).

Whitsun Foundation. *Rural Afforestation Study* (1981).

World Bank/IDA. *Zimbabwe : Rural Afforestation Project Staff appraisal report* (1983).

PROGRAMME DE GESTION DES SOLS, DE GURSUM, ÉTHIOPIE

PROTÉGER LES SOLS DES HAUTES TERRES D'ÉTHIOPIE

A Gursum, la terre est pauvre et souffre de surpâturage. L'érosion a lessivé les sols des pentes montagneuses et des zones de pâturage. Et la politique gouvernementale de regroupement forcé dans les vilages n'a fait qu'aggraver le problème de déboisement.

Depuis trois ans, un gros effort est entrepris pour améliorer et protéger les sols, en encourageant les agriculteurs à planter des arbres. Les rigidités bureaucratiques, la surdépendance à l'aide alimentaire et les problèmes de sécurité dans la région rendent les progrès aléatoires. Malgré ces contraintes, le projet a considérablement progressé.

Présentation de la région

Le programme d'utilisation des sols de Gursum (GLUP) se situe dans la région de Haharghe, sur les hautes terres orientales du pays, proches de la frontière somalienne. La région s'étend sur environ 25000 km^2 et compte 4 millions de personnes, dont la plupart vivent en altitude, à 1800 m ou plus.

Seuls les plateaux de montagne sont cultivables. Ils couvrent une très faible partie du territoire, reçoivent 1000 mm de précipitations par an et sont très fortement peuplés. Le reste est une brousse sèche qui n'offre qu'un maigre pâturage.

Comme le reste du pays, Hararghe a connu de profonds troubles ces dernières décennies. La guerre avec la Somalie a plusieurs fois transformé la région en champs de bataille. On trouve encore de-ci de-là, dans la région, des restes de chars et autres équipements militaires. L'agitation intérieure, officiellement attribuée à l'activité de « bandits », pose en permanance de gros problèmes de sécurité. De plus, de sévères famines ont déjà frappé la population plusieurs fois.

En 1983, la « villagisation » fut imposée par le gouvernement révolutionnaire qui a pris le pouvoir en 1974. Des portraits de Marx, Lénine et Engels dominent la ville et les marchés des villages. Seul un petit nombre de gens, isolés dans de petits hameaux de montagne, échappe à ces mesures.

Les nouveaux villages consistent en rangées de maisons bien alignées avec un petit jardin. Chaque famille possède aussi un petit bout de terrain, dont la taille varie entre 0,5 hectare et 5 hectares. La famille est propriétaire de ce terrain, qui se transmet de père en fils mais ne peut être vendu. Du fait de la diminution des surfaces disponibles, les jeunes ou les nouveaux arrivants reçoivent des parts de terrains toujours plus petites. Les transferts de terrain se négocient avec l'Association paysanne (AP) qui opère au niveau des groupes de villages.

Les villages cultivent du sorgho, des patates douces et une petite céréale que l'on appelle *tef*, mais l'aide alimentaire reste malgré tout importante. Les collines, les vallées et la brousse sèche fournissent le fourrage aux chèvres et aux moutons, et présentent en de nombreux endroits, des signes de surpâturage. Il est clair que le sol est érodé et dégradé. La plus grande partie de la région est déboisée depuis déjà longtemps, mais la concentration de la population n'a fait qu'aggraver le problème.

Produire des plants et les mettre en terre

Le projet fut lancé en 1986 par CARE, en collaboration avec le ministère de l'Agriculture, sur les districts (*Awraja*) de Gursum et de Babile. Une partie de l'aide consiste en soutien financier, une autre en nourriture, et vient surtout de CARE, de Band Aid et de USAID. Le budget annuel en 1987 et 1988 fut d'environ 250 000 $, auxquels il faut ajouter plusieurs milliers de tonnes d'aide alimentaire.

L'objectif central du projet est d'améliorer la fertilité des sols et de les protéger contre l'érosion. C'est pourquoi la principale activité est la production et la distribution de plants aux agriculteurs, pour les inciter à planter des arbres.

Six grandes pépinières ont été créées dans un périmètre de cinq à dix kilomètres à l'intention de tous les agriculteurs de la région. Elles sont gérées par le personnel du projet, assisté de travailleurs occasionnels payés selon la formule « aide alimentaire pour le travail ». En 1988, 1,5 million de plants ont ainsi été produits.

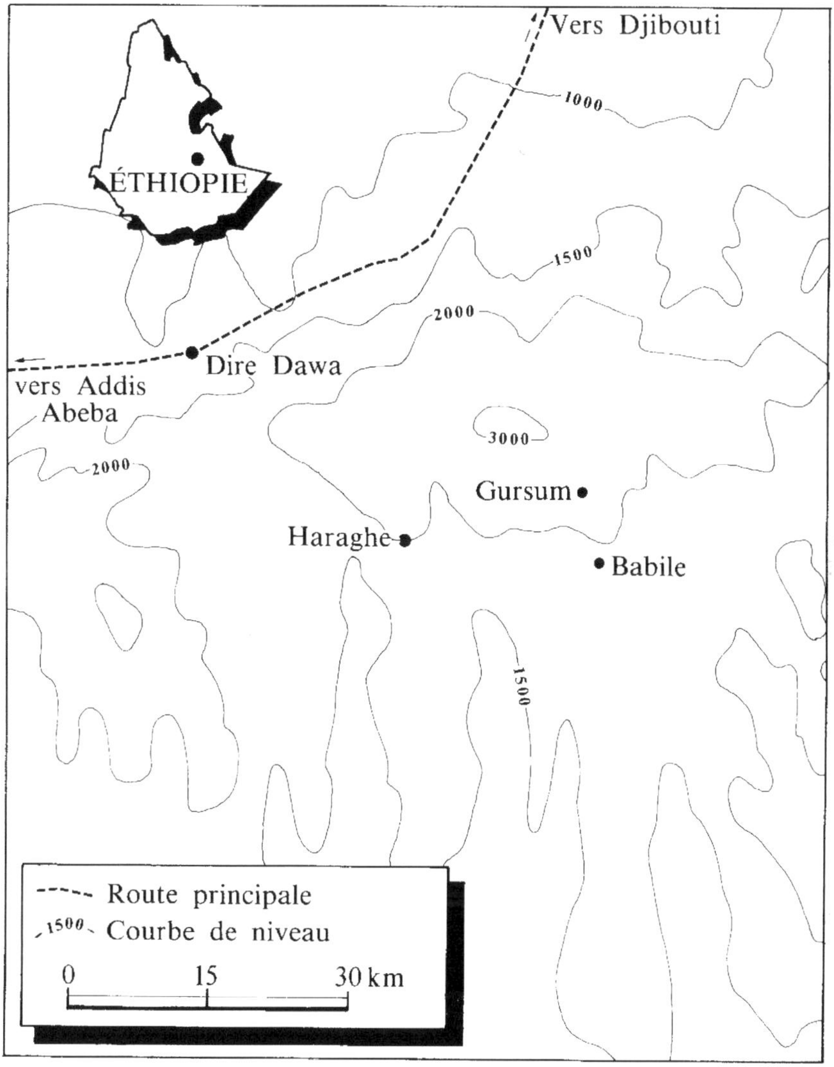

Nom du projet	Programme de gestion des sols de Gursum
Adresse	PO Box 454, Dire Dawa, Ethiopia. Tél. 111233
Zone	Districts de Gursum et Babile, en Haharghe
Précipitations	1000 mm par an (zone de montagnes)
Exécution	CARE (Éthiopie), ministère de l'Agriculture
Financement	CARE/Band Aid : 250 000 $ par an USAID : plusieurs milliers de tonnes d'aide alimentaire
Taux de change	1 berr = 3,07 FF (avril 89)

La majorité des plants qui quittent les pépinières sont utilisés dans des plantations villageoises dont l'Association des paysans est propriétaire, mais qui sont en fait mises en place et gérées par le GLUP. Toutes les opérations de construction de microcaptages, de plantation d'arbres, de gardiennage, de sarclage, etc. fonctionnent également sur la base du modèle « aide alimentaire pour le travail ». Le transport des plants sur les lieux de plantation est assuré par le personnel du projet qui dispose de cinq véhicules.

Des arbres en quantité plus modeste sont également plantés par des agriculteurs individuels, sans aucune incitation, et il n'est pas rare d'en trouver quelques douzaines autour des habitations. La plupart de ces plants sont distribués gratuitement aux agriculteurs, même si quelques espèces indigènes sont vendues, à prix subventionné. Les plants de café sont les plus demandés, suivis par les arbres fruitiers puis les espèces pour le bois de construction. Les espèces légumineuses récemment introduites, comme *Leucaena* ne sont guère appréciées. Soit les plants sont apportés dans les villages, soit les paysans viennent les chercher eux-mêmes.

La structure administrative éthiopienne est plutôt autoritaire, ce qui présente à la fois des avantages et des inconvénients pour un projet comme celui-ci. Équilibrer l'offre et la demande en plants, par exemple, n'est pas un problème. S'il y a des excédents de telle espèce de plants, il est toujours possible d'avoir recours au système « aide alimentaire pour le travail ». Les vulgarisateurs peuvent tour à tour aller dans les villages pour faire savoir que des arbres attendent d'être plantés.

Bon nombre de plantations sont situées sur des terrains érodés ou souffrant de surpâturage. L'accord passé est le suivant : le projet finance les microcaptages et la plantation par le système « aide alimentaire pour le travail », et les villages assument la responsabilité de tenir le bétail hors des zones cultivées. Jusqu'à maintenant, cela a bien fonctionné, mais reste à savoir comment cela se passera à plus long terme.

La spécialisation des pépinières pose un gros problème. L'organisation du ministère de l'Agriculture, où chaque production est sous la responsabilité d'un département distinct (département du café, département des fruitiers, etc.) se reflète dans celle des pépinières. Certaines ne produisent en effet qu'un type de plants. Tant que les véhicules du projet sont disponibles, cela ne pose pas trop de problèmes, mais cela pourrait devenir dangereux après. On imagine mal, en effet, les agriculteurs parcourant des kilomètres, à pied, d'une pépinière à l'autre, pour se procurer des plants d'eucalyptus, puis des plants de fruitiers, puis des plants de café, etc.

Des résultats décevants dans les pépinières communales

Les pépinières centralisées ne devaient jouer qu'un rôle transitoire. Il était clair que l'implication massive des communautés était nécessaire si l'on voulait que les activités menées par le projet soient viables et autonomes. C'est pourquoi, dès le départ, l'aménagement de pépinières décentralisées a été encouragé ; on en compte aujourd'hui une quarantaine. Cela correspond aussi à une volonté de ne pas laisser les activités programmées sous la dépendance de l'aide alimentaire.

Le GLUP a équipé ces pépinières en outils, en pots, en semis et, le cas échant, en pesticides. Dans certains cas, des puits ont été aménagés; le tout était assorti de conseils techniques.

Les résultats ont cependant été uniformément décevants. La production moyenne par pépinière était proche de 1500 plants par an. On pourrait tenter une explication en disant que le personnel du ministère de l'Agriculture, plutôt que d'encourager l'initiative locale, l'a freinée en essayant de contraindre les villages à créer leur pépinière. De leur côté, les villageois ne voient pas pourquoi ils devraient créer leur propre pépinière alors qu'on leur donne les plants gratuitement dans les pépinières centralisées. Le fait, enfin, qu'il n'y ait pas d'arrangement du type « aide alimentaire pour le travail » pour les pépinières communales, comme c'est le cas dans bien d'autres projets de développement, rend la proposition peu séduisante pour les gens.

Les responsables du projet examinent la façon dont le problème pourrait être résolu. Une stratégie à l'étude est de donner aux pépinières les moyens de produire des plants de plus grande valeur, comme le café ou les arbres fruitiers, plants qu'elles ne sont actuellement pas en mesure de fournir. On examine aussi la possibilité de donner la responsabilité des pépinières à un groupe motivé de villageois plutôt qu'à l'ensemble de la communauté. Un pas, en somme, vers la privatisation.

Des points de vue conflictuels sur la sélection des espèces

L'amélioration et la protection des sols visées par le projet passait par l'utilisation d'espèces légumineuses, comme *Leucaena leucocephala*. On expliqua aux vulgarisateurs comment ces plantes améliorent les rendements et quelles espèces sont les plus appropriées.

On n'eut cependant jamais le temps ni les moyens de faire des essais. A défaut, on proposait « l'association miracle » de *Leucaena leucocephala, Calliandra calothyrsus, Sesbania sesban* et autres espèces fixatrices d'azote en culture intercalaire dans les cultures vivrières.

Le résultat n'a pas été à la hauteur des espérances. *Leucaena*, en particulier, manifesta une croissance quasiment nulle. Ce fut une leçon douloureuse quant aux risques de trop faire confiance aux livres. Comme l'avoue un des employés : *« J'ai été catastrophé quand j'ai vu que* Leucaena *ne marchait pas. On a pratiqué des inoculations, on a tout fait pour qu'il pousse. C'était comme si nous cultivions une espèce naine.* »

La même personne a également fait état de la résistance des agriculteurs au choix des espèces. « *Les communautés locales manifestaient un intérêt incroyable pour les eucalyptus. Cela ne plaisait pas aux employés du projet. Certains étaient persuadés que les agriculteurs évaluaient mal leurs besoins. Mais il n'en est rien ! Tant qu'on n'aura pas trouvé une solution à leur problème de piquets, ils ne s'intéresseront pas à ces arbres qui ont de multiples fonctions.* »

La plupart des activités du projet ont eu recours au système « aide alimentaire pour le travail », telle l'édification de ces vastes terrasses.

Paul Kerkhof/Panos Pictures

Les techniques de vulgarisation

Lorsque le projet a débuté en 1986, vingt-cinq personnes, hommes et femmes, ont été sélectionnées et formées à la vulgarisation. Toutes avaient un niveau secondaire, voire supérieur pour certaines. Elles sont venues s'ajouter aux quatorze vulgarisateurs du ministère de l'Agriculture mais sont employées par CARE.

Au départ, ces personnes étaient encadrées par le personnel de terrain du ministère, ce qui s'avéra peu efficace. Le ministère imposait des mesures obligatoires, que le personnel du projet cherchait à éviter. Plus tard, le projet recruta son propre personnel d'encadrement au sein des vulgarisateurs.

Les vulgarisateurs ont reçu une formation initiale de six semaines en agroforesterie et dans les disciplines voisines. Les cours étaient donnés par les anciens du projet et des formateurs extérieurs. Ils ont aussi acquis de l'expérience en participant à des enquêtes. Actuellement, les vulgarisateurs reçoivent de dix à quinze jours de formation par an, ce que la direction du projet juge insuffisant.

Des diapositives, projetées sur des appareils solaires, servent de support à la vulgarisation. Chacun de ces appareils coûte 300 $ et appartient à l'organisation internationale World Neighbours. Ils se sont montrés jusqu'à présent fiables et résistants.

Les projections sont organisées et présentées par les vulgarisateurs de façon à faire réagir le public. Les sujets évoqués vont du *Leucaena* à la contamination de l'eau potable. Ces projections ont lieu dans un local communautaire et touchent en général une vingtaine de personnes. Ensuite, des questions et des commentaires peuvent être échangés.

Les diapositives sont achetées à World Neighbours ; elles constituent probablement le point le plus faible des techniques de vulgarisation. Par exemple, la série montrant comment l'interaction entre la bactérie rhizobia et les racines de *Leucaena* produit une croissance gigantesque de l'arbre est superflue et inappropriée, quand on sait que cette espèce ne dépasse pas la taille d'une espèce naine à Gursum. De plus, peu d'agriculteurs sont en mesure de saisir le concept d'interaction entre la plante et le rhizobium.

D'autres séries sont peut être plus pertinentes, mais présentent toujours l'inconvénient de n'être pas produites sur place et d'être rarement adaptables là où elles sont présentées. Les vulgarisateurs cherchent maintenant à produire des photos faites sur place, ce qui constituerait un pas important pour permettre au matériel de vulgarisation d'être opérationnel et pouvoir ainsi modifier les comportements.

Ces projections sont extrêmement appréciées par les agriculteurs ; en 1988, plus de 15 000 personnes y ont assisté. Mais reste à évaluer si elles leur apportent réellement un plus haut niveau de conscience et transforment leur comportement, ou si elles ne font que leur faire passer un bon moment.

Les chances de survie du projet

En Éthiopie, les projets de développement rencontrent d'énormes obstacles. La structure très centralisée de l'administration et la constante insécurité du pays rendent très difficile la formation des conditions qui pourraient permettre au projet d'être un jour autonome ; ces conditions étant surtout l'implication des communautés locales.

En mettant en place sa stratégie, CARE a choisi de passer outre les blocages bureaucratiques, créant ses propres services de vulgarisation, qui fonctionnent en parallèle avec ceux du ministère de l'Agriculture. Cela a sans aucun doute permis au projet d'avoir un impact plus large et plus rapide.

Le personnel du projet, relativement bien formé, bien payé, a à sa disposition des moyens considérables pour faire son travail. Les vulgarisateurs disposent de mobylettes, le personnel de terrain de voitures, et des camions supplémentaires sont prévus à la saison des pluies pour le transport des plants.

Mais par ailleurs, il est évident que le projet a peu marqué la vie institutionnelle locale. Bien sûr, la formation du personnel contribue au développement général de la main-d'œuvre du pays, mais il n'existe aucune structure dans laquelle sa compétence pourrait s'exprimer si le financement du projet venait à manquer. Dans ce cas, la responsabilité de continuer le programme reviendrait au ministère de l'Agriculture, ce qui paraît délicat compte tenu de la faiblesse de ses ressources.

La dépendance au système « aide alimentaire pour le travail » constitue une des faiblesses du projet. En effet, ce système a tendance à freiner le développement de la communauté car les gens ne travaillent que pour obtenir de la nourriture, sans que personne ne se soucie de leur adhésion aux visées de ce travail. Il est difficile, dans ces conditions, d'assurer l'autonomie d'activités comme la plantation d'arbres et la protection des sols.

Mais on doit néanmoins resituer ce projet dans son contexte éthiopien. La plupart des autres programmes du pays visent à assurer les besoins immédiats en nourriture, en eau et en médicaments. Les véritables projets de développement sont rares, et les projets viables encore plus. Le GLUP, bien que relativement jeune, a au moins le mérite d'avoir réussi à remplacer l'aide alimentaire par la formule « aide alimentaire pour le travail ».

De plus, il a réussi à impliquer les communautés locales et à amorcer des activités plus viables. La plantation d'arbres et la production de plants fonctionnent maintenant à peu près sans incitation. La vulgarisation a aussi commencé à sensibiliser les consciences et à gagner la confiance des villageois. A long terme, cela contribuera à rendre les gens plus indépendants.

Bibiographie

L. Buck. et *al : Gursum land use proposal.* CARE (1986)

CARE. *GLUP : third trimester report* (1987)

CARE. *GLUP : second trimester report* (1988)

LE PROJET BOIS DE VILLAGES BURKINA FASO ET MALI

LES PARCELLES BOISEES NE SUFFISENT PAS

Les parcelles boisées ont été particulièrement encouragées dans les villages sahéliens de l'Ouest africain au cours des dix dernières années. Ces efforts pour associer les communautés rurales à la plantation d'arbres venaient en réponse à l'échec des essais de boisement des années 70.

Les bois de villages représentent un pas important vers la participation des communautés. Ils permettent aux intéressés d'avoir leur mot à dire sur ce qui les concerne, ce qui n'est pas toujours le cas en matière de plantation de forêts. Mais comble de l'ironie, la meilleure communication avec les autochtones a permis de se rendre compte que les parcelles boisées ne sont guère pour eux une priorité.

La disparition accélérée des forêts naturelles

Le Burkina Faso est un pays enclavé, d'une surface de quelque 274 000 km². Le climat varie du régime sahélien dans le Nord, où les précipitations atteignent à peine 400 mm par an, au climat soudanais dans le Sud, qui reçoit 1 000 mm de pluie par an.

Dans les zones les plus sèches, les principales cultures sont le millet, l'arachide, le pois d'angole, le sorgho et quelques légumes ; les espèces d'arbres les plus courantes sont le baobab, *Khaya senegalensis, Acacia albida* et d'autres espèces d'acacias, ainsi que quelques *Combretum*. En descendant vers le sud, le nombre de variétés de céréales et d'arbres grandit.

Avec ses 7 millions d'habitants, le pays est densément peuplé pour une zone sahélienne. La plupart sont des agriculteurs sédentaires, même s'il y a quelques pasteurs, comme les Fulanis. Plusieurs millions de Burkinabés ont migré vers la Côte d'Ivoire, beaucoup plus riche, en quête de travail et de meilleures conditions d'existence.

La préoccupation devant la disparition des forêts naturelles n'a cessé de croître depuis les années 60. Des études ont rappelé que les forêts et les bois couvraient 56% du pays en 1976 ; le chiffre est tombé à 40% ou 50% en 1988. Dans les années 70, cette disparition était attribuée pour une large part à la coupe pour le bois de chauffe. Beaucoup voyaient là le risque d'une désertification rampante et d'une grave crise en énergie domestique.

Le projet Bois de villages

Au début des années 70, un gros effort de plantations forestières était nécessaire. Plus de 16 000 hectares de terrain furent plantés, surtout dans les environs de Ouagadougou, la capitale. On s'est vite aperçu que le coût de l'opération, et surtout celui de l'entretien de ces forêts, serait extrêmement lourd, et le département des Forêts a recherché de nouvelles stratégies. En 1977, il a entamé un programme qui prévoyait l'établissement de petits bois villageois sur les communes, comme alternative à la plantation de forêts.

Ce programme, considéré comme le premier du genre dans l'Ouest africain, fut financé par le gouvernement suisse et, en 1979, le gouvernement des Pays-Bas apporta son soutien à un projet tout à fait similaire. Les deux projets portant le même nom (« Projet Bois de villages »), leur financement et leur suivi ayant été menés très parallèlement, ils sont traités ensemble dans ce chapitre.

On privilégia l'approche communale, car les agriculteurs burkinabés vivent en village plutôt qu'en habitat dispersé. La taille moyenne de ces bois est de quelques hectares, et les arbres sont plantés à intervalles de 4 × 4 m. Le département des Forêts fournit gratuitement les plants de ses propres pépinières, au nombre de 47 aujourd'hui dans la zone. Il fournit également gratuitement les enclos. En revanche, tout le travail est accompli par les villageois gratuitement. Le titre de propriété revient en général aux hommes du village. Au début du projet, on plantait surtout des *Eucalyptus camaldulensis*.

On peut considérer ces petites parcelles boisées comme des versions réduites des grandes plantations établies autour de Ouagadougou, mais qui utilisent les terres communales et le travail bénévole. Un de leurs avantages pour le département des Forêts est leur taille relativement grande, qui permet des économies en frais de clôture. Le souhait du département des Forêts était que chaque village plante un bois chaque année.

Mais cela ne s'est pas passé comme ça. La plupart des villages étaient prêts à faire l'essai une fois et à s'en tenir là. L'entretien des

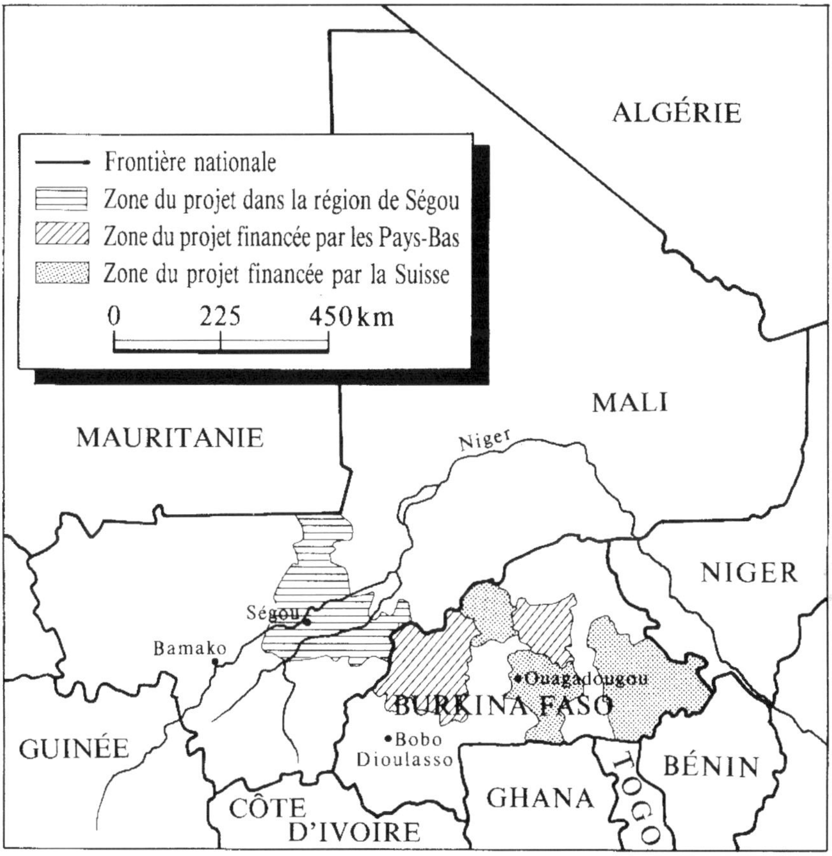

Nom du projet	**Projet Bois de villages**
Adresse	**Burkina Faso (Fonds suisse) : BP 2736, Ouagadougou. Tél. 307389** **Burkina Faso (Fonds néerlandais) : BP 6256, Ouagadougou.** **Mali : Direction régionale des eaux et forêts, BP 87, Ségou.**
Zone du projet	**16 provinces au Burkina Faso et la région de Ségou au Mali**
Précipitation	**400 à 1 000 mm par an**
Exécution	**Services forestiers et leurs conseillers**
Financement	**Burkina Faso : Fonds suisse et néerlandais confondus : 4 millions de dollars par an** **Mali : financement néerlandais global : 2,5 millions de dollars (1983-1987).**
Taux de change	**1 franc CFA = 0,02 FF**

bois ne les enthousiasmait guère plus. Les taux de survie des arbres étaient variables mais tournaient souvent en dessous de 50 %. Le taux de croissance se montra lui aussi décevant.

Ces résultats ont poussé les responsables du projet à reconsidérer son approche. Le département des Forêts a alors commencé à développer les pépinières villageoises de façon à stimuler l'intérêt et l'implication des intéressés, tout en réduisant la dépendance aux pépinières centralisées. On pensait que les pépinières villageoises permettraient de disposer d'un plus grand choix d'espèces que les quelques espèces exotiques fournies par les pépinières centralisées. Des plants étaient également mis gratuitement à la disposition des agriculteurs qui souhaiteraient planter des arbres sur leur propre terrain.

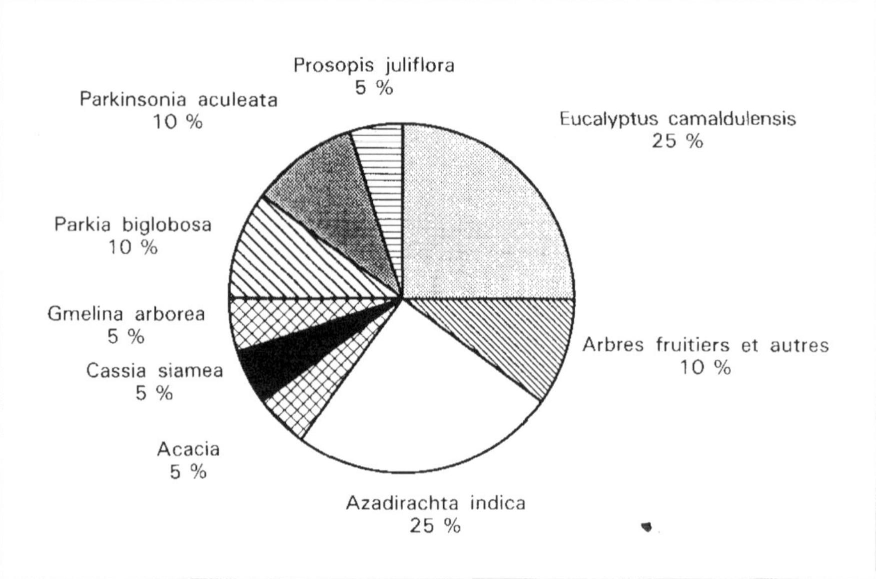

Répartition des différentes espèces produites dans l'ensemble des pépinières (1986)

En 1985, au bout de huit ans, 1400 des 7000 villages du pays avaient été touchés par le programme, d'une façon ou d'une autre. 3 500 hectares de bois villageois avait été plantés, et 5 à 10 % des plants avaient été attribués à des agriculteurs à titre personnel.

Les activités actuelles

Le projet en est maintenant à la phase V. Chaque phase a été marquée par un accroissement de son activité. Le financement est toujours assuré par les gouvernements suisses et néerlandais, et le budget annuel total est d'environ 4 millions de dollars. En 1989, plus de vingt conseillers expatriés travaillaient pour le volet, néerlandais pour la plupart. Malgré cette forte proportion de personnel expatrié, les Burkinabés ont la plus grande part de responsabilité du financement.

La principale activité du projet reste la promotion de bois de villages et la plantation d'arbres par les agriculteurs. Des fonds sont également affectés au renforcement de l'infrastructure du département des Forêts, à la gestion des forêts naturelles, et à la diffusion de fours adéquats. Des financements hollandais permettent également des plantations périurbaines.

La variété des plants produits s'est considérablement élargie. Plutôt que de se cantonner aux eucalyptus, on a cherché à produire des espèces exotiques et indigènes. (Voir leur répartition dans la figure 9.1.) Les eucalyptus et les margousiers constituent la moitié des espèces plantées, car ils poussent vite et produisent un bon bois de construction commercialisable. Ils sont pour ces raisons très appréciés des responsables des bois et des agriculteurs travaillant pour leur compte.

Les efforts pour décentraliser la production de plants se poursuivent. Le nombre de pépinières dans les villages ou les écoles ne cesse d'augmenter, mais il reste encore de nombreux obstacles à dépasser. De nombreux villages, par exemple, souffrent de manque d'eau et un grand nombre de pépinières sont mal gérées. En 1988, de 1 % à 15 % seulement de l'ensemble des plants étaient produits par les pépinières villageoises ou autres pépinières collectives.

Le projet tente aussi de réduire le prix de revient de ces parcelles boisées et cherche à convaincre les villages d'accepter une plus grande part de responsabilité dans leur création et leur entretien. Les clôtures, qui représentent la plus grosse dépense, et qui étaient jusqu'ici fournies gratuitement, vont cesser de l'être. On ne sait pas encore quelles seront, à long terme, les répercussions de cette disposition sur la survie des plants.

On cherche aussi à augmenter le nombre d'arbres plantés par des agriculteurs individuellement En 1987, 250 000 arbres furent plantés sur leur terrain et leur taux de survie s'est révélé supérieur à celui des parcelles boisées villageoises.

Malgré les résultats obtenus jusqu'à aujourd'hui, le personnel du projet voit bien que des efforts beaucoup plus importants doivent être menés pour lutter efficacement contre la désertification. On sait maintenant que la diminution du couvert forestier relève moins de la coupe pour le bois de feu que du défrichage pour créer des champs. 50 000 hectares disparaissent ainsi chaque année, à ajouter aux 50 000 hectares supplémentaires détruits par les feux de brousse. Comme le disait un membre du projet : *« Ce ne sont pas quelques bois qui vont arrêter le désert. »*

On a aussi compris que les bois de villages sont des moyens coûteux pour obtenir des piquets et du bois de construction. Des données provisoires estiment à 1 à 2 m^3 par hectare la production annuelle d'*Eucalyptus camaldulensis*. Compte tenu du travail nécessaire, du coût des clôtures, des plants, du transport et autres frais, on peut vraiment se demander si ces bois sont économiquement viables. Dans ces conditions, il est moins surprenant que les villageois aient hésité à en planter davantage.

De telles observations ont conduit les responsables du projet à conclure que leurs activités devaient s'élargir bien au-delà de la seule plantation d'arbres. A l'avenir, on attachera beaucoup plus d'importance au système agricole. Il est prévu de se pencher sur la restauration naturelle des sols et la plantation d'arbres dans les cultures, aussi bien que sur les possibilités de mécaniser les opérations de conservation des sols.

L'utilisation du « flanellographe »

Lorsque le projet a débuté en 1977, la principale activité du département des Forêts était la plantation d'arbres et la protection des forêts, et il n'avait quasiment aucune expérience du travail avec les agriculteurs. Un service de vulgarisation devait être être créé, à partir de rien. Pour ce faire, le département s'associa au Groupement de recherche et d'appui pour l'autopromotion paysanne (GRAAP), un institut de recherche de Bobo-Dioulasso, au sud du Burkina Faso.

Le GRAAP pense que les ruraux ont perdu la foi en leur propre pouvoir d'infléchir leur avenir et estime nécessaire de promouvoir des discussions avec les agriculteurs, pour les aider à comprendre les changements qui interviennent dans leur environnement. Ils pourront alors décider eux-mêmes quelle est l'action à entreprendre. Le rôle des vulgarisateurs consiste donc, selon l'analyse du GRAAP, à organiser et faciliter ces discussions.

Les réunions paysannes traditionnelles se déroulent sous l'arbre à palabres, où les villageois se retrouvent pour discuter les problèmes et les nouvelles. C'est pourquoi il faut communiquer avec les villageois par le biais des conversations directes, plutôt que par la radio, la télévision ou les journaux. Un vulgarisateur peut faciliter les rencontres. Des images découpées et présentées sur un tableau de flanelle — d'où son nom de flanellographe — peuvent être utilisées pour stimuler les discussions (GRAAP, 1984).

L'agent présente des images montrant ce qu'était l'environnement du village par le passé. Les villageois se répartissent ensuite par groupes de sexe et d'âge et tirent leurs propres conclusions sur le pourquoi de ce changement. Une assemblée plénière permet ensuite de trouver un consensus.

La même procédure se répète pour étudier les événements actuels et voir comment les choses pourraient tourner dans l'avenir. La dernière étape consiste à s'entendre sur ce qui devrait être fait pour résoudre les problèmes qui émergent. Les vulgarisateurs remettent finalement des petites brochures aux participants pour leur rappeler les principaux points discutés.

Au cours des discussions, le vulgarisateur traite les arguments douteux ou faux. Si, par exemple, un vieil homme dit que la pluie manque parce que les jeunes ne sont plus respectueux, l'agent peut lui répondre que si telle est vraiment la raison, pourquoi alors pleut-il en abondance en Côte d'Ivoire, pays où les jeunes montrent encore moins de respect ! Les anciens doivent bien admettre alors que leur argument est douteux et les discussions peuvent continuer jusqu'à ce qu'un accord intervienne.

Les flanellographes utilisés par les vulgarisateurs s'adaptent à la culture et à l'environnement du lieu. Le GRAAP estime que présenter des vues, prises au microscope, de bactéries, de rhizobium ou autre représentation moderne à des agriculteurs n'a aucun sens. Il vaut bien mieux présenter des images fidèles à l'expression et à l'art local. D'autant plus que les graphiques ou les dessins en trois dimensions sont souvent illisibles pour les villageois. Ce qui a mené le GRAAP à utiliser des dessins spéciaux a deux dimensions.

Cette méthode est maintenant en usage depuis plus de dix ans en Afrique occidentale. Son efficacité dans le projet n'a pas été mesurée, mais la méthode est très contestée. Une première critique la qualifie de condescendante et paternaliste. Les paysans africains ne sont tout de même pas ignorants au point de ne pas connaître leurs propres problèmes ou les solutions possibles. L'aide dont ils ont besoin est un appui technique et financier et non la venue d'un agent qui les aide à formuler ce qu'ils savent déjà.

L'autre critique concerne le fait qu'une fois formulés les besoins des villageois, rien n'est prévu pour y remédier. Selon le GRAAP, *« pour travailler avec les paysans, il faut partir de ce qu'ils vivent, de ce qu'ils savent, de ce qu'ils peuvent faire, et de ce qu'ils veulent »*. On les encourage à parler d'éducation, de maladies du bétail, du manque d'eau et du manque de terre. Mais quand on en arrive au stade de l'action, le vulgarisateur — qui n'a pas d'autre mandat — ne peut que leur recommander de planter des arbres.

Pour finir, la méthode GRAAP suppose que le vulgarisateur soit une personne bien formée et à l'esprit ouvert. Si tel n'est pas le cas, comme cela peut arriver avec des forestiers, plutôt que de stimuler un dialogue avec les paysans, l'entretien va se transformer en un cours sur la façon de planter un bois.

Le forestier villageois

La méthode du GRAAP a joué un rôle important au tout début des efforts de vulgarisation. Elle a favorisé la sensibilisation aux problèmes d'environnement et permis d'amorcer un dialogue entre les forestiers et les villageois. Mais au bout de quelque temps, les agriculteurs finissaient par la connaître par cœur, aussi une autre approche a-t-elle dû être trouvée.

La plus importante fut celle du paysan forestier, ou du forestier villageois, une personne choisie par le village pour être initiée à la culture d'arbres, à la gestion des pépinières et autres techniques voisines, et qui serait à la disposition des villageois pour leur donner des conseils ou les aider.

Les agents du département des Forêts doivent donc inciter les villages à tenir des assemblées au cours desquelles ils établissent les tâches de ce forestier villageois et le désignent. Cela ne peut être mené à bien que dans les villages qui ont déjà discuté de leurs problèmes d'environnement, et qui sont convaincus de la pertinence de la solution proposée, c'est-à-dire planter des arbres.

Au Mali, l'une des plus belles réussites en matière de bois de villages.

Paul Kerkho/Panos Pictures

L'enjeu est de faire du forestier villageois le maillon d'un processus par lequel les villages prendraient de plus en plus en charge leurs propres problèmes d'environnement. Une telle évolution est inévitablement lente et peu de signes montrent aujourd'hui sa progression. Mais il faut reconnaître que les forestiers villageois représentent déjà une évolution par rapport à ce qu'étaient les attitudes répressives héritées du passé colonial et qui caractérisaient encore récemment les relations entre les gens du cru et le Service des forêts.

Le projet au Mali

Le projet Bois de villages du Burkina Faso a servi de modèle à plusieurs autres projets en Afrique de l'Ouest. Le projet Bois de villages de Ségou, au centre du Mali, en est un exemple. Deux enquêtes menées, l'une à Bamako, l'autre dans la zone du projet, avaient conclu que la pénurie de bois de feu était un sérieux problème. Le projet Bois de villages, basé sur le modèle burkinabé, fut donc conçu, et démarra en 1983. Le gouvernement néerlandais apporta les financements — 2,5 millions de dollars, pour la période 1983-1987 — et le département des Forêts exécuta le projet. La méthode GRAAP fut appliquée pour la communication avec les autochtones.

Cinq ans plus tard, les responsables du projet réalisent que l'analyse initiale des besoins et des priorités locales était inadéquate. On reconnaît aujourd'hui que les agriculteurs ne considèrent pas la question de la pénurie de bois de chauffe comme un problème prioritaire. Pas plus qu'ils n'attachent une grande importance aux bois de villages. D'ailleurs, ceux qui ont été plantés connaissent des taux de survie et de croissance très bas (Deneve *et al.*, 1988 — voir bibliographie).

Le projet tente maintenant de diversifier ses activités, mais le processus est lent. La notion de « bois de villages » est en fait la conception traditionnelle de la sylviculture, appliquée au contexte d'un village. Si un projet veut aller au-delà de ce schéma, toutes les attitudes habituelles du département des Forêts devront changer.

Les leçons de l'expérience

Plusieurs leçons peuvent être tirées de l'expérience des bois de villages dans l'Ouest africain. La plus importante est la reconnaissance de la distorsion dans les priorités du développement, distorsion issue de ce que l'on appelle « le syndrome bois de feu ». C'est la conviction que la coupe du bois de chauffe est la principale cause de désertification et qu'elle conduit à une désertification généralisée et à une crise d'énergie. Or, il n'y a pas eu de diagnostic juste des besoins locaux. On s'est simplement basé sur l'idée que les villageois trouveraient un certain intérêt à planter des arbres pour produire du bois de feu.

Dans les faits, cela signifie que beaucoup de temps et d'efforts ont été dépensés pour créer ces bois qui se sont finalement montrés coûteux et improductifs, sans pour autant régler le problème de la dégradation de l'environnement. De plus, ces opérations excluaient des groupes sociaux aussi importants que les femmes, les pasteurs et les migrants.

Quelques résultats positifs, cependant. Ces programmes ont eu une grande influence sur les façons de penser du département des Forêts, au moins au Burkina Faso. Il y a trente ans, les forestiers se considéraient comme des membres d'un corps de police de la forêt. Maintenant, ils se comportent comme des vulgarisateurs qui essaient d'aider les villageois au lieu de leur faire payer des amendes. Il est probable aussi que l'existence de ces bois de villages a transformé les attitudes locales en matière de plantation d'arbres.

Tout le monde est d'accord sur la nécessité d'une approche plus large à l'avenir. Si l'on veut lutter efficacement contre la désertification, il ne suffira pas de tabler sur la plantation de forêts ou la promotion de bois de villages. La population devra disposer de techniques et, surtout, avoir les motivations nécessaires pour s'impliquer dans la gestion de son propre environnement.

Bien évidemment, les programmes devront s'intéresser aux questions agricoles. Quant à savoir si le département des Forêts est la meilleure institution pour développer de telles innovations, c'est une autre question.

Bibliographie

R. Deneve et *al. Rapport d'évaluation du projet Bois de villages, Ségou au Mali, financement Pays-Bas.* (1988)

GRAAP. *Pour une pédagogie de l'autopromotion.* 4e édition actualisée (1984), GRAAP : BP 785, Bobo-Dioulasso, Burkina Faso.

V. Kaboré et *al. Rapport d'évaluation des projets Bois de villages néerlandais et suisse.* (1985)

LE PROGRAMME DE BOISEMENT VILLAGEOIS EN TANZANIE

ACCROÎTRE LES MOYENS ÉNERGÉTIQUES DU PAYS

Le Programme de boisement villageois de Tanzanie a vingt ans. Il a débuté dans les années 60, dans le cadre d'un effort national de reboisement. Dans les années 70, il reposait sur la conviction que le pays connaissait une grave pénurie de bois de feu. Le programme s'oriente désormais beaucoup plus vers la production de piquets et de bois de construction, et l'approche communale cède la place à la promotion des cultures d'arbres par des agriculteurs.

La naissance du programme

La Déclaration d'Arusha, en 1967, illustre un tournant radical dans la ligne politique suivie par le pays depuis son indépendance en 1961 ; elle a mis l'accent sur le socialisme, la décentralisation, et l'entraide des communautés. Le Programme de boisement villageois fut conçu dans l'esprit de cette déclaration et entendait jouer un rôle majeur dans les efforts de boisement du pays. Programmé et exécuté par la division des Forêts du ministère des Ressources naturelles et du Tourisme, il a reçu de l'aide de diverses agences comme SIDA, la FAO, le BIT et le DGIS. SIDA a apporté la plus grande part des financements.

Dans les années 70, on commençait à s'intéresser aux problèmes des ressources énergétiques en milieu rural. La division des Forêts fit une estimation de la consommation en bois de feu évaluée à 2 m^3 par personne et par an. Des calculs rapides firent apparaître que la consommation en bois était donc largement supérieure à la capacité pro-

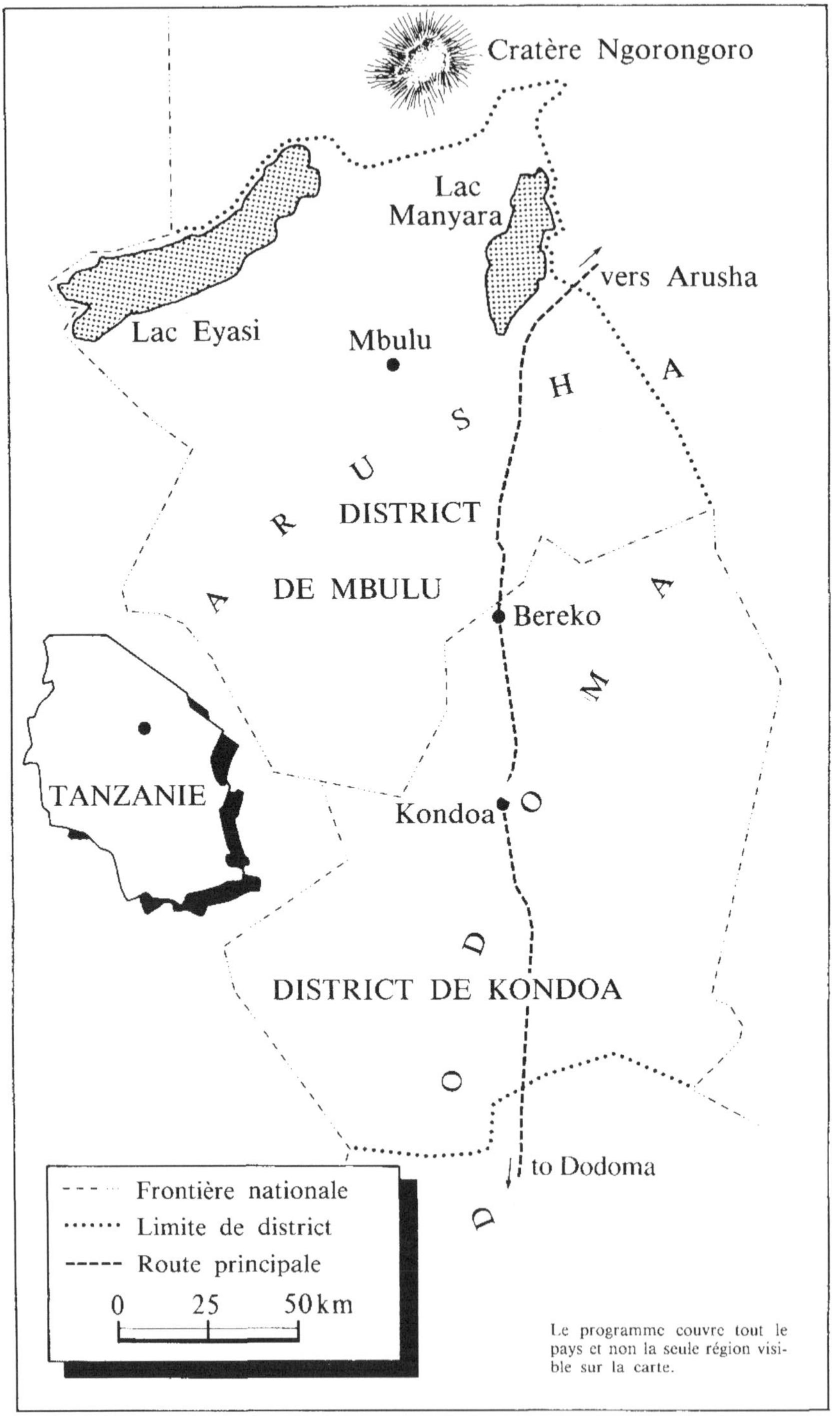

Le programme couvre tout le pays et non la seule région visible sur la carte.

Nom du projet	**Programme de boisement villageois**
Adresse	**Département des forêts, PO Box 426, Dar es-Salam Tanzanie.**
Zone du projet	**projet national**
Précipitations	**500 à 1 000 mm par an**
Exécution	**Division des Forêts, avec l'aide de conseillers expatriés**
Financement	**SIDA, FAO, BIT, DGIS : 800 000 $ par an en moyenne (1985/1989)**
Taux de change	**1 shilling = 0,046 FF (mai 1989)**

ductive du pays en bois de chauffe. On s'orienta alors de plus en plus vers la formule des parcelles boisées pour prévenir les pénuries de bois à venir. La méthode utilisée principalement pour promouvoir ce programme consistait à fournir aux villages des plants produits et distribués par le département des Forêts. Au besoin, on faisait pression sur le chef du village pour s'assurer qu'il prévoyait bien des terres pour ces plantations. Les plantations étaient quelquefois faites par la division des Forêts, parfois par les villageois eux-mêmes.

On avait estimé à 400 000 hectares par an les surfaces nécessaires pour couvrir les besoins. Dans les faits, le rythme des plantations n'a jamais atteint ce chiffre et, vers la fin des années 70, on parvenait à peine à 10 000 hectares par an. Une estimation optimiste, puisqu'elle se base sur le nombre de plants distribués, en imaginant un taux de survie optimal. On évoqua plusieurs raisons pour expliquer la médiocrité des résultats. Tout d'abord, le fait que les plantations étaient sous la responsabilité de la section de la direction des Forêts, au sein de la division des Forêts, structure manquant totalement d'expérience en matière de vulgarisation, et qui se contentait d'expliquer aux villageois comment planter des arbres Un film, par exemple, recommandait la plantation d'espèces conventionnelles comme *Pinus* et *Cupressus*, à intervalle de 2,5 m.

Au début des années 80, la division des Forêts était convaincue qu'un changement de direction s'imposait (Mnzava, 1983 — voir bibliographie). Une unité de sylviculture villageoise indépendante fut créée pour développer les nouvelles méthodes de promotion. Elle édita un certain nombre de publications à l'intention des forestiers et des vulgarisateurs, lesquelles recommandaient une approche participative. Même si dans quelques villages le travail s'est déroulé de façon satisfaisante, globalement il n'a pas donné pas les résultats attendus.

Révision des hypothèses de départ

Plusieurs études se sont attachées à comprendre les raisons de ces mauvais résultats. Elles ont mis en évidence quelques erreurs d'analyse sur lesquelles se fondait le programme. On estimait, par exemple, que les agriculteurs tanzaniens devaient faire face à un problème de bois de feu et que la solution passait par la plantation d'arbres. En fait, les agriculteurs s'intéressent très peu à la production de bois de feu et souhaitent bien davantage planter des arbres pour obtenir du bois de construction, des piquets, des fruits et autres ressources sans rapport avec le bois de feu. L'étude a permis également de constater que la consommation moyenne, évaluée à 2 m^3 par an et par personne, était très exagérée. Une estimation de la FAO établissait par exemple cette moyenne entre 0,5 et 1,5 m^3, pour une quinzaine de villages (FAO, 1984 — voir bibliographie).

La distribution de plants à partir de grandes pépinières centralisées a posé également d'énormes problèmes. Compte tenu du peu de moyens dont dispose la division des Forêts, il lui était quasiment impossible d'assurer la distribution des plants aux milliers de villages du pays.

Dans la plupart des cas, la collaboration des villages a souvent été jugée très insuffisante. Soumis à une tension considérable pour produire des résultats tangibles, les forestiers utilisaient parfois purement et simplement la main-d'œuvre de la division, ses tracteurs, ses clôtures et son matériel, pour organiser de grandes plantations, de 50 à 80 hectares, qu'ils baptisaient alors « parcelles de démonstration ». Dans ce cas, les villageois ne s'impliquaient pas ou peu, et l'effet de démonstration était probablement négligeable. On a même vu des conflits entre des villageois voulant récolter les fruits de ces plantations et les forestiers affirmant qu'ils étaient la propriété de la division. Mais surtout, on se rendit compte que l'approche communautaire était profondément impopulaire auprès de la majorité des villageois. Dans bien des cas, les gens ont ainsi perdu confiance en leur chef de village. Certains ont accusé tel chef d'avoir vendu à son profit la production de la parcelle, tel autre d'utiliser le bois pour son propre compte. Souvent, on ne savait que faire de la parcelle une fois en place, ni comment distribuer les responsabilités pour la gérer (Skutsch, 1985, — voir bibliographie).

L'échec de la politique des parcelles communales est aujourd'hui évident. Il est fréquent de voir dans les villages des bois laissés à l'abandon, dans lesquels broute le bétail en liberté, car personne n'est là pour le surveiller. On raconte que des plants sont parfois volés la nuit qui suit leur plantation. Ce qui n'est pas étonnant, puisque les gens ne s'identifient pas à ces parcelles, ne voient pas que d'une certaine façon elles leur appartiennent. En même temps, ces vols illustrent le besoin de disposer de plants gratuits.

L'expérience du district de Kondoa, dans la région de Dodoma

La division de la Forêt du district de Kondoa s'est engagée dans

Tableau 10.1 Résultats comparés concernant les arbres plantés dans les bois de villages et les arbres plantés par des particuliers ou des écoles (1986/87)

	Surfaces plantées (ha)	Taux de survie
Bois de villages	167	51 %
Particuliers	433	89 %
Écoles	50	—

Source : Bureau du district de Mbulu.

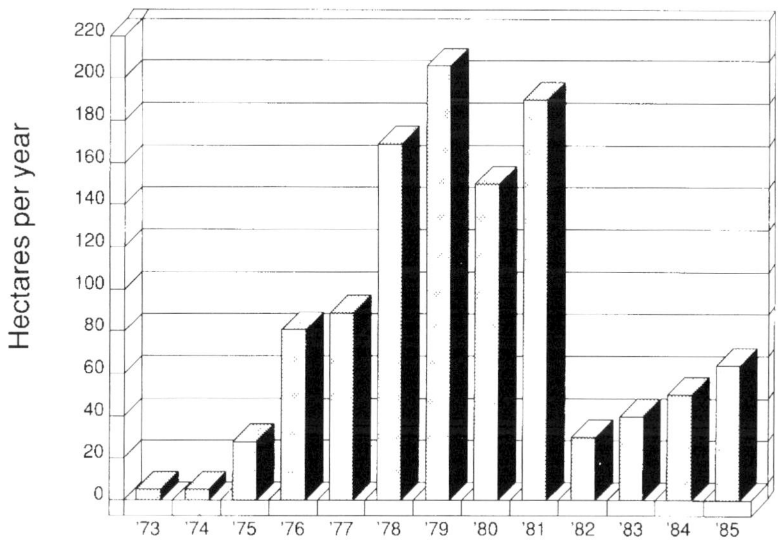

Surfaces plantées dans le district de Kondoa (1973-1985)

le Programme de boisement villageois à partir de 1973. Son approche étant très centralisée, elle produisait les plants dans ses propres pépinières. C'est elle aussi qui s'occupait de l'éclaircissage, du bêchage, de la plantation, du sarclage et des pesticides. Le village fournissait le terrain et aidait un peu à la plantation.

Le tableau 10.1 montre le rythme des plantations créées entre 1973 et 1985. Après un rapide développement des plantations au cours des sept premières années, avec un pic à 206 hectares en 1979, suivit une baisse, au début des années 80, allant jusqu'à friser le niveau zéro à la saison 1988/1989. Ces variations reflètent bien le changement d'esprit vis-à-vis du programme durant la période considérée.

Dans les premières années, lorsqu'on prévoyait de créer une parcelle, les forestiers rendaient visite au chef du village, qui voyait souvent le projet d'un bon œil, la création de parcelles villageoises étant en général considérée comme d'importance nationale. Mais le simple villageois était rarement consulté, ni par les forestiers, ni même par le chef du village. Une fois les parcelles installées, l'intérêt manifesté par les officiels avait tendance à se relâcher. A ce stade, le programme cherchait surtout à atteindre des objectifs centralisés et se préoccupait peu du suivi et de l'entretien des arbres à long terme. Si bien que les villageois voyaient mal à quoi servaient ces parcelles et à qui elles étaient censées profiter. C'est pourquoi la protection et l'entretien des parcelles étaient peu motivants, et les dommages causés par le bétail, le feu et les coupes excessives relativement importants. Une fois que les forestiers ont compris ce qui se passait, ils ont perdu leur enthousiasme pour les parcelles boisées, comme le prouve le déclin des surfaces plantées chaque année.

Des pousses de Cassia siamea *dans une concession. Le projet met aujourd'hui l'accent sur les plantations chez les particuliers.*

Lars Johansson/Panos Pictures

La division Bereko, du district de Kondoa, où se déroule depuis 1985 un projet financé par le BIT, a connu une expérience assez différente. L'un de ses objectifs consistait en la création d'emplois. On utilisa la main-d'œuvre locale pour planter les parcelles, ce qui provoqua un enthousiasme considérable pour le projet. On attribua aussi à chaque village un garde-forestier, ce qui a permis d'améliorer considérablement l'entretien des plantations. Malgré tout, cela n'affecta pas fondamentalement les chances de survie des parcelles boisées. C'est ce qu'explique ce forestier : *« Le programme marche bien à Bereko parce que les gens sont payés pour travailler. Tant qu'il y aura de l'argent, les parcelles seront créées et entretenues, mais dès qu'il n'y en aura plus, tout s'arrêtera ».*

La division des Forêts préfère désormais encourager la plantation d'arbres sur les terrains personnels des agriculteurs. A cet effet, elle distribue environ 200 000 plants par an, principalement à des paysans et aux écoles. Dans les zones arides, les plants sont gratuits, mais dans les zones à haut potentiel agricole, ils sont en général vendus.

La production de plants reste néanmoins très centralisée, avec seulement cinq pépinières pour tout le district de Kondoa. Le transport de ces plants échoit à la division, ce qui signifie que seule une minorité de villages peut être approvisionnée chaque année. On a tenté de mettre en place des petites pépinières villageoises, mais sans succès jusqu'à aujourd'hui, la mauvaise qualité des sols et le manque d'eau constituant des obstacles techniques majeurs.

Parfois, au début de la saison des pluies, les difficultés de transport sont telles qu'il était complètement impossible de distribuer les plants. La division a soumis le problème au directeur du Développement du district, expliquant qu'il était peut-être inutile de produire des plants si l'on ne pouvait pas les acheminer sur le terrain. Depuis lors, le programme a toujours disposé des moyens de transport nécessaires, utilisant au besoin des véhicules de location.

Un des plus grands obstacles que rencontre la division des Forêts du district de Kondoa est le manque de personnel qualifié. Elle ne dispose, en effet, que de vingt vulgarisateurs pour tout le district. La plupart n'ont que le niveau primaire, et certains n'ont aucune éducation scolaire. Ils ne sont pas formés pour s'adresser aux agriculteurs ni pour animer des réunions, si bien qu'on peut à peine, parfois, les qualifier de vulgarisateurs. Il est donc difficile pour les quelques forestiers du district d'assumer d'autres tâches que la production et la distribution de plants.

L'expérience du district de Mbulu, dans la région d'Arusha

Le district de Mbulu borde le fameux cratère Ngorongoro, au nord de la Tanzanie. C'est une région montagneuse, d'une altitude de 1 500 à 2 000 m, voire plus, à haut potentiel agricole, et qui possède une grande densité de population. L'élevage constitue l'activité économique traditionnelle, mais l'agriculture prend une place de plus en plus importante.

La division des Forêts du district est soutenue par SIDA et depuis peu également par l'association néerlandaise DGIS. C'est une division relativement bien équipée, avec six forestiers et vingt-six assistants forestiers. Les assistants sont de niveau 7 (c'est-à-dire qu'ils ont suivi sept ans d'éducation primaire). Certains d'entre eux ont en plus bénéficié de trois mois de formation en sylviculture.

Le projet reçoit un soutien financier supplémentaire pour organiser des séminaires, très utiles puisqu'ils renforcent la formation et la motivation du personnel. Ces séminaires permettent également de suivre et d'évaluer le travail de vulgarisation sur les exploitations individuelles et sur les parcelles communales. Les taux de survie des plants annoncés par les assistants forestiers font par exemple l'objet de discussions pendant les séminaires, ce qui permet de mieux adapter les projets, l'année suivante. Le soutien financier a également permis d'améliorer les conditions de transport des plants, opération la plus délicate du travail de plantation en Tanzanie.

Neuf pépinières centralisées ont assuré la distribution de 1,5 million de plants au cours de la saison 1987/1988. Aujourd'hui, la production commence à être déléguée aux villages. Actuellement, il existe dix-neuf pépinières villageoises qui ont produit 370 000 plants pendant la saison 1987/1988. Sept autres pépinières ont été créées dans des écoles. La division des Forêts leur fournit les conseils techniques et le matériel, mais la responsabilité des opérations reste aux villages ou aux maîtres d'école.

L'eucalyptus, le cyprès et *Grevillea* sont les espèces les plus prisées des agriculteurs. Les arbres fruitiers sont également appréciés, mais ils dépendent du ministère de l'Agriculture, même si la division des Forêts tend à s'impliquer de plus en plus dans la production des plants de fruitiers.

L'expérience de ce district montre que les parcelles boisées peuvent réussir à s'implanter s'il existe un sens de l'identité communale très fort et si tout le village est impliqué, pas seulement le chef. Les communautés ont également compris que, quitte à obéir aux directives nationales en ce qui concerne les plantations d'arbres, elles ont intérêt à grouper ces arbres et à les clôturer pour créer des « bois de villages ».

Les plantations individuelles ou celles qui poussent dans les écoles restent beaucoup plus populaires, comme le montre le tableau 10.1, qui présente les taux de survie respectifs dans les différents types de plantations. Les scores obtenus dans les parcelles privées sont dus à une meilleure protection des dommages causés par le bétail. Ces parcelles sont également sarclées et couvertes de cendre pour éloigner les termites. Une fois les arbres plantés, les parcelles collectives sont l'objet de beaucoup moins d'attention.

Des parcelles boisées villageoises au choix des particuliers

On peut dire que la politique de promotion des parcelles boisées de villages comme base d'une stratégie nationale de reboisement a échoué. Dorénavant, la politique des services de plantations forestières en Tanzanie se concentre donc sur la plantation d'arbres par des particuliers. Elle consiste à encourager les agriculteurs à planter des arbres là où il le désirent. S'ils souhaitent créer des parcelles boisées villageoises, ils recevront l'aide nécessaire. De même, s'ils veulent planter des arbres sur leur propre terrain. La production des plants est en cours de décentralisation, passant des grandes pépinières appartenant à la division, aux pépinières villageoises et aux pépinières scolaires. La division offre ses conseils techniques, ainsi que des outils, des pots, etc., partout où quelqu'un souhaite créer une pépinière.

L'expérience tanzanienne montre que si l'on arrive à mobiliser l'intérêt des villageois, les bois communaux peuvent connaître un réel succès, et que toute politique de boisement national doit leur donner les moyens d'exister. Mais, pour de multiples raisons — rarement d'ailleurs dans l'optique de produire du bois de feu — encourager les fermiers à planter des arbres se révèle être une mesure beaucoup plus efficace.

Puisqu'il est impossible de développer de tels programmes en produisant des plants dans des pépinières centralisées, une décentralisation de la production s'impose. Ce qui demande, pour longtemps encore, une aide extérieure permanente en fournitures, transport et formation.

Bibliographie

FAO. *Tanzania fuelwood supply and consumption in arid areas.* Forestry for Local Community Development Programme, FAO, Rome (1984).

E.M. Mnzava. *Tree planting in Tanzania : a voice from villagers.* Forest Division, Dar es-Salam (1983).

M. Skutsch. *Forestry by the people for the people — some major problems in Tanzania's village afforestation programme.* International Tree Crops Journal n° 3 (1985).

REBOISEMENT AUTOUR DES PUITS DANS LE NORD DU SÉNÉGAL

LES PLANTATIONS N'ARRÊTENT PAS LE DÉSERT

Au Nord-Sénégal, les puits profonds ont pu résoudre le problème d'eau potable des pasteurs, pendant la saison sèche. Mais la concentration du bétail qui s'ensuivit, combinée avec la sécheresse, a conduit au surpâturage et réveillé la menace de désertification.

Pour combattre ces phénomènes, un projet basé sur la plantation d'arbres à grande échelle a été lancé en 1975. Mais dix ans plus tard, on a compris que les pasteurs et les agriculteurs montraient peu d'intérêt pour la culture d'arbres. On a aussi compris que les problèmes posés par la gestion du bétail devaient être traités directement, en tant que tels, si l'on voulait parvenir à quelque résultat dans la région.

La région du fleuve

La région du fleuve s'étend entre le fleuve Sénégal et le fleuve Ferlo, au nord du pays. C'est une zone climatique de type sahélien, qui présente une pluviométrie de 200 mm au nord et 400 mm au sud. La saison sèche dure huit à neuf mois, et les sols sont très sableux, bien qu'ils ne forment pas de dunes.

La région dispose d'une savane sèche, émaillée de forêts le long des cours d'eau. *Balanites aegyptiaca, Adansonia digitata* (baobab), *Boscia coriacea*, et *Acacia seyal*, telles sont les espèces d'arbres les plus courantes, et le sol est couvert d'une strate herbacée composée de graminées et de légumineuses.

La climat est tempéré par une brise venant de l'Atlantique, mais les températures moyennes atteignent tout de même 40° C avant la venue des pluies en juin. Lorsque les tempêtes de sable du Sahara atteignent la région, une épaisse couche de poussière recouvre tout, en quelques heures, même dans les maisons. Et la vie, aux abords du plus grand désert du monde, devient vraiment inconfortable.

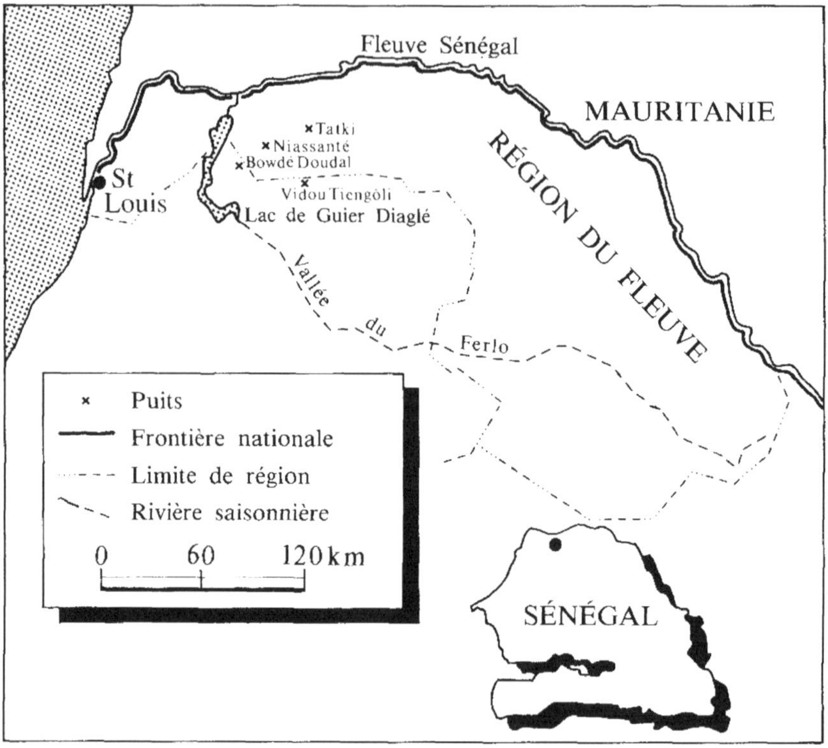

Nom du projet	Modèles agropastoraux d'utilisation des sols pour lutter contre la désertification (anciennement) : Reboisement autour des puits dans le nord du Sénégal
Adresse	Mission forestière allemande BP 366, St-Louis, Sénégal. Tél. : 61.11.20
Précipitations	300-400 mm par an
Zone du projet	Région du fleuve, dans le nord du pays
Exécution	GTZ et le département des Forêts
Financements	GTZ : 1,19 millions de dollars par an en moyenne de 1975 à 1987 7, 5 millions de dollars pour 1987-1991
Taux de change	1 F CFA = 0,02 FF

La majeure partie de la zone concernée par le projet est habitée par les Fulanis ou Peuls, ethnie semi-nomade supposés descendre des pasteurs nilotiques d'Afrique orientale. Les cultures, très limitées — elles couvrent moins de 5 % de la région —, sont surtout pratiquées par les Wolofs, ethnie sédentaire installée dans le Sud. Le millet et le haricot sont les principales cultures vivrières, et l'arachide la culture de rapport. Tant que les précipitations annuelles, de 300 à 400 mm par an, sont bien réparties pendant la saison des pluies, ces cultures poussent dans de bonnes conditions.

Les problèmes posés par les nouveaux puits

Jusque dans les années 50, il n'existait pas de point d'eau potable permanent entre les fleuves Sénégal et Ferlo. Pendant la saison sèche, les pasteurs devaient se retrancher vers ces fleuves et parfois même migrer jusqu'à la rivière Niger, au Mali.

Pour disposer d'eau, même en saison sèche, le gouvernement colonial avait creusé une série de puits alimentés par la nappe fossile en grande profondeur. Certains puits descendent à 750 m. Cette eau est là depuis 50 à 200 millions d'années, et les échanges avec la nappe phréatique sont extrêmement lents, si toutefois ils existent. Les réserves de cette nappe fossile sont estimées à 5 000 milliards de m^3.

Les puits sont à environ 25 km les uns des autres et jouent un grand rôle dans la stratégie des pasteurs fulanis. Dès qu'ils furent certains de trouver de l'eau, il devenait inutile de migrer vers les fleuves à la saison sèche. Ces populations s'installèrent donc aux abords des puits, s'en écartant pendant la saison des pluies, et y revenant pour la saison sèche.

Avec cette eau potable à disposition en permanence, les troupeaux se sont multipliés, tout comme les humains. La densité de population est passée à 5 habitants au km^2 dans le Nord, et à 15 habitants au km^2 dans le Sud. Si bien que les réserves d'eau étaient abondantes, mais que le fourrage devint rare.

Le problème était particulièrement aigu aux abords des puits, où des milliers de bêtes paissaient chaque jour. Même les années où les précipitations étaient bonnes, où l'herbe était abondante, où les jeunes arbres indigènes étaient en pleine santé, la végétation était ravagée dans un périmètre de 1 à 2 km autour de chaque puits.

La fameuse sécheresse de 1973-1975 a eu dans le Sahel des effets terribles. Les pasteurs, qui avaient dû abandonner leurs habitudes migratoires, furent bloqués dans la région. L'herbe autour des puits vint vite à manquer, on cherchait désespérément du fourrage, aussi les arbres ont-ils été dépouillés de leurs branches. Beaucoup de bêtes sont mortes et, puisqu'il n'y avait pas d'eau, ni l'herbe ni les arbres ne pouvaient repousser.

Vindou Teingooli, l'un des puits alimentés par la nappe fossile, dans la région de Ferlo. Des milliers d'animaux viennent y boire pendant la journée.
Paul Kerkhof/Panos Pictures

Reboisement autour des puits

On s'inquiéta beaucoup, tant au niveau national qu'international, de la destruction du couvert végétal dans la région. En 1975, le gouvernement du Sénégal et l'Agence allemande pour la coopération technique (GTZ) ont lancé un projet forestier, « Reboisement autour des puits dans le Nord-Sénégal », de façon justement à restaurer le couvert végétal.

Il a été mis en place par le département des Forêts, mais exécuté sur un mode semi-indépendant. Les bureaux sont à Saint-Louis, à 200 km de la zone du projet, qui couvre environ 50 sur 100 Km. Le programme, divisé en phases, en est actuellement à la cinquième étape.

Lutter contre la désertification autour des puits par le reboisement, tel était l'objectif de départ. On utilisa les techniques forestières traditionnelles. Les zones prévues pour la plantation ont été défrichées, les buissons qui pouvaient rester ont été clôturés avec des chaînes, et les sols préparés mécaniquement. On a surtout planté des *Acacia senegal*, à intervalles de 5 × 5 m ou 6 × 6 m. On paya des gardiens pour éviter que des gens ou des animaux n'abîment les plantations. En plus de leur fonction protectrice des sols, les plantations étaient censées apporter des sources de revenus, par la vente de la gomme de l'*Acacia senegal*, et même du fourrage pour les chèvres.

Les résultats n'ont pas produit les fruits escomptés et cette approche a été abandonnée en 1983. Sur les 3600 hectares plantés, 800 hectares seulement subsistaient en 1985, avec des taux de survie de l'ordre de 46% à 78%. De plus, les plants d'*Acacia senegal* qui avaient survécu n'ont pas produit de grandes quantités de gomme. Selon le personnel affecté au projet, la régénération naturelle d'*Acacia senegal* ou des autres espèces d'arbres, était négligeable.

Il est apparu également que les perspectives économiques liées à ces plantations avaient été surestimées. En 1986, des calculs ont montré que les coûts d'établissement étaient de 500 $ par hectare, alors que les bénéfices prévus n'étaient que de 250 $ par hectare sur une période de trente ans. Donc, même si l'*Acacia senegal* avait produit les quantités de gomme escomptées, les plantations n'auraient jamais été commercialement viables. On ne sait pas comment les Fulanis ont analysé la situation.

Associer les agriculteurs à la culture d'arbres

Vers la fin de la phase 1 du programme, en 1979, certains des problèmes sous-jacents sont devenus apparents, et les responsables du projet ont commencé à rechercher des stratégies plus efficaces. Tablant sur une plus forte motivation locale et une plus grande participation des cultivateurs sédentaires, ils ont démarré la plantation d'arbres dans la zone agricole des Wolofs, au sud de la région.

Tableau 11.1 Coût des semis directs

Item	Coût (F CFA/ha)
Clôture	20 000
Préparation des sols	10 000
5 ans de binage	50 000
8 ans de gardiennage	65 000
Total	145 000 (environ 3 000 FF)

On a demandé aux villageois de réserver un morceau de terrain de 20 à 200 hectares pour planter des arbres. Le projet a fourni des clôtures et assuré la préparation des sols avec des charrues à disques. Des plants d'*Acacia senegal* ont été livrés sur place. On a conseillé aux agriculteurs de les planter à des intervalles de 6 × 6 m ou 10 × 10 m et de faire leurs cultures entre les arbres. En 1985, 3 585 hectares avaient été plantés de cette façon ; ils constituaient des plantations villageoises ou individuelles.

Dans la perspective du projet, c'était un moyen économique d'assurer les plantations d'*Acacia senegal*, et cela permettait d'espérer que les communautés s'y associeraient plus massivement. Les responsables supposaient que les fermiers seraient heureux de planter des arbres pour avoir du bois de chauffe, et que la gomme leur procurerait des revenus. Ils estimaient également que l'*Acacia senegal* était une espèce tout indiquée pour la culture intercalaire.

Le pas à franchir pour passer de la plantation forestière traditionnelle à une approche participative se révéla plus difficile que prévu. Certes, les agriculteurs ont planté des arbres, mais l'engagement réel de la communauté est demeuré en-deçà des espérances et les villageois sont restés passablement indifférents à ce mode de culture. En 1985, le taux de survie des arbres était estimé à 40 %, dans les meilleures des cas.

Il y avait, certes, de bonnes raisons pour expliquer le manque d'intérêt des populations locales : le bois de feu n'est pas une préoccupation majeure, la gomme n'a pas été produite en quantité suffisante pour être vendue et l'*Acacia senegal* n'est pas la meilleure espèce pour les cultures intercalaires. Aujourd'hui, les agriculteurs ont abandonné le procédé et les plantations sont retournées à l'état sauvage.

Pendant cette même période, fut également tentée une expérience de semis direct, comme alternative à la plantation. Le programme ne prévoyait pas la participation des agriculteurs. Des parcelles de terrain ont été clôturées, labourées avec du matériel sophistiqué, des graines plantées ; le terrain était surveillé par des gardes. 1 376 hectares furent plantés de cette façon en 1985, à un coût très élevé comme le montre le tableau 11.1. Puis la technique de semis direct, reconnue inadéquate, a été à son tour abandonnée en 1985.

Les nouvelles voies

La première étude sociologique sur l'histoire du projet, menée en 1985, a mis en évidence que les responsables du projet, les gens du village et les autorités ne s'étaient quasiment jamais concertés. Lorsque le personnel inspectait les plantations, il n'en profitait pas pour parler avec les agriculteurs. La population n'avait aucune idée de ce qui s'y passait, ignorait pourquoi on plantait des arbres, et ne savait pas donc pas à qui tout cela allait bénéficier.

Aussi l'une des recommandations émises en conclusion de l'étude fut-elle d'améliorer les relations entre le personnel du projet et la population. Une autre préconisait de n'envisager des plantations que si les interlocuteurs étaient prêts à apporter une contribution financière.

Depuis 1985, une nouvelle stratégie s'est donc mise en place. On demande aux agriculteurs de se constituer en groupes, de se doter d'un terrain cultivé ou en jachère d'au moins 20 hectares et de le défricher pour planter des arbres. Le projet fournit les clôtures et se charge de la préparation du sol seulement après que les groupements fermiers ont payé 11 % des frais. 11 % supplémentaires doivent être versés après la récolte, période où les agriculteurs sont censés avoir de l'argent. Le coût de la clôture et de la préparation du sol s'élève à un total d'environ 350 000 francs CFA (7 000 FF) par hectare.

A la saison des pluies, le projet livre les plants aux agriculteurs. Au départ, le programme ne fournissait que des *Acacia senegal* et tenait à ce qu'ils soient plantés à intervalles de 10 × 10 m. Plus tard, il a toléré des intervalles de 10 x 20 m, et des plants d'autres espèces, comme des *Acacia albida*, par exemple. Les agriculteurs continuent de travailler sur les parcelles protégées.

Pour la direction du projet, le fait que les agriculteurs participent de façon conséquente au coût des plantations est un pas important et l'espoir de voir un jour le projet vivre de financements autonomes. La contribution globale des agriculteurs s'élevait à 22 % entre 1985 et 1988 et atteignait 33 % en 1989. On espère la voir passer à 80 % en 1991, sans être sûr que les gens seront prêts à payer de telles sommes.

Tableau 11.2 Aperçu des réalisations de plantations d'arbres

Période	Surface (ha)	Type de plantation
1975-83	800	Plantation forestière
1981-85	3 585	Exploitations villageoises à participation réduite
1985	60	22 % de contribution locale
1986	124	22 % de contribution locale
1987	150	22 % de contribution locale
1988	205	22 % de contribution locale
1989	120	33 % de contribution locale

Certaines mesures ont été envisagées pour réduire les prix de revient des clôtures et de la préparation des sols. Des haies de *Prosopis juliflor* ont, par exemple, été plantées à l'intérieur des chaînes servant de clôture, dans l'espoir qu'elles puissent un jour les remplacer. Mais jusqu'à aujourd'hui, aucune haie de ce type n'a vraiment été efficace.

Les réalisations de ce programme de plantation sont présentées dans le tableau 11.2. On notera que l'approche participative est bien plus lente que l'approche forestière traditionnelle. On peut se demander si cette tendance se reflétera dans les résultats à long terme.

Une autre question en suspens est celle de savoir si ce dispositif est économiquement attrayant (Baum, 1988 — voir bibliographie). Certains calculs font espérer de bons rapports, mais comme la plupart des bénéfices sont calculés sur la base des revenus présumés de la récolte ultérieure, ils sont à prendre avec la plus grande précaution.

La culture d'arbres constitue-t-elle vraiment la motivation principale ?

Il n'y a pas eu d'évaluation systématique des sentiments des agriculteurs sur le projet. On sait cependant que les clôtures sont appréciées car elles protègent très efficacement les cultures. C'est d'ailleurs peut-être la raison pour laquelle les paysans étaient prêts à débourser 11 %, et maintenant 16 %, de contribution initiale. Mais dans bien des cas, les paiements suivants n'ont pas été honorés.

On peut douter de la conviction des agriculteurs à planter des *Acacia senegal* dans leurs champs. Nombre d'entre eux les ont d'ailleurs déjà remplacés par des *Acacia albida* et des *Balanites aegyptiaca*. Le raisonnement des concepteurs du projet, affirmant que la gomme de l'*Acacia senegal* serait rentable sur trente ans, n'a apparemment pas convaincu le public.

On ne sait pas non plus si la plantation d'arbres est considérée par la population comme une activité agricole rentable et pertinente. A Ferlo, une organisation de l'ONU distribue de la nourriture à ceux qui prouvent qu'ils sont de *« bons agriculteurs »*. La plantation d'arbres est vécue comme *« bonne »* et *« progressiste »*. Les agriculteurs planteraient-ils des arbres pour prouver qu'ils sont « bons » et, en conséquence, pour obtenir de la nourriture ?

Lorsque toutes sortes d'incitations sont utilisées pour planter des arbres — des clôtures onéreuses ou de la nourriture, par exemple — les arbres eux-mêmes passent au second plan. C'est pourquoi l'équipe d'encadrement pense qu'il est urgent d'élargir les visées du projet et de ne retenir que les activités explicitement rentables pour la population.

Retour aux sources du problème

Le projet a vu le jour pour tenter de stopper la dégradation écologique autour des puits dans les régions pastorales. Les premiers efforts, vers 1975, ont consisté à planter des forêts à travers le Sahel. Mais on s'aperçut très vite que planter des arbres pour en tirer du bois de feu ou de la gomme est une démarche étrangère aux pasteurs fulanis ou aux agriculteurs wolofs. On a alors commençé à se demander si la plantation d'arbres était une solution, si le problème avait réellement trait au surpâturage.

Revenant aux racines du problème, le projet a alors développé un volet bétail, démarré en 1980 avec le raisonnement suivant : si l'on parvient à maintenir un nombre de bêtes raisonnable, la production animale et la régénération végétale s'en trouveront toutes deux améliorées. On a donc commencé à clôturer des terrains et à les attribuer à des familles fulanis. Au début, ces terrains couvraient 200 hectares chacun, mais les nouvelles parcelles s'étendent aujourd'hui sur 500 hectares. Chaque terrain dispose d'un point d'eau. Le nombre de bêtes est contrôlé, avec des quotas établis à l'avance par le projet et le gouvernement.

La production du bétail et la régénération des végétaux sont contrôlées à l'intérieur et à l'extérieur des clôtures. On s'est aperçu que certaines espèces d'herbes et d'arbres se développent très bien à l'intérieur des parcelles. La production de lait et de viande du bétail enclos est également supérieure à celle du bétail libre. Un des éléments clés de ce volet est la décentralisation des points d'eau. Si cette disposition est accompagnée du contrôle de la gestion du bétail, elle réduit considérablement les problèmes de surpâturage et de piétinement aux abords des grands puits.

On cherche désormais à surveiller le bétail sans utiliser de clôture. N'importe quel système de ce type devra s'accompagner du contrôle, accepté par la population, du nombre de bêtes. Pour faciliter ce contrôle, le projet essaie de mettre au point des accords commerciaux et de prévoir un système de transport du bétail par les Fulanis. Si la formule réussit, les chances de donner au programme une certaine autonomie et de pouvoir l'appliquer ailleurs seront plus importantes.

Le projet a donc fait du chemin depuis son lancement en 1975. Tout d'abord mené par des forestiers, il se concentrait sur la seule plantation forestière. Puis diverses formes de sylviculture et de semis direct furent imposées aux villages, mais aucune ne réussit vraiment. Aujourd'hui, l'équipe qui anime le projet compte un agronome, un spécialiste du bétail, un économiste, un sociologue et un agroforestier. Cette pluridisciplinarité reflète bien la nouvelle approche des problèmes, qui met en pièce une croyance bien enracinée dans les années 70 : la lutte contre la désertification ne passe pas par la seule plantation d'arbres.

Bibliographie

Anon. *Aufforstung von Brunnenstellen im Norden Senegals* (1986).

J.O. Mueller. *Anmerkungen zur Bodenrechts und Gemeindereform in Senegal* (1986).

U. Baum. *Projektfortschrittsbericht n° 11* (1988).

PROJET DE BRISE-VENT DANS LA VALLÉE MAJJIA AU NIGER

S'ABRITER DU VENT

La vallée Majjia au Niger agit comme un couloir naturel pour le vent, récoltant et activant les vents forts et secs qui déferlent du Sahara. Aujourd'hui, après quatorze ans de plantations d'arbres, une série ininterrompue de brise-vent protège les fermiers et leurs champs.

Le programme de brise-vent est donc une réussite totale sur le plan technique, il a toutes les chances d'être viable sur le plan économique. Mais on a de plus en plus de raisons de s'inquiéter de ce qu'il en adviendra lorsque les financements extérieurs seront taris. On se demande également si tout a été fait pour impliquer les communautés locales, voire si la plantation d'arbres est la meilleure façon, à long terme, de répondre aux besoins des populations. Désormais, le programme diversifie ses activités et cherche à impliquer et faire participer davantage les communautés locales.

Sécheresse, vent, chaleur et dégradation des sols

Le Niger, vaste pays enclavé de 1,29 million de km^2, est une des régions les plus chaudes et les plus sèches de la planète, avec au nord et au centre, le désert du Sahara. Les températures atteignent 45° à 50° C pendant la saison sèche et certaines zones du pays peuvent ne recevoir aucune pluie pendant des années. Le Niger est aussi un des pays les plus pauvres du monde, avec un revenu annuel par habitant de 240 $ et une espérance de vie de 44 ans. La population connaît un taux de croissance de 2,8 % par an depuis quelques décennies.

La seule zone du pays qui se prête aux cultures pluviales est une étroite bande de terre le long de la frontière avec le Nigeria. La saison des pluies y dure de juin à septembre, apportant des précipitations de 400 mm à 600 mm. Trois quarts des 7 millions d'habitants que compte le pays vivent dans cette zone.

Cette région est structurée par un plateau sédimentaire de 300 m à 400 m d'altitude, traversé par une série de vallées orientées nord-sud, dont la vallée Majjia. Peu de gens vivent sur le plateau proprement dit, très appauvri par le surpâturage et le déboisement, et aujourd'hui ravagé par l'érosion et la dégradation des sols. Dans les vallées, la végétation a également été arrachée des pentes qui se sont à leur tour érodées, devenant impropres à la culture.

Dans le fond des vallées, les sols sont cependant riches en alluvions et des nappes d'eau sont présentes à faible profondeur. Celle de la vallée Majjia, par exemple, oscille entre 4 m et 15 m au cours de l'année. La présence de cette eau souterraine offre des conditions plus propices pour l'agriculture que les valeurs pluviométriques ne le laissent présager.

L'agriculture y est intense. Première culture vivrière, le millet est suivi de près par le sorgho, le coton, le tabac ; le melon et les tomates sont également très cultivés. A la saison sèche, les jardins sont arrosés avec l'eau des puits creusés à la main. *Acacia albida, Balanites aegyptiaca*, et *Ziziphus mauritiana* constituent les espèces d'arbres les plus courantes. Des fruitiers et des arbres ombrifères sont également cultivés par des groupements familiaux.

Les habitants de la région se souviennent très bien que la vallée et les plateaux voisins étaient encore récemment couverts de forêts riches en faune. On chassait la gazelle, le lion et d'autres animaux dans les années 1920. Depuis lors, la forêt primaire ne cesse de se dégrader et le processus s'est accéléré avec le défrichage des bois et le surpâturage.

La vie est devenue très rude pour les communautés agricoles. L'érosion due au vent est le plus gros problème ; les agriculteurs doivent souvent semer plusieurs fois car les semis sont enterrés ou emportés par le vent. Pendant la saison des pluies, le fond des vallées est souvent inondé par l'eau qui dévale les pentes après les orages.

La plupart des habitants de la vallée Majjia sont des agriculteurs hausas. Les bergers fulanis et les Touaregs la traversent de temps en temps. Comme dans le reste du Sahel, cela a créé des liens étroits entre ces populations, les pasteurs échangeant le lait, la viande et le fumier contre les céréales et le fourrage des agriculteurs. Il arrive aussi que les Touaregs ou les Fulanis gardent les troupeaux des Hausas moyennant finances. Les Hausas sont une société à héritage matrilinéaire : la femme hérite de la plupart des terres et peut les louer à son mari. Souvent, les femmes hausas gardent le bétail, c'est une garantie contre le divorce.

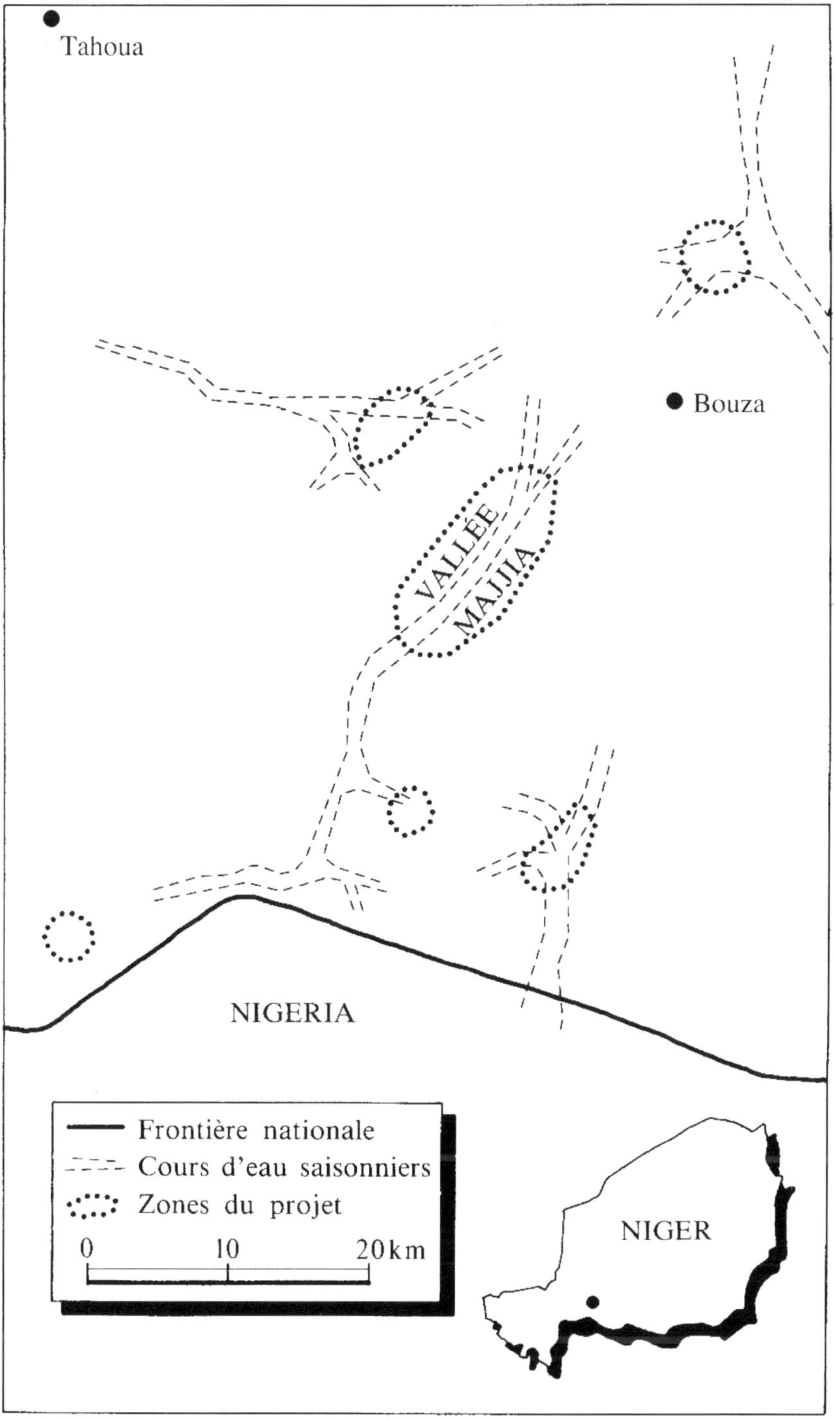

Tahoua
Bouza
VALLÉE MAJJIA
NIGERIA
Frontière nationale
Cours d'eau saisonniers
Zones du projet
0
10
20km
NIGER

Nom du projet	Projet de brise-vent dans la vallée Majjia (élément du Programme de gestion des zones semi-arides et des forêts naturelles)
Adresse	C/o CARE-Niger, BP 10155 Niamey, Niger. Tél. 74 03 70
Zone du projet	Cinq vallées du département Tahoea, dont la plus grande est la vallée Majjia
Précipitations	400 à 600 mm par an
Exécution	CARE-Niger et le Service des forêts
Financements	CARE, USAID, Danida et autres donateurs 1975: 40 000 \$ 1976 1982 : 130 000 \$ par an depuis 1983 : 300 000 \$ par an
Taux de change	1 franc CFA = 0,02 FF

La croissance démographique pèse de plus en plus sur les terres agricoles disponibles. La vallée Majjia concentre une population de 33 000 habitants, à raison de 60 à 75 habitants au km^2. En conséquence, les périodes de jachère sont écourtées et la plupart des champs sont cultivés en permanence. Il existe peu de moyens de gagner sa vie en dehors des activités agricoles, et la majorité des hommes actifs quittent la vallée pendant la saison sèche pour chercher du travail en ville ou à l'étranger.

Le projet de brise-vent

En 1974, un forestier local eut l'idée de planter des arbres comme brise-vent pour répondre aux plaintes des agriculteurs de la vallée Majjia concernant l'érosion des sols. Le projet, conçu conjointement par des bénévoles américains des Peace Corps et l'organisation internationale CARE, démarra l'année suivante. Sa principale activité consistait à planter des margousiers *(Azadirachta indica)* de façon à former des brise-vent et à stabiliser les dunes. CARE a apporté des financements de 40 000 \$ par an sur ses fonds propres.

Au départ, l'installation et la gestion des brise-vent étaient entièrement aux mains des responsables du projet, qui fournissaient les plants et les autres éléments de base. Ce sont eux qui planifiaient la répartition des brise-vent, qui organisaient et rémunéraient le travail, selon la formule « aide alimentaire pour le travail », et qui apportaient l'énergie nécessaire au déroulement des opérations. Mais ces dernières années, les communautés locales ont tenu un rôle plus important.

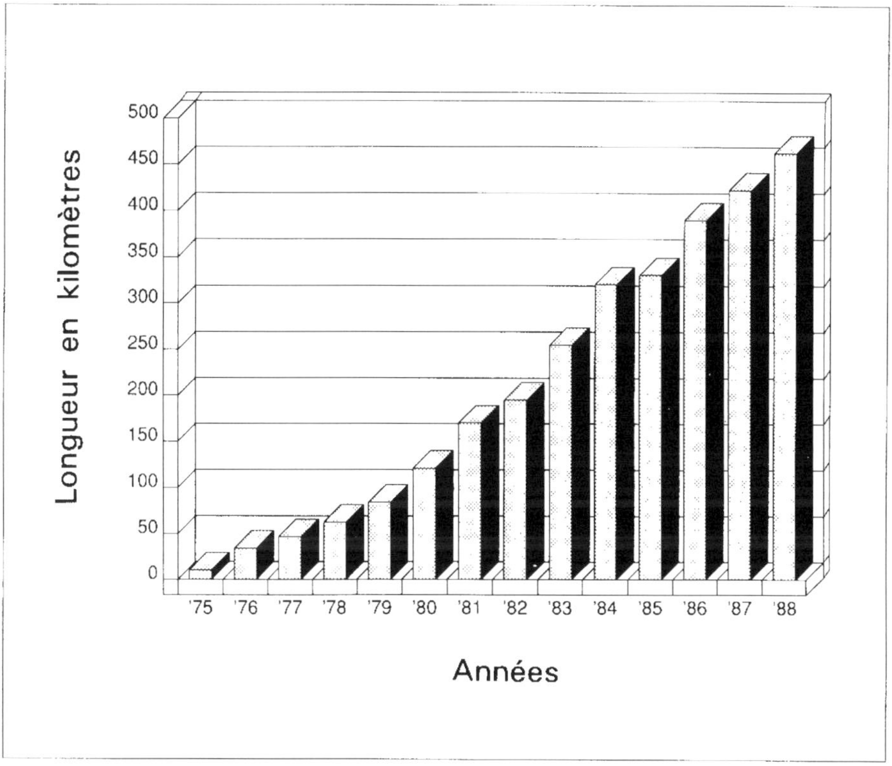

Figure 12.1 — *Longueur cumulée des brise-vent installés (1975-88)*

Des gardiens ont été embauchés pour protéger les plants tant qu'ils étaient à la portée du bétail. Pour être plus efficaces, ces gardiens disposaient de chevaux. Les bêtes retrouvées errantes parmi les brise-vent étaient mises en fourrière et rendues à leur propriétaire contre le paiement d'une amende. Au départ, les amendes étaient de 300 francs CFA (environ 6 FF) et il apparut rapidement que les agriculteurs préféraient payer cette somme plutôt que de faire garder leur bétail. Les pénalités ont donc été portées à 10 000 francs CFA (200 FF).

Le rythme des plantations de brise-vent varie d'une année sur l'autre, c'est ce que montre la figure 12.1. Fin 1988, 463 km avaient été plantés, portant la surface de terres protégées à plus de 4 600 hectares. Le modèle a été transposé dans d'autres vallées de la région.

Le projet a également intégré à son programme d'autres activités, comme le boisement de dunes de sable qui menaçaient les cultures. Grâce à des plants distribués gratuitement, des parcelles boisées ont été plantées pour produire des piquets, d'autres pour cultiver des fruitiers ou des ombrifères. On a aussi tenté de convaincre les agriculteurs de planter des haies autour de leurs potagers, mais cette idée, qui n'a suscité aucun intérêt, a dû être abandonnée. Il semble que les agriculteurs n'aiment pas les haies car elles empiètent sur leur terrain et ne peuvent être déplacées après la récolte.

La conception des brise-vent

Les brise-vent coupent la vallée dans sa largeur, sur environ 2 km. Ils consistent en une double rangée d'arbres plantés à intervalles de 4 × 4 m, disposés de façon à lutter le mieux possible contre le vent. Ce qui donne un total de 500 arbres par km² de brise-vent.

La taille moyenne des arbres, une fois adultes, est d'environ 10 m. Sachant que la surface protégée est d'environ dix fois leur hauteur, les brise-vent sont espacés de 100 m les uns des autres. Les brise-vent efficaces ont permis à 90 % d'arbres de parvenir à maturité.

Un brise-vent efficace, constitué d'une double rangée de « neem ». *Ce ne sont pas les agriculteurs qui ont décidé de l'implantation de ces brise-vent, mais les responsables du projet.*

Jeffrey Foxx/CARE

Alors que les Hausas étaient demandeurs de ces brise-vent, les agriculteurs n'ont pas eu leur mot à dire pendant la phase d'implantation du projet. La place et la disposition des brise-vent ont été décidées sans l'avis des propriétaires des champs. Certains ont vu leur terrain divisé en deux par un brise-vent, d'autres non. Comme si ce n'était qu'une question de hasard.

La perte de terrain productif peut être conséquente. Outre le brise-vent lui-même, de 4 m de large, sur une bande de terre de part et d'autre, les cultures sont en compétition avec les arbres pour la lumière et l'eau. La perte réelle en terre cultivable est estimée à 17 %, pour un brise-vent de 9 ou 10 ans ; chiffre assez important compte tenu du peu de terres disponibles dans la région (Rorison et Dennison, 1987 — voir bibliographie).

Les margousiers, arbres à croissance rapide, à grand développement, sont une espèce bien adaptée aux conditions de cette vallée, aussi l'utilise-on le plus souvent pour les brise-vent. Les cimes de ces arbres sont assez larges pour se rejoindre entre elles, tout en laissant passer assez de vent pour que les turbulences qui endommagent souvent les cultures environnantes soient réduites.

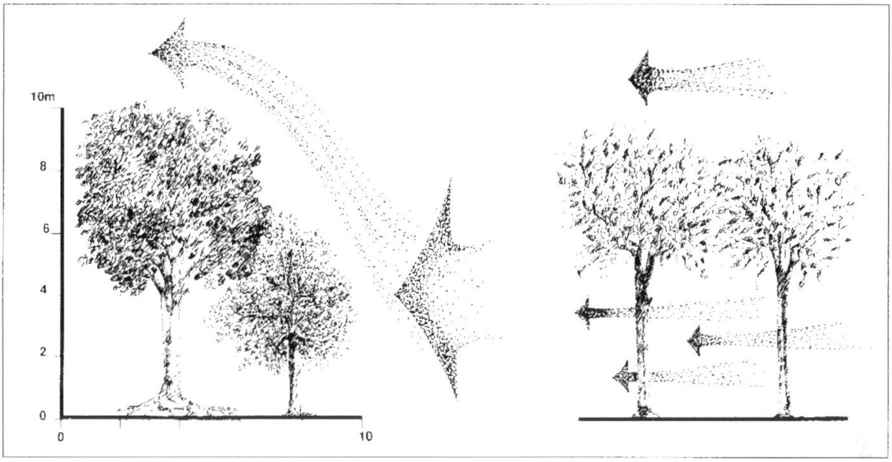

Selon certains chercheurs, des arbres de hauteurs différentes, plantés côte à côte, constituent des brise-vent plus efficaces.

Un problème subsiste cependant ; le bétail broute les arbres jusqu'à 2 m de haut, ce qui produit un courant d'air entre les arbres les plus bas, endommage les cultures et accélère l'érosion. C'est pourquoi les brise-vent les plus récents sont faits d'une rangée de margousiers et d'une rangée d'une espèce épineuse, l'*Acacia nilotica*, qui résiste au broutage du bétail. L'*Acacia nilotica* peut atteindre 7 mètres de haut ; il est surtout utilisé sur la face la plus exposée au vent. Le vent est ainsi freiné en deux temps ; d'abord par les *Acacia nilotica*, plus petits, ensuite par les grands margousiers. Théoriquement, cet arrangement produit un meilleur effet aérodynamique que deux rangs de margousiers, mais dans la pratique rien n'a vraiment été prouvé.

Résultats sur les rendements agricoles

L'objectif principal du projet de la vallée Majjia était d'améliorer les rendements agricoles. Les brise-vent ont permis cela, en réduisant la vitesse du vent, donc en réduisant la perte d'humidité des sols et l'érosion mécanique des plantes.

Des études menées dans la vallée démontrent que la vitesse du vent dans les zones protégées par ces dispositifs a été réduite de 42% en moyenne. On enregistre aussi une certaine augmentation de l'humidité des sols (Long et Persaud, 1988 — voir bibliographie). L'effet produit sur les cultures est beaucoup plus difficile à mesurer. L'un des problèmes consiste à trouver des zones de cultures avec et sans brise-vent, qui soient vraiment comparables. Là où les rendements ont été améliorés, on doit tenir compte des surfaces de terre occupées par les arbres, et de la réduction des rendements dans les zones immédiatement voisines des brise-vent.

Les résultats actuels permettent cependant de confirmer la nette amélioration. Une étude menée par un chercheur néerlandais, en 1979, conclut que les rendements dans les zones protégées sont de 23 % supérieurs aux rendements extérieurs, déduction faite des espaces occupés par les arbres (Bognetteau-Verlinden, 1980 — voir bibliographie). Ces résultats ont été abondamment diffusés. Finalement, il semble qu'on ait bien affaire à un projet de culture d'arbres en zone sahélienne, qui se montre opérationnel.

Une étude beaucoup plus large a été menée pendant la saison 1984-1985 sur ce même projet. L'« Étude d'évaluation de la vallée Majjia » a coûté 280 000 $. Elle incluait une enquête sociologique, des études sur les récoltes de bois et des analyses économiques. Une série d'expériences furent menées auprès de cinquante agriculteurs, contre huit dans l'étude précédente, pour mesurer les effets des brise-vent sur les rendements de céréales. Mais cette année 1984 fut particulièrement sèche et les recherches durent être prolongées en 1985.

Les résultats sont beaucoup moins nets. En 1984, on avait enregistré une amélioration dans la production de céréales, de 16 % dans les zones protégées par rapport aux zones non protégées. Mais l'année suivante, les résultats de deux séries d'essais étaient beaucoup moins impressionnants. L'une des séries, très contrôlée par des chercheurs, montrait un gain de 6 % seulement. L'autre série, contrôlée par les agriculteurs, donnait des résultats très variables. Dans certains champs, protégés par des brise-vent adultes, aucune augmentation de rendement n'était notable (CARE, 1986 — voir bibliographie). Mais ces résultats ne sont pas statistiquement significatifs, compte tenu des variations entre les différents champs (Rorison et Dennison, 1987 — voir bibliographie).

La récolte du bois

L'aspect le plus réussi du projet concerne le bois ramassé sur les brise-vent. L'étude d'évaluation de 1984-1985 a examiné plusieurs techniques de récolte. Toutes prennent en compte l'écimage des arbres à partir d'une hauteur inaccessible aux animaux, de façon à protéger les jeunes pousses. Les différentes méthodes utilisées consistent à écimer un arbre sur quatre, sur chacune des rangées ; à ne couper que les branches qui couvrent les cultures ; à écimer tous les arbres ; à n'écimer les arbres que sur une rangée du brise-vent.

Ces recherches ont mis en évidence que la technique de récolte du bois peut avoir un effet important à la fois sur sa production et sur celle des céréales. La méthode la plus efficace s'avère être celle qui consiste à écimer tous les arbres sur une seule rangée du brise-vent. On estime alors qu'un brise-vent de 1 km et de 10 ans d'âge peut produire 900 piquets et 12 m^3 de bois de feu. Sur le marché local, les piquets pourraient rapporter l'équivalent de 1 200 $ et le bois de feu 107 $. Au bout de quatre ans, les récoltes suivantes pourraient donner 450 piquets et 13 m^3 de bois de chauffe, soit un total de 720 $.

Un point de vue sociologique

L'étude de 1984-1985 étudie également les aspects sociologiques du programme. Trois enquêteurs et trois enquêtrices ont interrogé 420 habitants de la vallée Majjia, les deux sexes étant également répartis. Le questionnaire classique était suivi d'une petite enquête informelle pour aborder les questions les plus délicates.

La majorité des femmes et des hommes interrogés ont déclaré qu'après le manque de pluie, l'érosion due au vent était le plus gros problème, suivi de près par l'érosion due à l'eau. 90 % des personnes interrogées considéraient qu'elles avaient tiré profit des brise-vent. L'une des réponses les plus étonnantes portait sur leur implication : 2 % seulement des villageois pensaient que ces dispositifs leur appartenaient. La grande majorité d'entre eux se sentait peu concernée par le projet ; ils pensaient que les arbres appartenaient au département des Forêts (Delahanty, 1985 — voir bibliographie).

Le régime économique du programme

L'étude de 1984-1985 fit aussi une évaluation économique du programme. Les bénéfices économiques ont été estimés sur la base d'études agronomiques et sylvicoles. Les coûts englobaient les salaires, l'investissement matériel, les frais généraux, relatifs au projet, de CARE et du département des Forêts. On a également tenu compte des taux d'intérêt.

Les calculs ont pris en considération les résultats des essais de rendement agricole et sylvicole qui avaient été menés en 1985. On est parti du principe qu'une fois les brise-vent en place, les rendements céréaliers augmenteraient de 7,8 % en moyenne par rapport à ceux des champs non protégés. On se basait sur une récolte de bois tous les quatre ans, la taille étant faite de telle sorte que les champs étaient toujours en partie protégés (Dennison, 1986 — voir bibliographie).

Contre toute attente, les résultats ont fait apparaître des bénéfices nets. Mais les inconnues, comme l'augmentation actuelle des rendements agricoles, permet difficilement d'apprécier de façon certaine la viabilité économique globale du projet.

Une mission récente de la Banque mondiale a conclu que le projet a sans doute eu un effet négatif sur la production du bétail. C'est un avis discutable, vu la complexité du sujet. Toutefois, il est vrai que le fait de chasser provisoirement le bétail des jeunes brise-vent a sûrement eu des conséquences négatives, au moins pour les femmes haussas. Mais ce handicap doit être mis en regard de la disponibilité accrue et durable de fourrage, constitué de feuilles de margousier et de chaume. Les milliers de margousiers produisent également de grandes quantités de fruits. Des financements ont récemment été obtenus pour étudier comment ils pourraient être utilisés.

Mise en place et gestion des brise-vent

Dès le début, le programme a mis l'accent sur l'installation des brise-vent. Mais depuis quelques années, il s'intéresse également à la gestion à long terme et à la viabilité du projet. L'un des problèmes, révélé par l'étude sociologique de 1984-1985, est le manque d'identification des habitants de la région à ce projet. Cela s'explique tout d'abord par le fait que ni la communauté ni les agriculteurs ne se sont impliqués dans la mise en place ou dans la gestion des brise-vent, ou alors de manière infime. Pour les sociologues, la formule « aide alimentaire pour le travail », utilisée à divers stades du projet, a en fait inhibé les habitants.

Ces remarques rendent difficile la mise au point d'un système durable de gestion des brise-vent, quand les financements s'arrêteront. En effet, si par exemple on accorde aux agriculteurs les titres de propriété des brise-vent, il est possible qu'ils choisissent de couper les arbres pour vendre les troncs. Si, au contraire, le département des Forêts en a la responsabilité, la communauté risque de peu s'impliquer, et le problème de viabilité du projet se posera de la même façon.

Les responsables du projet ont donc décidé que les brise-vent appartiendraient à la communauté ; ils ont créé une coopérative — dont, en principe, chaque adulte est membre — pour gérer l'ensemble des brise-vent de la vallée Majjia. Une des principales questions qui se pose est la répartition du bois récolté sur les brise-vent. Le projet a tenté plusieurs approches. Selon la formule actuellement en vigueur, la plus grosse part revient à la coopérative, et le reste au propriétaire du champ. La récolte de 1988 a ainsi rapporté à la coopérative un montant de 1 million de francs CFA (20 000 FF), ce qui lui a permis d'envisager l'installation d'un magasin (il n'y a actuellement pas de magasin dans la vallée). La coopérative est cependant encore très dépendante du projet. Dans une discussion avec ses responsables, des agriculteurs ont exprimé leur préoccupation: *« On ne peut pas planter des brise-vent, on ne sait pas planter en ligne droite et certains fermiers ne veulent pas que les rangées traversent leurs champs... »* Ces remarques permettent difficilement d'imaginer que des brise-vent soient plantés sans aide extérieure. Il est tout aussi difficile de supposer que les agriculteurs reprendront à leur compte la protection et la gestion des brise-vent. Le transport du bois récolté l'année dernière, par exemple, a été assuré par les seuls véhicules du programme.

Ces observations inquiètent beaucoup l'équipe du projet, qui cherche à impliquer davantage les communautés locales dans le programme.

Parvenir à ce que le projet soit indépendant et géré par les agriculteurs reste un objectif lointain. Un responsable de CARE résume ainsi la situation : « *Si l'on quittait Majjia aujourd'hui, dans cinq ans il n'y aurait plus un seul brise-vent ici !.* » Heureusement, le projet a encore cinq ans devant lui.

Outre la mise en place de cette coopérative, le projet recherche d'autres moyens pour responsabiliser les gens du pays. Un certain nombre d'agriculteurs, par exemple, ont été formés à la gestion de pépinières et produisent les plants sous contrat. C'est un premier pas vers la production locale et indépendante de plants. On laisse aussi aux agriculteurs concernés le soin de creuser les trous et de planter les arbres, toujours dans l'espoir de susciter leur coopération.

Au-delà des brise-vent

L'objectif de départ du projet de la vallée Majjia était d'accroître la production alimentaire. On pensait que les brise-vent étaient le meilleur moyen pour atteindre cet objectif et, effectivement, le projet a obtenu un succès certain en ce qui concerne leur mise en place.

En 1984-1985, cependant, une évaluation agronomique a montré que les brise-vent avaient peu d'influence sur les rendements agricoles ; en revanche, les résultats de la production de piquets étaient bien meilleurs. On s'inquiète également de plus en plus du fait que tous ces arbres consomment l'eau de la vallée. L'équipe admet maintenant que les brise-vent ne sont pas nécessairement les seules — ou même les meilleures — réponses au problème de la vallée Majjia, et que les visées du projet étaient trop étroites.

Des recherches sur l'érosion due au vent, et sur les dommages qu'elle cause aux cultures dans d'autres pays d'Afrique, ont montré que des arbres dispersés dans les champs étaient tout aussi efficaces que les brise-vent pour réduire la vitesse du vent. Les agriculteurs de la région ayant justement l'habitude de faire pousser des arbres dans leurs champs, notamment des *Acacia albida*, un tel programme pourrait donner de bons résultats.

On peut aussi renforcer la sécurité alimentaire en encourageant la plantation d'arbres fruitiers, comme cela a déjà été fait à petite échelle. La production de fourrage et de bois de chauffe peut aussi être améliorée en protégeant les coteaux et les plateaux du surpâturage. Les agriculteurs peuvent tailler les piquets dans leurs propres arbres, d'autant que nombre d'entre eux ont créé des bois sur leur terrain avec des plants fournis par le projet.

Le gouvernement du Niger, CARE et les autres financeurs du programme ont pris conscience de cela, aussi une approche beaucoup plus diversifiée a-t-elle été prévue pour la période 1988-1993. En plus des brise-vent, ce projet prévoit d'améliorer la culture associée d'*Acacia albida*, par des plants ou par la régénération naturelle des terrains.

D'autres axes du projet concernent la plantation de haies autour de parcelles irriguées, la plantation de bois, de fruitiers et, plus tard, la décentralisation de la production des plants. Il est également prévu de renforcer le secteur de la formation et des services de vulgarisation.

Le projet de la vallée Majjia démontre de façon lumineuse qu'un programme de plantation d'arbres en milieu semi-aride peut réussir sur le plan technique. Reste à adapter l'approche de façon à provoquer l'implication et l'intérêt des villageois et de façon à s'assurer que les résultats obtenus seront durables, qu'ils pourront être maintenus et reproduits ailleurs.

Bibliographie

E. Bognetteau-Verlinden. *Study on the impact of windbreaks in Majjia.* CARE-Niger/Agricultural University, Wageningen (1980).

CARE *Majjia Valley Windbreak Evaluation, Niger : briefing document.* CARE (1986).

J. Delehanty, M. Hoskins and J.T. Thomson. *Majjia Valley Evaluation Study : sociological report.* CARE (1985).

S.E. Dennison. *Majjia Valley Windbreak Evaluation Study : economic evaluation — discussion materials for the Niamey ad hoc Committee on agroforestry. CARE (1986).*

S.E. Dennison. *The Majjia Valley Windbreak Project Evaluation : a synthesis report* CARE (1988).

S.P. Long and N. Persaud. *Influence of neem* (Azadirachta indica) *windbreaks on millet yields, microclimate, and water use in Niger, West Africa.* In Proceeding Int.Conf. on Dryland Farming. Amarillo, Texas (1988).

K.M. Rorison and S.E. Dennison. *Majjia Valley Windbreak Evaluation Study : windbreak and windbreak harvesting influences on crop production.* CARE (1987).

D. Steinberg. *Tree planting for soil conservation. CARE's experience in Niger, West Africa.* CARE (1988).

PROJET AGROFORESTIER DU VILLAGE DE KORO AU MALI

L'AGROFORESTERIE CHEZ LES DOGONS

Ce projet s'inspire de l'expérience des brise-vent de la vallée Majjia, et il tente de transplanter ce modèle chez les agriculteurs du plateau dogon, à l'est du Mali.

L'approche initiale, qui imposait les brise-vent aux villageois, a provoqué divers remous et les progrès furent lents. Le projet a maintenant changé de tactique et encourage les brise-vent privés, les pépinières décentralisées, les plantations individuelles d'arbres, ainsi qu'un certain nombre de mesures de conservation des sols. Les résultats sont prometteurs et l'optimisme règne quant à l'avenir.

La zone du projet

Koro est un district de 11 000 km^2, situé à l'est du Mali, à la frontière avec le Burkina Faso. Le climat est sahélien, avec des chutes de pluies de 300 à 600 mm par an entre juillet et septembre.

La majeure partie de la région, constituée de plaines sableuses, s'étend à l'est de l'escarpement de Bandiagara. La croissance démographique a induit un changement de mode de culture et, désormais, la plupart des régions pratiquent la culture permanente. Le millet est la culture dominante et des *Acacia albida* sont fréquemment intercalés dans les champs, ainsi que quelques autres espèces. Il existe peu de culture de rapport, et les revenus sont généralement bas. Pendant la saison sèche, les hommes migrent en général vers la ville en quête de travail.

La majorité de la population, 78 % environ, se compose d'agriculteurs dogons. Le groupe ethnique suivant — en nombre —, ce sont les éleveurs fulanis : 12 % de la population. Comme partout ailleurs dans le Sahel, les agriculteurs ont des relations d'échanges avec les pasteurs. Ces derniers apportent les produits de leurs troupeaux et peuvent aussi surveiller le bétail des agriculteurs. Les Dogons, de leur côté, fournissent le millet et d'autres cultures et offrent leurs champs en pâturage après les récoltes.

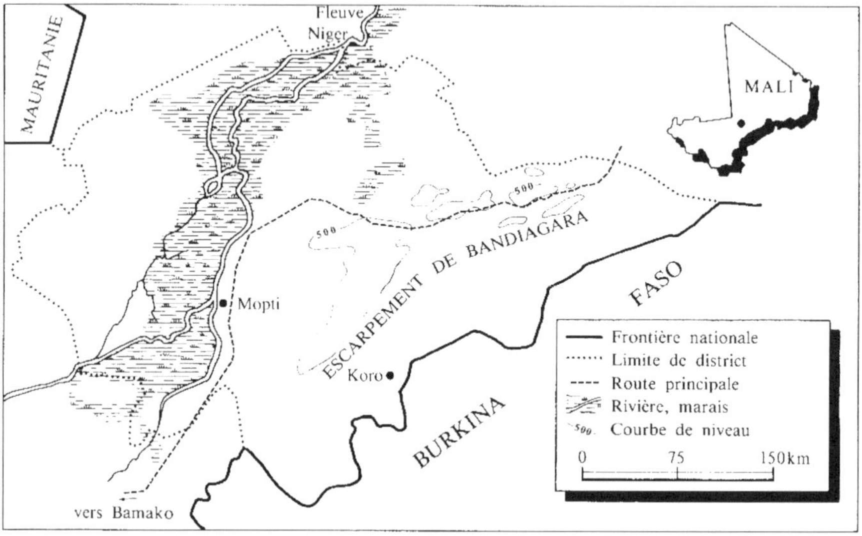

Nom du projet	**Projet agroforestier du village de Koro, Mali**
Adresse	**CARE-Mali, BP 1766 Bamako, Mali. Tél. 22 22 62**
Zone du projet	**Cercle de Koro (district de Koro), Mali**
Précipitations	**300 à 600 mm**
Exécution	**CARE-Mali, et le service des Forêts**
Financements	**CARE, USAID, NORAD 1983-1986: 200 000 $ par an 1986-1990: 400 000 $ par an**
Taux de change	**1 F CFA = 0,02 FF**

La culture et la religion distinguent les Dogons parmi les autres ethnies. En dépit d'une très forte influence de l'islam, ils ont gardé leurs traditions et leurs rituels animistes. Ils sont également réputés pour la qualité de leurs sculptures sur bois. L'aspect pittoresque des villages, le monde étrange des cérémonies et des rites ont fait du pays dogon une région privilégiée par le tourisme. Il n'est pas rare de trouver des marchands d'art du monde entier en train de fouiller le pays à la recherche de vieilles sculptures, devenues maintenant des objets inestimables.

Le Projet agroforestier du village de Koro

Le projet de vulgarisation agricole de Koro a débuté en 1983. Au départ, il était financé par CARE. Par la suite, des fonds supplémentaires ont été apportés par USAID et, plus récemment, par NORAD. Le budget est passé de 200 000 $ par an pour la période 1983-1986 à 400 000 $ par an en 1986/1990. CARE-Mali et le service des Forêts sont chargés de l'exécution du projet.

La région a été très touchée par les sécheresses de 1970 et de 1980. L'érosion due au vent et la mauvaise rentabilité des cultures constituent autant de problèmes graves auxquels la communauté agricole doit faire face. Au moment où le projet a été conçu, on pensait que les brise-vent réduiraient l'érosion et amélioreraient les rendements agricoles. Les recherches de la vallée Majjia laissaient espérer un accroissement de 20 % des récoltes. Le projet partait aussi du principe que l'approvisionnement domestique en bois de chauffe était également un gros problème. Cette idée, très répandue à l'époque, reposait sur des anectodes telles que *« les femmes de la cinquième région du Mali font parfois 20 km à pied pour trouver du bois de feu »*. On présumait que les brise-vent répondraient en grande partie à ce problème du bois.

En 1985, CARE organisa une visite des brise-vent de la vallée Majjia pour le personnel du projet, les administrateurs et des agriculteurs. Les participants furent tellement emballés par ce qu'ils virent que les brise-vent leur sont apparus comme la solution pour Koro. Le directeur du projet tenta, mais en vain, de tempérer leur enthousiasme.

Le schéma du projet de la vallée Majjia fut donc repris. Les arbres, espacés de 4 × 4 m, furent plantés en quinconce, en deux rangées perpendiculaires aux vents dominants. Les premiers résultats ne furent pas très brillants. Sur les deux kilomètres de brise-vent plantés en 1985, 12 % seulement survivaient en juin 1986. Le service des Forêts et les conseillers locaux insistèrent néanmoins pour que le projet continue, quitte à ce qu'il s'appuie sur des méthodes plus radicales. En 1986, 19 kilomètres de brise-vent furent plantés, plus 30 kilomètres en 1987. Mais la plupart de ces arbres ont péri par le feu, la sécheresse, le broutage ou la charrue.

Parmi les raisons de cet échec, l'une est purement technique. Alors que dans la vallée Majjia la nappe d'eau souterraine est rarement à plus de 15 mètres de la surface, à Koro elle est toujours hors de portée des racines des arbres. Les plants sont donc beaucoup plus exposés aux risques de sécheresse. L'approche coercitive adoptée par le service des Forêts et les autorités locales pour assurer la plantation des brise-vent est tout aussi, sinon plus, responsable de cet échec. On a par exemple forcé les villageois à planter des brise-vent « communaux » sur le terrain du chef du village. Avec de telles méthodes, les plants étaient effectivement mis en terre, mais le manque de motivation pour les entretenir était tout aussi garanti, ce qui signifie un taux de survie dérisoire.

Changement de cap

En 1987, une nouvelle stratégie s'imposait. Le projet a modifié son approche et commencé à diversifier ses activités. On mit l'accent sur les activités que les gens trouvaient utiles. Les initiatives peu coûteuses furent préférées aux projets onéreux de brise-vent. Et l'on privilégia les actions individuelles plutôt que communales.

Aujourd'hui, on plante toujours des brise-vent, mais ce sont surtout des agriculteurs individuels qui s'en chargent, sur leurs propres terrains. Les principales espèces cultivées sont *Acacia raddiana* et *Azadirachta indica*, dont les jeunes plants sont protégés par des branches épineuses ou des tiges de millet. En 1988, 43 kilomètres de brise-vent ont été plantés de cette façon, et leur taux de survie, au bout d'un an, est de 80 %.

Le principe des brise-vent privés est très différent de celui de la vallée Majjia, et il est impossible de savoir aujourd'hui s'il sera efficace pour accroître la production de cultures alimentaires. Mais il semble que ce qui intéresse les agriculteurs est davantage le bois des arbres que la protection qu'ils offrent contre le vent. Le projet vise aussi à faciliter la régénération naturelle de l'*Acacia albida* dans les exploitations agricoles. La région est une zone traditionnelle de culture de l'espèce et les Dogons connaissent bien ses vertus. Mais, récemment, la motivation pour régénérer cette essence semble avoir diminué, surtout chez les jeunes.

La rareté des terres disponibles fournit sans doute une explication à cette observation. L'interdiction de couper des branches ou des arbres sans autorisation constitue aussi une autre raison qui décourage les agriculteurs de planter des arbres sur leurs terrains. En fait, la majorité des nouveaux plants sont même délibérément labourés, ou broutés par les animaux.

Le projet a sélectionné 80 champs, représentant une surface totale de 120 hectares, pour promouvoir des techniques diverses de régénération des arbres. Dans certains champs, des crottes de chèvres, qui contiennent en général un grand nombre de graines d'*Acacia albida*, ont été dispersées. Dans d'autres, des graines ont été directement semées. Et les jeunes plants sont marqués par un bâton, pour les protéger du labour.

L'opération a donné des résultats, principalement lorsque les pluies sont favorables, comme ce fut le cas ces dernières années. L'expérience montre en tout cas ce qui, dans de bonnes conditions, peut réussir.

D'autant que les Dogons semblent préférer ces méthodes peu coûteuses et peu risquées à la plantation d'arbres.

Puisque les Fulanis coupent les branches des *Acacia albida* à la saison sèche, obtenir leur coopération est essentiel. Malgré ces efforts, les animateurs n'ont pas encore réussi à les associer à ces activités.

On cherche également à promouvoir des techniques de conservation des sols dans la plaine de Séno. L'une d'elles est le *zay*, une sorte de microbassin recouvert de paille pour améliorer la pénétration de l'eau. Le schéma vient de la province de Yatenga au Burkina Faso (*cf.* le Projet PAF).

Dans une autre expérience, des villages ont construit, en 1988, des murets de pierres autour de 3 hectares de terres communales. L'amélioration de la production de millet qui en découla a encouragé les villageois à étendre ce travail à 30 autres hectares, en 1989. L'utilisation de clôtures végétales et la plantation d'arbres le long des périmètres sont également recommandées Tout cela conduit le projet à s'écarter du modèle de la vallée Majjia sur lequel il repose depuis 1985. Il est aujourd'hui plus global que celui de la vallée Majjia, mais aussi davantage en prise avec les besoins locaux. Il apporte la preuve que la seule plantation d'arbres est rarement une réponse aux problèmes des agriculteurs, dans des régions comme celle de Koro.

Une pépinière soigneusement clôturée. On encourage aujourd'hui la production décentralisée.

Paul Kerkhof/Panos Pictures

Une méthode viable de production et de distribution de plants

Avant que le projet démarre, il n'y avait, à Koro, qu'une pépinière délabrée, appartenant au service des Forêts. Elle fut réhabilitée en 1983, et trois nouvelles pépinières ouvertes. Entre 1983 et 1987, une grande variété de plants ont été produits dans ces différentes entreprises : *Eucalyptus camaldulensis, Azarichta indica, Acacia raddiana, Acacia albida, Prosopis juliflora, Prosopis chilensis*, et des fruitiers comme les goyaviers...

Les quatre pépinières étaient dirigées par CARE jusqu'en 1988. Depuis, CARE essaie d'impliquer le service des Forêts, et chaque pépinière a maintenant un directeur et un assistant payés par ce service. De leur côté, les responsables du projet ont engagé un employé supplémentaire à plein temps dans chaque pépinière et recrutent du personnel temporaire en période de pointe. Au départ, les plants étaient remis gratuitement à quiconque en faisait la demande. L'expérience montre que la gratuité des plants n'est pas le principal souci des villageois : maintenant, les arbres coûtent 50 francs CFA (1 FF) l'unité, et les arbres fruitiers 200 francs CFA (4 FF). Pour les projets spécifiques comme les brise-vent, les agriculteurs n'ont pas à payer les plants. Les coûts de production et de distribution de plants dans les pépinières centralisées restent cependant élevés. Il y a peu de chance que le service des Forêts ait les moyens de les assumer quand le projet sera bouclé. Si l'on veut que le projet continue, il est impératif de décentraliser les pépinières. Pour encourager cette décentralisation, le projet a développé des mini-pépinières à la ferme, dont les résultats sont pour l'instant plutôt positifs si on les compare aux rendements des pépinières centralisées (cf. le tableau 13.1). La production des mini-pépinières valait à peu près celle des pépinières centralisées en 1988, mais la dépassait de 50 % en 1989 (Mansius, 1989 — voir bibliographie).

Les propriétaires de pépinières sont en général des hommes, mais, en 1989, on dénombrait neuf pépinières tenues par des femmes. Dans un premier temps, les propriétaires reçoivent une formation dispensée par les vulgarisateurs ; on leur donne aussi des feuilles de polyéthylène gratuites, des semis et des outils. Le projet achète la plupart des plants à 50 francs CFA pièce, ce qui revient moins cher que de les produire dans les pépinières centralisées. Les mini-pépinières pompent de l'eau, et occupent de l'espace à proximité du village. Les villageois le tolèrent, car ils ont ainsi une source d'approvisionnement en plants à leur porte. Et les plants sont moins chers qu'à Koro.

L'objectif est de créer au niveau du village un réseau de production de plants financièrement indépendant. La gratuité des matériaux et la grande dépendance du projet vis-à-vis des ventes donne quelques craintes à ce sujet. Une certaine quantité d'arbres, notamment des papayers, est néanmoins vendue aux agriculteurs. Ces ventes pourraient s'effectuer en dehors du projet. Certains propriétaires de mini-pépinières ont même dit qu'ils étaient prêts à payer les feuilles de plastique si elles n'étaient plus gratuites. La direction du projet a donc décidé de continuer de réduire sa contribution, de façon à renforcer l'autonomie de l'expérience.

Méfiance vis-à-vis du service des Forêts

Le service des Forêts a affecté huit agents à mi-temps aux activités du projet. Bien que le personnel de ce Service remplisse des tâches de vulgarisation, le gros du travail est accompli par des Dogons, payés par CARE. Ces dernières années, de plus en plus de femmes ont été embauchées pour ce travail de vulgarisation et la proportion est maintenant de 5 femmes pour 4 hommes, ce qui correspond à une politique délibérée. Toutes disposent d'une mobylette, véhicule très prisé au Mali.

Tableau 13.1 Production annuelle de plants en pépinières centralisées et en mini-pépinières.

Avant 1988	Pépinières centralisées	Mini-pépinières
1988	60 000	peu
1988	52 000	50 000
1989	52 000	76 000

Le projet a choisi de ne pas employer le personnel du service des Forêts pour la vulgarisation, car les habitants n'entretiennent pas de bons rapports avec lui. Le service a en effet conservé les traditions coloniales de maintien de l'ordre et les a même étendues à des domaines qui n'ont rien à voir avec l'agroforesterie, comme les foyers améliorés. Ses employés distribuent aussi les amendes aux gens qui n'ont pas les foyers prescrits ou qui ne les utilisent pas.

Les agriculteurs doivent également payer des amendes s'ils abattent des arbres ou coupent des branches, même sur leurs propres terrains. Des dérogations sont accordées, mais il faut parfois un jour ou deux de marche pour aller les réclamer au poste du Service le plus proche. Ces amendes, payables auprès du personnel du service des Forêts, sont parfois distribuées à tour de bras. Elles peuvent terriblement handicaper les villageois, comme l'illustre cet incident — sans lien avec le projet — survenu dans la 5e région.

« Ce matin-là, Amadou Diallo envoya son fils chercher du bois pour faire le feu. Amadou alla lui-même donner un coup de main à un voisin pendant que son fils de 10 ans, Moussa, allait avec la charrette chercher le bois là où l'on va d'habitude, à une certaine distance du village. Un peu plus tard, alors qu'Amadou était toujours en train d'aider son voisin, la mauvaise nouvelle se répandit. Le jeune Moussa avait été pris par un forestier alors qu'il ramassait du bois. Les bœufs et la charrette étaient confisqués. Amadou était effondré. Il avait perdu son unique charrette et il savait qu'il n'aurait jamais assez d'argent pour payer l'amende. La journée était terminée. »

Les forestiers ont légalement le droit de garder pour eux-mêmes un certain pourcentage des amendes qu'ils recueillent. On reproche à certains de tout garder. Comme ils ont des salaires très bas, souvent payés avec des mois de retard, les amendes sont pour eux une source essentielle de revenus. Cela interfère évidemment avec leur façon de travailler.

En 1983, les forestiers du district de Koro — dont certains sont des ex-policiers — ont collecté 1,3 million de francs CFA (26 000 FF) et 14,9 millions de francs CFA (298 000 FF) en 1988. Le service des Forêts utilise parfois des unités motorisées pour se rendre plus vite d'un village à l'autre et verbaliser les agriculteurs pris en flagrant délit de transgression de la loi. La conséquence logique de cela est que le service a une très mauvaise image auprès du public. Il en a bien conscience, mais compte tenu de sa situation financière, un changement radical est difficile à obtenir.

Un regard sur l'avenir

Le projet s'est beaucoup modifié depuis 1983. Plutôt que d'encourager de façon compulsive la plantation de brise-vent communaux, on s'oriente désormais vers le développement d'un certain nombre d'actions bénévoles menées individuellement par les agriculteurs.

Même si le village peut en assumer les responsabilités, la plantation d'arbres à Koro restera une opération délicate. Si les autres orientations actuellement explorées réussissent — la promotion de la restauration végétale spontanée, le semis direct ou la conservation des sols — la plantation des arbres sera alors moins nécessaire. C'est cette approche qui a été retenue comme objectif à long terme. Cela suppose cependant que les vulgarisateurs soient bien acceptés par la population. On imagine mal, en effet, le service des Forêts assurer efficacement ce rôle. Si le projet a un avenir, il faudra sans doute envisager de le placer sous la responsabilité d'un autre ministère.

Bibliographie

D. Benafel. *Survey of Koro Cercle Villages.* Memorandum, CARE (1982).

P. Campbell. *Village Agroforestry Project - FY 86*, CARE (1985).

R. Hagen. *et al.. Koro Village Agroforestry Project, an evaluation report*, CARE (1986).

D. Mansius. *Koro Village Agroforestry Project, Annual Implementation Plan, FY 1989*, CARE.

D. Mansius. *Personnal communication* (1989).

PROJET AGROFORESTIER AU BURKINA FASO

PRIORITÉ À L'AMÉLIORATION DES RENDEMENTS

Après plusieurs années d'efforts pour encourager la plantation d'arbres, ce petit projet agroforestier a capitulé. On s'est aperçu que les agriculteurs préféraient de beaucoup améliorer leurs rendements agricoles plutôt que de planter des arbres.

Une méthode de collecte des eaux, par un système de pierres disposées le long des courbes de niveau, avait été mise au point, ce qui permit effectivement d'accroître la production agricole. Largement adoptée, cette innovation s'est répandue spontanément hors de la zone du projet. Depuis que les résultats sont visibles, les agriculteurs se montrent plus réceptifs aux suggestions qui peuvent leur être faites, comme celles de planter des arbres et de veiller à la restauration naturelle de la végétation.

Les problèmes de la province de Yatenga

Les précipitations annuelles dans la province de Yatenga, au nord du Burkina Faso, ont diminué dans les années 70 et 80, passant d'une moyenne de 600 mm par an à 400 ou 500 mm. Malgré la détérioration de la situation, les agriculteurs ont continué de cultiver. Selon le recensement de 1985, la densité de population dans cette région est de 40 habitants au km^2, ce qui est beaucoup pour une région semi-aride. Dans certains endroits, la densité est plus forte encore.

La plupart des habitants de cette région sont des agriculteurs sédentaires, mais on compte aussi des pasteurs semi-nomades. Du fait de la croissance démographique, une grande partie de la savane et de la brousse a été défrichée et convertie en zone agricole. Ce qui a provoqué une grave dégradation des sols, car dans certains endroits la terre est lourde et forme une croûte très dure lorsqu'elle est exposée au soleil. Dans certaines zones de la région, le problème est aggravé par le surpâturage. La production de nourriture est souvent bien en dessous des besoins réels. Aussi, beaucoup de gens, surtout des hommes jeunes, quittent le pays pendant la saison sèche pour trouver du travail en Côte d'Ivoire.

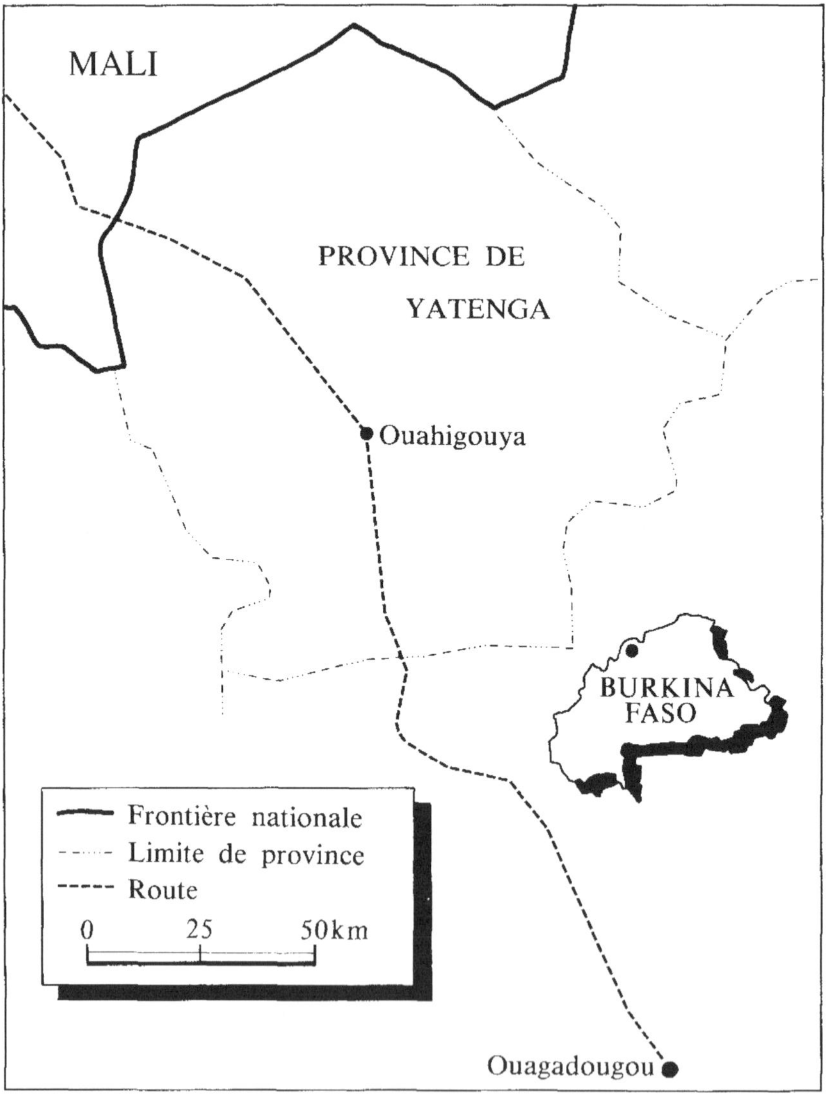

Nom du projet	Projet agroforestier (PAF)
Adresse	C/o OXFAM, BP 489, Ouagadougou Burkina Faso
Zone du projet	Province de Yatenga
Précipitations	400 à 600 mm par an
Exécution	OXFAM et le ministère de l'Agriculture
Financement	OXFAM-R-U 1979-1987 : 116 000 $ (sans les salaires des expatriés) 1987-1989 : 162 000 $ (idem)
Taux de change	1 F CFA = 0,02 FF

Planter des arbres : une faible motivation

Le projet commença, en 1979, par encourager l'utilisation de microcaptages pour faire pousser des arbres et récolter du bois. La technique était celle utilisée dans le désert du Néguev en Israël. On pensait que les arbres seraient plus adaptés que les cultures vivrières pour recycler l'eau recueillie. Les premières années ont été des années d'essai et l'on utilisa des techniques variées pour construire les microcaptages. En 1979, 200 installations couvraient quelques hectares sur lesquels une vingtaine d'espèces indigènes et exotiques étaient expérimentées. En 1981, l'expérience portait sur 7 hectares et, en 1982, sur 62 hectares. Parallèlement, huit pépinières ont produit 4100 plants au cours de la même année.

Mais, dès le départ les agriculteurs ont montré peu d'enthousiasme à l'idée de planter des arbres. Le rapport annuel de 1982 souligne qu'*« une vulgarisation plus efficace est nécessaire si l'on veut être sûr que les agriculteurs plantent des arbres dans leurs champs »*. Les taux de survie des plants étaient également médiocres. Les chèvres furent désignées comme les principales responsables des dommages causés aux cultures, et les responsables du projet durent enclore les arbres, opération malheureusement onéreuse.

On pourrait résumer le problème ainsi : la culture des arbres était loin de constituer une priorité pour les agriculteurs. Ils acceptaient les microcaptages qui amélioraient la production alimentaire, mais ils ne s'intéressaient décidément pas aux feuillus.

Fort heureusement, le projet était suffisamment souple pour s'adapter à ce constat. En 1982, le volet arbres fut classé, au profit des murets de pierres qui visaient à améliorer la production agricole.

Des murets de pierres pour améliorer la production

Au départ, des microcaptages avait été construits avec des buttes de terre. Le principal avantage de cette technique est que le matériau de base est disponible sur place. Mais l'inconvénient est qu'elle demande un entretien important que les agriculteurs, déjà harassés de travail en périodes de pointe, ne peuvent fournir.

On s'est donc branché sur les murets de pierre. Cette méthode est employée depuis longtemps par les agriculteurs dogons au Mali, qui construisent ces petits murs au travers des pentes. L'innovation était de reprendre la même idée en construisant le long des courbes de niveau. On utilisa pour ce faire un niveau d'eau fait d'un tuyau et de deux bâtons. Les murets de pierres demandent beaucoup plus de travail au départ, car il faut ramasser et transporter les matériaux ; (il arrive que des agriculteurs aient à marcher pendant des heures pour trouver les pierres adéquates). Mais une fois que le travail est fait, cette technique demande peu d'entretien.

Des murets de pierre sont édifiés dans les champs.

Jeremy Hartley/Panos Pictures

Le muret est enterré à 10 cm pour éviter qu'il ne soit emporté par l'érosion de l'eau de ruissellement. Le mur lui-même mesure entre 20 et 30 cm de haut. Les pierres utilisées peuvent varier de la taille du gravier à celle d'un ballon de football. Le profil de la retenue de pierres dépend du sol, s'il est raviné, pierreux, etc. L'écart entre les murets dépend de la pente mais tourne en général autour de 10 à 15 mètres.

En dehors de ces constructions, le projet cherche à faire adopter un certain nombre d'autres pratiques agricoles performantes. L'une d'elles est la méthode « *zay* » pour préparer les sols. C'est une méthode traditionnelle qui consiste à creuser des trous de 10 cm de profondeur et de 20 cm de diamètre pendant la saison sèche et à les remplir de paillis. Cette opération encourage l'activité des termites, ce qui en conséquence favorise la pénétration de l'eau quand les pluies arrivent. Du millet est planté dans ces trous, de telle sorte que les plants sont protégés du vent. Le projet recommande aussi une pratique de compost en tas, spécialement étudiée pour améliorer le compost fermier, dans le cadre d'un programme national.

Depuis 1983, les murets de pierres, les *zays* et les composts constituent donc les activités proposées par le projet à la place des plantations d'arbres. Mais le projet a gardé sa désignation de PAF : projet agroforestier.

Une participation efficace

Plutôt que de pratiquer la formule « aide alimentaire pour le travail », souvent employée dans la région pour encourager les gens à travailler, le PAF décida de faire réaliser les murets par les villageois, sans rémunération. Le projet, en revanche, mettait à leur disposition les informations et la formation nécessaires. Il fournissait aussi, gratuitement ou en location, les matériaux et l'équipement, comme les niveaux à eau, les pioches, les charrues. Des prêts alimentaires étaient aussi accordés et, en général, remboursés dès la récolte suivante.

Malgré l'absence de toute incitation, les murets de pierres ont été largement adoptés. Les agriculteurs ont conscience de récupérer leur investissement en temps et en travail par une amélioration des rendements et une garantie de bonnes récoltes. Ces aménagements permettent aussi d'étendre les terres cultivables à des zones considérées jusque-là comme stériles.

Quelques « anciens » ont expliqué pourquoi ils souhaitaient ces murets de pierres: « *Plein de gens sont déjà partis... Si on n'améliore pas les conditions de vie dans le village, tous les jeunes partiront. Qui s'occupera alors de nous dans nos vieux jours ?* »

Des responsables du projet ont mesuré, sur plusieurs années, les rendements de céréales avec et sans murets de pierres. Les résultats sont éloquents : des rendements supérieurs de 12 % avec les retenues en 1982, et de 91 % en 1984. Bien que ces résultats ne soient pas significatifs d'un point de vue statistique, ils sont largement confirmés par les observateurs. A terme, la différence entre les champs aménagés et non aménagés est vraiment spectaculaire.

L'amélioration de la production de nourriture est de toute première importance pour les agriculteurs yatengais. On voit maintenant des retenues de pierres dans toute la province, même au-delà de la zone touchée par le projet. La technique s'étend même à l'ensemble du pays et des visites sont organisées de partout pour voir les réalisations de « *conservation de l'eau et des sols à Yatenga* ». Fin 1988, on estimait à 2 600 hectares la surface totale aménagée avec les murets de pierres par le programme ; et à 3 500 hectares supplémentaires la surface équipée à l'initiative d'agriculteurs isolés. En tout, 500 villages ont adopté la technique.

Exploiter au mieux le potentiel de vulgarisation

Le programme de vulgarisation a été établi en 1983. Au départ, les panneaux de flanelle et autres techniques classiques étaient utilisés pour sensibiliser le public. Plus tard, on proposa une formation pour apprendre à construire des retenues de pierres. Assurer la formation individuelle de tous les agriculteurs qui le souhaitaient serait revenu trop cher, le PAF a donc suggéré aux villageois de désigner un représentant qui recevrait la formation et qui ensuite communiquerait son savoir aux autres. Aujourd'hui, plusieurs milliers de personnes ont été formées ainsi dans 500 villages.

Le seul problème est que le PAF est une petite organisation, aux ressources limitées. En 1989, cinq personnes — quatre hommes et une femme — constituaient l'ensemble du personnel de vulgarisation. D'un autre côté, le ministère de l'Agriculture, administration puissante, dispose de nombreux vulgarisateurs dans la province de Yatenga. Mais il a peu de moyens opérationnels comme les transports, les outils et les équipements de communication.

Un accord de collaboration a donc été passé avec le ministère, accord selon lequel le PAF paie les vulgarisateurs du ministère une somme forfaitaire de 4 500 francs CFA (90 FF) pour l'essence et autres frais et, en échange, les vulgarisateurs travaillent à mi-temps sur le projet. Ils doivent enseigner aux agriculteurs comment construire ces murets et aider ceux qui ont reçu la formation à transmettre leur savoir. Le nombre de ces agents ministériels est passé de 31 en 1985 à 81 en 1989. Au départ, le programme de formation et de vulgarisation visait exclusivement les hommes mais, au cours de la saison sèche de 1985-1986, des femmes ont commencé à recevoir la formation et même à faire partie de l'équipe de vulgarisation.

Retour à la plantation d'arbres

Les responsables du projet se sont aperçus que les attitudes vis-à-vis de la plantation d'arbres avaient évolué en cours de route. Dans certains villages, les agriculteurs sont maintenant prêts à planter des arbres le long des murets si le département des Forêts leur fournit les plants gratuitement. Ils sont également prêts à faire l'effort de protéger les cultures du surpâturage pendant la saison sèche.

Cela s'explique sans doute par le fait qu'ils ont assuré leur sécurité alimentaire, ce qui est, bien sûr, leur première préoccupation. Et la construction de ces murets a créé de meilleures conditions de survie pour les plants. Les herbages et les plantes vivaces ont également bénéficié d'une plus grande humidité des sols et poussent sur les pierres des murs. Les jeunes arbres et les arbustes arrivent donc à survivre à la saison sèche, si toutefois ils ne sont pas broutés.

Le village de Recko, par exemple, a essayé il y a quelques années, mais sans succès, de constituer une parcelle boisée, dans le cadre du Programme national de boisement. Récemment, plusieurs variétés d'arbres ont été plantées à proximité des retenues de pierres sur environ 5 hectares de terres cultivées. De cette façon, et avec l'engagement de tenir les animaux hors des zones cultivées, la plantation d'arbres se révèle réalisable. En fait, la facilité avec laquelle la végétation naturelle reprend dans ces conditions pourrait rendre caduque la plantation d'arbres. C'est ce que les villageois cherchent à prouver.

Dans le village de Longa, le recours aux murets a été associé aux activités d'un autre projet centré sur la gestion de la terre. Là, les villageois ont construit des murets de pierres sur 70 hectares de terrain et se sont mis d'accord pour imposer des limites très strictes aux déplacements des animaux.

Aujourd'hui, tout le bétail est gardé dans des enclos ombragés ; on récolte du fourrage sur les terres cultivées. De nombreux arbres ont été plantés ; ils ont l'air en excellent état, tout comme la végétation naturelle qui reprend un peu partout. Les villages voisins copient maintenant l'exemple de Longa. Le département des Forêts fournit les plants et les vulgarisateurs du ministère de l'Agriculture enseignent l'affourragement à l'étable. Les frais de construction des étables et les frais divers sont supportés par les villageois eux-mêmes.

L'affourragement à l'étable en zones sèches est une pratique peu courante, mais d'autres villages ont déjà fait savoir qu'ils l'adopteraient. Reste à voir si les contrôles subsisteront même pendant la période de sécheresse. Dans l'affirmative, ce pourrait être l'amorce d'un nouveau développement.

Les leçons du succès

L'une des principales leçons que l'on peut tirer du projet est l'efficacité avec laquelle il a mobilisé la communauté. De nombreux projets se sont orientés vers des activités individuelles ou familiales lorsque les activités collectives fonctionnaient mal. En 1985, le PAF notait lui-même que « *les agriculteurs s'intéressent surtout à la construction de murets de pierres individuels* ». Il remarquait également que la qualité des murets était meilleure sur les champs des particuliers que sur les terres collectives.

Le temps passant, il est apparu clairement que le travail n'est vraiment efficace que s'il jouit d'un soutien collectif. Si, par exemple, il n'y a pas de pierres dans un proche périmètre, le ramassage suppose une certaine organisation collective ; si les champs doivent être protégés du pâturage, tous les animaux sans exception doivent être contrôlés, etc. L'approche collective permet également, si elle marche bien, que les agriculteurs les plus pauvres bénéficient du projet au même titre que les autres.

Le niveau d'organisation collective est cependant très variable selon les villages. Des accords de collaboration étaient parfois passés avec ceux des villageois qui avaient accepté de construire les murets. Les autres suivaient généralement, quand ils voyaient que le travail marchait bien. Ailleurs, il fallait tout simplement attendre que les villageois s'organisent.

Si l'on considère les progrès accomplis, il devient inutile de poursuivre les opérations de sensibilisation. Les gens remarquent les réalisations des villages voisins, ils en parlent couramment. Des visites sont organisées pour les régions qui n'ont pas encore été touchées. Ça facilite les échanges et les rencontres. Les villageois prennent ensuite le temps de réfléchir sur ce qu'ils ont vu, de discuter entre eux, et de s'organiser le moment venu. Ils savent où trouver le siège du projet à Ouahigouya. A eux de prévoir les activités de développement qui les concernent.

Les organisateurs du projet reconnaissent néanmoins que des problèmes subsistent. Jusqu'à maintenant, moins de 10 % des agriculteurs ont construit des murets de pierres dans leurs champs. Dans certains villages, et malgré le succès évident de cette technique, des agriculteurs n'ont pas encore tenté l'expérience. Il reste donc beaucoup à faire pour comprendre les attitudes qui bloquent les réalisations sur le plan local. La question de la répartition des frais et des bénéfices pose également un problème. La récolte de pierres et la construction des murets drainent énormément de main-d'œuvre, surtout des femmes. Les agriculteurs aisés sont, bien sûr, plus à même que les autres d'embaucher et de nourrir les équipes communales pour construire des murets dans leurs propres champs. Et les petits agriculteurs doivent travailler pour les riches ; il leur est donc difficile de songer à construire en plus des murets dans leurs propres champs.

Stabiliser l'augmentation des rendements sur les terres équipées de murets constitue matière à discussions. Une plus forte production végétale signifie une plus grande déperdition de minéraux dans les sols. C'est donc un risque d'épuisement à long terme, à moins qu'un apport organique et des engrais ne viennent compenser ce manque. C'est pourquoi la récupération du fumier dans les étables et la généralisation des composts ont un rôle énorme à jouer dans une perspective d'avenir.

Les responsables du projet reconnaissent la nécessité d'identifier et de résoudre ces problèmes, mais il savent que, quels que soient la solution ou le dispositif technique envisagés, ces mesures devront être acceptées par la population. Le personnel a pourtant du mal à admettre que le succès ne dépend pas, avant tout, de raisons techniques. Si les techniques proposées réussissent, c'est qu'elles s'adaptent au contexte local et qu'elles répondent aux besoins des paysans, utilisant des stratégies qui comportent peu de risques et demandent peu d'investissement. Plus important encore que la capacité à implanter de nouvelles techniques, le mérite du projet a surtout été de gagner la confiance de la population et de lui donner la preuve qu'il se préoccupait vraiment de ses besoins, selon ses critères à elle.

On obtient là la confirmation qu'il est vain de chercher à convaincre les villageois de faire quelque chose qu'ils ne désirent pas ou qui ne les motive pas profondément. La plantation d'arbres a été abandonnée quand on a compris qu'elle n'était pas une priorité locale. Quand les gens sont prêts à prendre l'initiative, et alors seulement dans ce cas là, les animateurs peuvent proposer de les aider. Cela nécessite une équipe compétente, disponible, à l'esprit ouvert. Si tel est le cas, alors la stratégie bénéficie en plus d'un écho favorable.

Bibliographie

O. Mathieu. *Rapport d'activités de la campagne 1985*. Oxfam, Burkina Faso (1986).

OXFAM. *Annual reports, PAF/micro-catchments in Upper Volta* (1979-1983).

P.L. Wright. *Rapport de mission sur les orientations du projet agroforestier du 9 au 29 novembre 1988*. Oxfam.

PROJET POUR LA CONSERVATION DES SOLS ET L'AGROFORESTERIE EN ZAMBIE

RECHERCHE D'UN DISPOSITIF ADAPTÉ

Les Tongas au sud de la Zambie, sont confrontés à deux gros problèmes : la baisse des rendements agricoles ainsi qu'une sécheresse tenace. Ces dernières années, les mauvaises récoltes généralisées ont provoqué la famine dans plusieurs régions.

Les tentatives d'amélioration de la production vivrière par des mesures intensives de conservation des sols ont rencontré la résistance farouche des agriculteurs. De même, la proposition d'introduire des techniques d'agriculture écologique leur a paru inacceptable, car celles-ci reposaient sur des principes de culture associée compliqués. Il semble aujourd'hui que les programmes de plantation d'arbres menés par de petites ONG locales donnent de meilleurs résultats.

La zone du projet

Le projet couvre environ 520 km² dans la région de Mazabuku, au sud de la Zambie, à une centaine de kilomètres au sud-ouest de Lusaka. Cette région, généralement peu accidentée, est située à 1 000 m d'altitude. Le climat est semi-aride, avec des précipitations de 780 mm en moyenne. Comparée au reste de l'Afrique, la région, comme la Zambie en général, est relativement bien boisée.

Les Tongas sont des agriculteurs qui possèdent de grands troupeaux. Le maïs est la principale culture vivrière, mais ils cultivent également

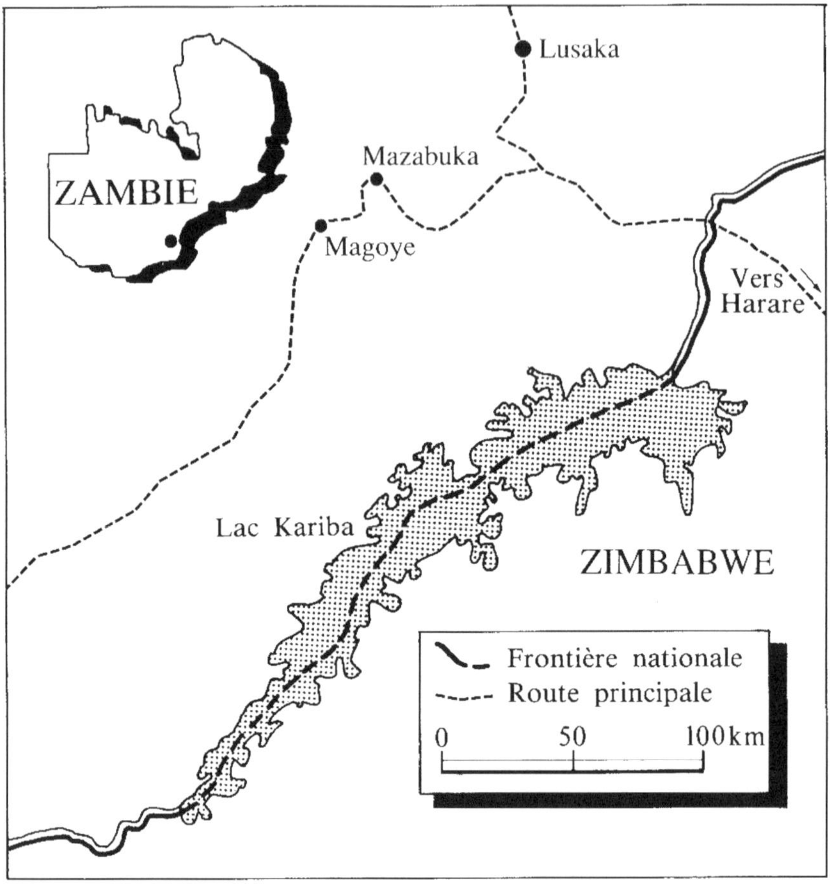

Nom du projet	Projet pour la conservation des sols et l'agroforesterie
Adresse	PO Box 42, Magoye, Zambia
Zone du projet	Région de Lusume, dans le district de Magoye
Précipitations	780 mm par an
Exécution	Lusume Services, une ONG locale
Financement	Soutien global du gouvernement zambien, de l'Église unifiée du Canada, et du Service volontaire allemand. Donation de 14 800 $ de German Agro Action
Taux de change	1 kwacha = 0,061 FF

la patate douce, le haricot noir, le sorgho et d'autres légumes. Le maïs et le coton, introduit récemment, constituent les principales cultures de rente. L'*Acacia albida* fait partie du paysage habituel : ces grands arbres sont dispersés dans les champs. La forêt de Miombo couvre la majeure partie des terres non cultivées.

Une partie de la zone du projet était, à l'époque coloniale, réservée aux autochtones et le régime foncier est soumis aux coutumes traditionnelles. La densité de population est de 65 habitants au km^2, ce qui est supérieur à la moyenne nationale. Le reste de la zone, jadis occupée par des agriculteurs blancs, a été réinvesti et compte une trentaine d'habitants au km^2.

Les premières approches

« Lusume Services » est une ONG de développement rural qui reçoit des fonds de l'Église unifiée du Canada. Ses bureaux sont à Magoye, au nord de la zone du projet. En 1984, elle a ouvert une unité de conservation du sol et des eaux, avec l'appui du gouvernement zambien et le Service des bénévoles allemands.

Le programme initial ne proposait que des mesures mécaniques de conservation des sols. Il était basé sur des activités comme la construction de barrages, le labour et l'édification de talus selon les courbes de niveau. Tout cela était très mal vu des paysans, surtout que les responsables du projet leur avaient demandé de fournir un travail plus important, justement à la saison des labours et des récoltes quand ils sont déjà débordés. Cela leur rappelait les travaux forcés de l'époque coloniale.

On s'orienta donc vers la conservation des sols par des méthodes agricoles éprouvées, comme le recours au couvert végétal permanent. Un cours a permis à certains d'acquérir, aux Pays-Bas, des connaissances sur l'agriculture écologique. Grâce à quoi l'équipe a commencé, en 1985, des expériences, autour du siège du projet, sur les cultures de couverture, les cultures fixatrices d'azote, la rotation des cultures et les pesticides biologiques. On s'aperçut très vite que la complexité des mesures préconisées décourageait les agriculteurs. La densité des plantations d'arbustes de la famille des légumineuses, par exemple, empêchait le désherbage à la traction attelée. La plupart des expériences ont donc été abandonnées.

Le programme actuel

Le programme actuel a démarré en 1986 lorsqu'on décida de développer la culture associée d'*Acacia albida* pour restaurer le couvert végétal et améliorer la fertilité des sols. D'autres volets du projet prévoyaient la plantation de brise-vent et de haies sur les périmètres agricoles, la plantation de clôtures végétales, d'arbres et d'arbustes sur les courbes de niveau ; la sensibilisation à la menace de pénurie de bois de feu ;

la promotion des arbres fruitiers et la plantation d'arbres à fourrage. German AgroAction attribua au projet une donation de 14 800 $.

La promotion d'*Acacia albida* était une pratique nouvelle dans la région. Les agriculteurs connaissent bien cette espèce et ses avantages, mais elle n'a cessé de décliner ces dernières années. Il faut dire que le personnel de vulgarisation du département de l'Agriculture, particulièrement nombreux, décourage la culture associée d'arbres sur les terres agricoles. Selon cette institution, un agriculteur « progressiste » se doit de supprimer tous les arbres de ses terres.

On décida aussi d'établir de nouvelles pépinières dans la mesure où le département des Forêts fournissait certaines espèces traditionnelles comme l'eucalyptus. Au total, 10 000 plants furent produits en 1986, spécialement des *Acacia albida*, et des espèces fruitières, en plus petite quantité.

Les femmes travaillent beaucoup mais participent rarement aux réunions du projet. Aussi, pour les impliquer davantage, un programme de vulgarisation leur est désormais consacré.

Ron Giling/Panos Pictures

La même année, pour faire connaître ses idées, le programme a participé à des réunions d'agriculteurs, organisées par la Compagnie du coton. C'était l'occasion rêvée de parler agroforesterie et de discuter de l'intérêt de la culture associée d'*Acacia albida*. Une quarantaine d'agriculteurs se sont montrés intéressés et ont été officiellement enregistrés. Pendant la saison des pluies, chacun d'eux a reçu 25 plants gratuits. Il leur était bien précisé qu'ils devaient être plantés dans les champs, à intervalles de 12 × 6 m. Cette précision résultait de recherches menées en Afrique occidentale sur l'*Acacia albida*, mais elle se révéla trop rigide pour les agriculteurs qui ont planté les arbres selon des configurations variées. Ils ont aussi fait savoir aux responsables du projet qu'ils souhaitaient une plus grande variété d'espèces. La production de 1987 — plus de 20 000 plants — comprenait donc de nouvelles espèces, dont des arbres fruitiers.

Pendant la saison sèche, des projections audiovisuelles étaient organisées pour présenter les problèmes agricoles de la région et les solutions préconisées par le projet. Des petites brochures sur la conservation des sols et l'*Acacia albida* furent distribuées, en citonga, la langue locale. A la suite de quoi une centaine d'agriculteurs se sont inscrits pour un suivi des plants pendant la saison des pluies ; et ce nombre n'a cessé de croître.

Mais, point faible du programme, le pourcentage de femmes participant à ces réunions restait minime : 5 % ; ce qui posait un problème, puisque ce sont elles qui accomplissent la plus grande partie du travail agricole. Plusieurs fois, on vu des femmes arracher des *Acacia albida* que leur mari avait plantés, prenant ces plants pour des mauvaises herbes.

Désormais, des réunions spécifiques, surtout dans les écoles, touchent un grand nombre de femmes et d'enfants. On s'est aussi aperçu que des femmes vulgarisatrices ont plus de succès que les vulgarisateurs auprès des femmes et des jeunes hommes qui travaillent dans les exploitations agricoles.

Le problème de la recherche

Une nouvelle série de recherches a commencé en 1986, au siège de Lusume Services à Magoye. A la différence des essais précédents, menés sur les méthodes d'agriculture écologique, ceux-là se concentraient surtout sur les arbres multiusages et la culture en bandes alternées.

Soixante-quatre espèces et variétés d'arbres ont été plantés sur 1 hectare, selon des intervalles variés : des arbustes fixateurs d'azote comme *Leucaena leucocephala* et *Sesbania sesban* ; des espèces pour haies, comme *Ceasalpinia decapetala* et *Ziziphus abyssinica* ; des fruitiers comme des manguiers et des papayers ; et des arbres à effet de pesticides comme *Azadirachta indica* et *Melia azadirachta*. Ces essais étaient essentiels pour obtenir des informations sur les performances de ces espèces puisque très peu de recherches agroforestières avaient été menées jusque-là en Zambie. Ils procuraient en même temps au personnel du projet une expérience de terrain, tout en servant de démonstration pour les agriculteurs.

Au départ, le protocole d'expérimentation était simple, mais en 1986 on adopta les recommandations du Conseil international pour la recherche en agroforesterie (ICRAF), qui prévoient les données nécessaires pour mener une analyse statistique détaillée des résultats. Cependant, ces opérations augmentent considérablament le coût et la complexité des essais. En 1988, un certain nombre de données sur les rendements en bois furent ainsi obtenues, mais les essais de culture associée ont fourni peu d'informations intéressantes car les résultats se sont trouvés mélangés.

Les essais ont produit certains résultats — pas forcément positifs — puisqu'ils ont montré que *Leucaena leucocephala*, considéré en Afrique comme une espèce miracle, a eu en fait, dans la zone du projet, un taux de survie de moins de 20%. Les attaques de termites, et lorsqu'il est planté dans des fermes, les dommages causés par le bétail, expliquent en grande partie ces mauvais résultats.

Impossible également d'intégrer les cultures en bandes alternées dans le programme, des résultats préliminaires ayant montré que si l'on voulait accroître de façon sensible la fertilité des sols ou la production de bois, il fallait planter un minimum de 5 000 à 6 000 arbres par hectare. On imagine donc mal les agriculteurs adopter massivement une formule qui demande un travail aussi intensif.

Une enquête diagnostique un peu tardive

Devant l'urgence de mener à bien le programme, aucune enquête n'a été menée avant 1987 pour définir les besoins agroforestiers de la région. Au départ, on pensait que les ressources disponibles devaient créer un impact visible sur le terrain, et ce sentiment d'urgence conduisit à retarder l'enquête.

Lorsqu'elle fut menée, l'enquête révéla qu'on plantait couramment des arbres dans la région, mais qu'il s'agissait surtout de fruitiers - manguiers, agrumes, mûriers, papayers et goyaviers. La pratique la plus courante consistait à les planter autour des habitations ou en brise-vent, plutôt qu'au milieu des cultures. L'étude a aussi montré que même si les agriculteurs appréciaient l'*Acacia albida*, ils ne le plantaient pas pour autant (Sturmheit *et al.* 1988 — voir bibliographie).

Ces résultats expliquent pourquoi aussi peu d'agriculteurs s'intéressaient aux plants d'*Acacia albida*. Si l'information était arrivée plus tôt, on aurait pu éviter de grandes pertes de temps et d'énergie.

De bons résultats, mais un avenir incertain

Cela ne fait plus aucun doute aujourd'hui, les agriculteurs ne souhaitent pas planter des *Acacia albida* au milieu des cultures. Cela exige trop de travail ; il faut aussi surveiller attentivement les jeunes plants pour les protéger contre le feu et le bétail. Les agriculteurs ne sont pas prêts non plus à planter des arbres à bois de feu ou à fourrage dans leurs champs, mais ils sont en revanche disposés à en planter dans les pâturages.

Néanmoins, les résultats sont bons. Grâce à la publicité, les agriculteurs reconnaissent de plus en plus l'*Acacia albida* comme une espèce valable et, plutôt que de les semer, ils préfèrent laisser grandir les plants. Le projet a aménagé un volet spécial pour aller dans ce sens. On a également réussi à motiver les agriculteurs à planter des brise-vent et des haies. Un certain nombre d'entre eux commencent à organiser leurs propres pépinières.

Toutes ces activités ont demandé très peu de moyens. Mais à long terme, lorsque les financement seront épuisés, certains éléments clés risquent de devoir s'arrêter. Car les pépinières centralisées ne peuvent tourner qu'avec du personnel rémunéré et des moyens de transports disponibles à la saison des pluies. Les responsables du projet ont conscience qu'il est préférable de promouvoir de petites pépinières individuelles ou villageoises. La question est de savoir comment le faire.

Il est évidemment difficile pour une petite ONG de changer les habitudes bien ancrées des fonctionnaires du département de l'Agriculture ou des Forêts, par exemple. On a cependant la preuve qu'il est possible de transformer les attitudes des agriculteurs vis-à-vis de la culture d'*Acacia albida*. Les agriculteurs se montrent réceptifs si des espèces appropriées sont mises à leur disposition, et, dans de bonnes conditions, les femmes se sentent concernées par la vulgarisation.

Si le département de l'Agriculture voulait bien reprendre à son compte ces conclusions pour les appliquer à son pléthorique service de vulgarisation, il pourrait alors jouer un rôle important dans le développement agricole de la Zambie.

Bibliographie

P. Sturmheit. *Traditional agricultural practice as a model for famine prevention : Acacia albida extension in Zambia's Southern Province.* (1988).

P. Sturmheit *et al. Evaluation of a soil conservation and agroforestry needs assessment study in Mazabuka District of Zambia.* (1988).

LE PROJET HADO DE TANZANIE

L'ÉVICTION DU BÉTAIL

La dégradation des sols à grande échelle a longtemps été un sujet de préoccupation en Tanzanie. De gros efforts ont été faits pour faire cesser cette destruction ; mais ni le contrôle des pâturages ni les mesures de conservation des sols n'ont permis de traiter le problème dans toute son ampleur. Le gouvernement a donc pris une mesure draconienne en interdisant complètement le bétail sur les zones les plus endommagées.

L'amélioration du couvert végétal est spectaculaire et la région est désormais beaucoup moins exposée à l'érosion. Après les premières résistances, la population est quasiment devenue favorable au projet. Mais avant de se servir de cette expérience comme modèle reproductible ailleurs, il convient de ne pas négliger le coût social de l'opération ni les quelques problèmes qui demeurent irrésolus.

Historique de l'érosion des sols

Le projet se déroule dans le district de Kondoa, au nord de la région de Dodoma en Tanzanie centrale. Cette région connaît un climat semi-aride, avec des précipitations annuelles de 600 à 800 mm.

La plupart des gens vivent de l'agriculture, mais il existe aussi une tradition pastorale dans la région. Quelques agriculteurs possèdent des troupeaux, parfois en nombre conséquent. Le bétail est considéré comme une assurance contre les aléas des récoltes, dans ce climat difficile et incertain. Les Rangi constituent le groupe ethnique le plus important.

Les sols sont légers et sableux et la région a déjà une longue histoire de surpâturage et de dégradation des sols. Les orages qui marquent la fin de la saison sèche et qui apportent parfois plus de 40 mm d'eau en quelques heures sont particulièrement redoutables du point

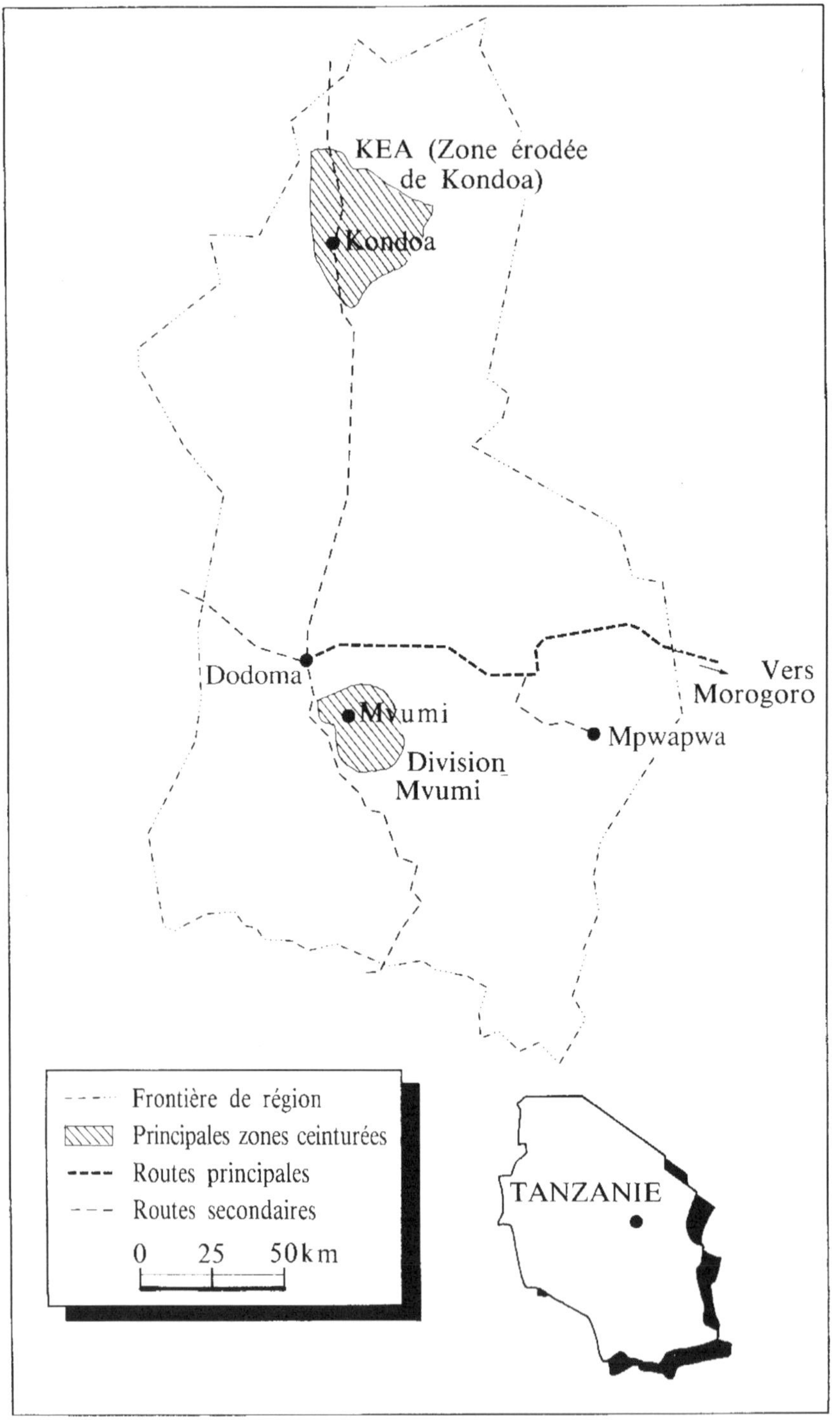
KEA (Zone érodée
de Kondoa)
Kondoa
Dodoma
Mvumi
Division
Mvumi
Mpwapwa
Vers
Morogoro
Frontière de région
Principales zones ceinturées
Routes principales
Routes secondaires
0 25 50km
TANZANIE

Nom du projet	**Hifadhi Ardhi Dodoma (HADO)**
Adresse	**HADO, PO Box 840, Dodoma, Tanzania**
Zone du projet	**Région de Dodoma**
Précipitations	**600 à 800 mm par an**
Exécution	**Département des Forêts**
Financement	**1973-1983 : 0,8 million \$** **1986-1996 : 1,0 million \$** **75 % des fonds viennent de SIDA**
Taux de change	**1 shilling tanzanien = 0,046 FF**

de vue de l'érosion. Les voyageurs du siècle dernier parlaient de « *démons de poussière* » et de « *collines dénudées* ».

A l'époque coloniale, la population a été forcée d'adopter un certain nombre de mesures antiérosion comme les levées de terre le long des courbes de niveaux, la culture en billon et la réduction du nombre de têtes de bétail. Toutes ces dispositions, très impopulaires, furent abandonnées après l'indépendance (Mbegu et Mlenge, 1983 — voir bibliographie). Mais dans les années qui ont suivi l'indépendance, l'érosion devint un problème préoccupant.

En 1968, sur les conseils du gouvernement central, le Conseil de district local décréta un arrêté interdisant le pâturage, la culture, le creusement de chenaux d'irrigation ou la taille des arbres dans la zone, sans autorisation spéciale. Cela eut peu d'effet et la région continua de se dégrader.

L'installation de HADO

Lorsque le président Nyerere visita la région en 1972, il fut frappé par l'ampleur de l'érosion et ordonna au ministère des Ressources naturelles de prendre des mesures immédiates. Une équipe de la division des Forêts fut engagée pour étudier le problème ; elle recommanda un projet national de conservation des sols, dont le siège serait à Kondoa. Ce qui fut fait en 1973, sous la forme d'un projet spécifique, sous la responsabilité directe du directeur de la Forêt au ministère des Ressources naturelles et du Tourisme. Le projet fut baptisé *Ardhi Hifadhi Dodoma* — HADO —, ce qui signifie « *Conservation des sols à Dodoma* ». Mais les activités de HADO ne se limitent pas à la sylviculture; sa définition concerne également la conservation des sols et des eaux, ainsi que la réhabilitation des terres dégradées.

Bien que la responsabilité de HADO couvre l'ensemble de la région de Dodoma, l'association a concentré ses activités sur les hautes terres d'Irangi dans le district de Kondoa. Cette zone, qui connaît une sévère érosion de ses sols par ruissellement, est connue sous le nom

Des ravins creusés par l'érosion, le paysage habituel de la Région érodée de Kondoa. En 1979, le bétail a été interdit sur toute la zone.

Lars Hohansson/Panos Pictures.

officiel de « Région érodée de Kondoa » (KEA en anglais). Elle couvre 1 256 km^2 et a une population de 74 000 habitants.

HADO a commençé par mettre en œuvre un programme énergique de plantation d'arbres et de conservation des sols. Chaque année, entre 1973 et 1979, plusieurs hectares de parcelles de démonstration furent plantés et 400000 plants distribués dans les villages, les écoles et autres institutions.

Les mesures de conservation des sols comprenaient l'édification de banquettes sur les pentes, l'érection de retenues d'eau en terre ou en pierres dans les ravins, et la plantation de végétation à croissance rapide sur les bords des cours d'eau pour contrôler leur débit et l'érosion. En 1973, la surface aménagée de cette façon était d'environ 7300 hectares.

Sur la base de ces résultats, HADO avait calculé qu'il faudrait 105 ans pour aménager le reste de la KEA. La question qui se posait alors était de savoir si la région serait encore habitable dans les dix ou vingt ans à venir. Une autre stratégie s'imposait donc.

Vers une suppression totale du cheptel

A cette époque, la densité de bétail dans la KEA était de 69 bêtes au km^2 soit un total de 90 000 têtes. Elles étaient les principales responsables de la dégradation des sols, il fallait à l'évidence réduire leur nombre de façon signicative. Comment faire ? Telle était la question prioritaire.

On pouvait par exemple suggérer de limiter le nombre de bêtes par famille. Solution irréaliste : d'une part, il aurait été difficile de l'imposer et, de l'autre, les familles pouvaient envoyer les animaux chez différents parents. Vu l'urgence du problème et l'absence d'alternatives viables, HADO proposa l'interdiction totale du bétail sur la zone.

Personne ne doutait de la complexité du sujet. La proposition fut discutée et approuvée en avril 1979, lors d'une réunion du comité exécutif de district du parti au pouvoir, le TANU. Tous les bovins, chèvres, moutons, mules et ânes devaient quitter la zone de la KEA avant le mois d'octobre ; les agriculteurs disposaient donc d'un préavis de six mois.

Une campagne d'information intensive fut menée par HADO, le parti local et l'administration, une semaine durant. Les leaders du parti, des hommes politiques nationaux, y compris le ministre des Ressources naturelles et du Tourisme, firent une tournée dans le pays pour soutenir la décision. Chaque village se vit remettre une carte marquant les limites de la KEA, et une liste de villages hors de la zone qui, compte tenu de leur faible densité de bétail, pourraient sans danger assumer l'arrivée d'animaux supplémentaires.

Bien que les gros propriétaires de bétail fussent peu nombreux — 25 % de la population environ —, ils faisaient partie des membres influents de la communauté. Ils s'opposèrent farouchement à l'éviction du bétail et promirent de combattre les élus et les membres du Parlement qui soutiendraient le projet. Cette initiative, affirmaient-ils, priverait les gens, et pas seulement les propriétaires de bétail, de lait, de viande et de fumier. HADO répondit en substance que, sans une mesure de ce type, la région ne pourrait plus nourrir le moindre bétail dans les dix ou vingt ans à venir.

Lorsque le moment arriva de déménager les animaux, certains propriétaires les cachèrent. Mais le message avait été malgré tout bien compris, et selon les estimations, 46 000 bovins, 29 000 chèvres et 11 000 moutons ont été conduits hors de la région.

Les familles concernées n'étaient pas dédommagées. Certaines décidèrent d'aller s'installer sur les terres environnantes ; d'autres envoyèrent leur bétail chez des parents voisins. Ce fut une période difficile pour tout le monde. « *Tout le monde était désespéré,* témoigne un fonctionnaire travaillant dans l'un de ces villages. *Nous devions faire respecter cette décision, et nous avons soudain été perçus comme les ennemis du peuple. C'était bien de retirer le bétail, mais quand il a fallu faire appliquer la décision, ça n'a pas été très facile* » (Östberg, 1986 — voir bibliographie). Beaucoup, pourtant, acceptèrent la décision.

Pendant les dix ans qui ont suivi, la réglementation a été appliquée de façon rigoureuse. Seuls faisaient exception les bœufs pendant la période de labour, les ânes qui tiraient les charrues et les animaux d'abattoir. Le personnel de HADO, soutenu par l'administration locale, était responsable de l'application de ces mesures dans la région. Les gens qui enfreignaient la loi étaient passibles de 1 000 shillings tanzaniens d'amende (environ 46 FF). Le personnel de HADO, non armé, trouvait difficile d'attraper les fautifs ou d'apporter des preuves devant le tribunal. Un forestier fut tué en 1983 par un éleveur pris en flagrant délit. (Le tableau 16.1 indique le nombre de dossiers portés par HADO devant les tribunaux entre 1979 et 1984. 60 % d'entre eux ont abouti à une condamnation.)

Plantation d'arbres : changer de stratégie

Outre ces activités d'éviction du bétail, HADO continuait de promouvoir la plantation d'arbres. La production annuelle de plants, pendant la période 1979-1983, s'est élevée à environ 1,7 million ; production servant pour les parcelles de démonstration, les mesures de conservation des sols, la décoration ou la plantation d'avenues. Les plants étaient distribués gratuitement dans les villages, les écoles et les institutions.

Tableau 16.1 Accusations de pâturage illicite portées par HADO devant deux tribunaux de KEA.

Année	Nombre de cas portés devant la justice
1979	45
1980	51
1981	30
1982	56
1983	29
1984	37

Source : Östberg, 1980

2 600 hectares de bois de démonstration furent plantés en 1983. Dans certains endroits, les agriculteurs, mécontents de voir ces bois sur des terres qu'ils estimaient être les leurs et qu'ils destinaient à la culture, se rebellèrent et incendièrent les forêts. Des dégâts furent également causés par le bétail et les mauvaises herbes. Les parcelles les plus réussies ont néanmoins produit du bois pour plusieurs années, bois vendu par HADO.

Mais ces opérations reviennent cher et HADO se concentre désormais sur la distribution de plants aux écoles, aux villages ou à des agriculteurs individuels. Le district rural de Dodoma a par exemple quatre pépinières qui acheminent les plants vers les villages. L'administration locale de ces villages est en général chargée de la distribution aux particuliers. On pense qu'il serait important de décentraliser la production vers les villages ou les écoles, mais peu de progrès ont été faits dans ce sens, à ce jour.

La variété des espèces produites dans les pépinières a été étendue au vu des résultats de l'expérience. On y trouve aujourd'hui des fruitiers et, depuis peu, des arbres de la famille des légumineuses. On s'intéresse aussi à des arbres multiusages comme le *Leucaena leucocephala*.

Peu de villages ont créé des bois communaux. Là où certains ont été mis en place, ils n'ont pas été entretenus ; mais la plantation d'arbres marche bien dans les zones très peuplées. Dans certains endroits, on trouve un marché local pour le bois d'œuvre ; des piquets et du bois de feu sont vendus dans la ville de Kondoa. Les familles considèrent de plus en plus le fait d'avoir quelques arbres sur leur terres comme une sécurité. Elles peuvent les vendre si elles ont besoin de liquidités. Dans ce sens, les arbres jouent le même rôle que le bétail.

HADO a également reçu l'aide de l'université Sokoine à Morogoro, pour la conception d'un certain nombre d'essais agroforestiers. Certains concernent la culture intercalaire de céréales avec *Leucaena* ; d'autres la production de fourrage pour les étables. Aucun de ces essais n'a encore été mené assez longtemps pour que l'on puisse en tirer des résultats concluants.

Les conséquences de l'éviction du bétail

L'expulsion du bétail a produit des changements considérables dans la région. Le plus frappant est la transformation du paysage, maintenant couvert toute l'année d'herbes épaisses. Le développement de la végétation a énormément réduit le ruissellement et l'érosion dans la KEA. Ce qui a entraîné une réduction des inondations et un rétrécissement des lits des rivières qui, par conséquent, restent à flot plus longtemps. Le nombre de cultures aux abords des cours d'eau a aussi considérablement augmenté.

Dans une certaine zone, 200 hectares de sable ont été stabilisés et sont aujourd'hui cultivés. La patate douce, par exemple, est l'une des cultures les plus fréquentes aujourd'hui, soit pour la consommation locale, soit pour être troquée contre du millet dans les plaines, ou même vendue.

Les cultures se sont également développées dans les bas-fonds appelés « *mbuga* », dont certains sont marécageux et où il est donc possible de cultiver, même pendant la saison sèche. Ces zones étaient traditionnellement réservées au pâturage en fin de saison sèche, mais, maintenant qu'il n'y a plus de bétail, les agriculteurs peuvent les utiliser.

Les terres disponibles après la disparition du bétail furent équitablement réparties entre les agriculteurs, qu'ils aient eu ou non du bétail auparavant. Le projet a donc favorisé une certaine répartition des richesses. Les réserves de bois de feu ont également augmenté, conséquence de la régénération de la savane.

Mais l'augmentation considérable de la production agricole a surtout rapporté de l'argent aux agriculteurs, qui bénéficient d'une meilleure alimentation. Jusque-là, la KEA était une des régions du pays les plus dépendantes de l'aide alimentaire. En 1986, une étude a montré que l'aide d'urgence n'avait pas été nécessaire depuis trois ans, alors que les zones voisines en avait bénéficié. (Östberg, 1986 — voir bibliographie).

L'éviction du bétail a aussi eu des effets négatifs. Le manque de lait est par exemple un sujet de discussion classique entre les agriculteurs. On utilisait, par exemple, sa graisse pour cuire les légumes. Les autochtones la remplacent désormais par de l'huile de tournesol et une petite usine semble se développer pour l'extraction de cette huile.

La restauration du couvert végétal provoque aussi des problèmes inattendus. La grande quantité de biomasse sèche facilite des incendies qui provoquent de gros dégâts dans la région. Ils sont souvent déclenchés par des agriculteurs qui brûlent leurs champs, des chasseurs ou des collecteurs de miel, et une fois qu'ils ont démarré, ces feux sont très difficile à circonscrire. La profusion de nourriture et d'abris a également permis à la vie sauvage de se développer et les phacochères, les singes, les serpents, les dik-dik et les oiseaux se multiplient, détruisant parfois les cultures.

Le millet scirpe est une culture très appréciée dans la région, mais elle doit être protégée des oiseaux « *quela-quela* ». C'est pourquoi on cesse de le cultiver dans les champs les plus éloignés (Östberg, 1986 — voir bibliographie). On craint aussi que la malaria ne se développe. Enfin, dans certains endroits où le bétail a été transféré, on a remarqué des zones de surpâturage et un début d'érosion.

Le bilan général est néanmoins nettement positif. La dégradation de l'environnement, qui semblait inexorable, a été stoppée, et la production agricole est en hausse. Les jeunes, qui en d'autres temps auraient émigré, restent chez eux. Certains de ceux qui étaient partis avec leurs bêtes sont revenus, estimant que même sans leur bétail la région leur offre désormais un meilleur cadre de vie. Même si quelques anciens propriétaires de troupeaux gardent un souvenir amer de ce qui s'est passé, la plupart des gens, y compris certains de ces propriétaires, apprécient ce qui a été fait, ou du moins reconnaissent que cela correspondait à une nécessité.

Reproduire l'exemple de HADO

Le travail de HADO dans la KEA constitue un précédent, par la façon dont a été traité le problème de surpâturage et d'érosion, considéré jusque là comme insoluble. Le gouvernement et des responsables du TANU ont reconnu son bien-fondé et, récemment, ce modèle a été proposé dans d'autres régions.

C'est le cas de la division Mvumi, dans le district rural de Dodoma. Cette région de 713 km² est très affectée par le surpâturage et l'érosion. En 1986, tout le bétail, soit 65 000 bovins, fut évincé.

Le modèle KEA, très minutieusement étudié, fut repris avec quelques changements. Une enquête préliminaire fut menée sur Mvumi et ses environs pour repérer les mouvements du bétail. De plus, on n'a pas négligé d'informer la population sur ce qui se passait et quelles en étaient les raisons.

La campagne d'information dura environ un an. Des réunions

furent organisées dans les treize villages de la zone pour former les autorités locales en matière de conservation des sols et d'éviction du bétail. Des séminaires furent proposés aux agriculteurs progressistes, aux administrateurs et aux techniciens locaux. Grâce à quoi le travail d'expulsion du bétail se fit plus en douceur qu'à Kondoa.

HADO a également lancé un programme d'affourragement à l'étable. Actuellement, trois agriculteurs possèdent des étables de ce type, et le projet a aménagé des parcelles de fourrage. Une ONG locale a mis en place une équipe vétérinaire. HADO a aussi introduit à Mvumi un taureau améliorateur sélectionné. Compte tenu du petit nombre d'agriculteurs qui pratiquent actuellement le pâturage contrôlé, l'impact de cette partie du programme est encore limité. Mais l'important est que HADO prenne de plus en plus de responsabilités.

D'autres mesures de conservation des sols ont été menées sur les collines de Mvumi. L'essentiel du travail — creuser des tranchées perpendiculaires à la pente pour éviter que les trombes d'eau ne dévastent les champs — est réalisé par les agriculteurs. Le Premier ministre tanzanien, Joseph Warioba, est allé lui-même travailler pendant trois jours à ces réalisations, donnant ainsi un poids politique supplémentaire à HADO.

Un autre projet d'éviction totale du bétail se déroule sur les collines de Guyikrum, à Karatu, au nord du pays. Bien que cette région n'ait jamais été habitée, c'était une zone de pâturage extensif et, comme à Kondoa, des signes inquiétants de dégradation des sols apparaissaient En 1985, le département des Forêts, associé au Conseil de district, lança un programme de retrait complet du bétail sur une zone de 1 000 hectares. Le pâturage, la coupe de bois et la défriche-brûlis furent également interdits. La première année, il donna lieu à de nombreuses poursuites judiciaires, mais il a suffi de quelques années pour faire respecter la réglementation. Depuis lors, les collines sont couvertes d'une végétation bien dense.

Dans la mesure où la région concernée est beaucoup plus petite que la KEA, ou Mvumi, personne n'est ici frappé trop durement par ces mesures. Le projet a permis aux agriculteurs de couper des herbes et de vendre du chaume ou du fourrage.

Le même genre d'initiatives, à plus petite échelle, a été appliqué dans d'autres régions souffrant de surpâturage et d'érosion, mais sans forcément prendre la forme d'un projet qui reçoit des financements spécifiques. C'est souvent la réponse adéquate de quelques forestiers ou de conseillers pour lutter contre l'érosion locale des sols dans leur région.

Élargir l'approche

L'une des caractéristiques étonnantes du programme de HADO est que, malgré la variété de ses secteurs d'intervention, son personnel était, jusqu'à très récemment, exclusivement constitué de forestiers. Les responsables du projet viennent de reconnaître la nécessité d'élargir leur approche, et ils ont récemment embauché un professionnel de l'aménagement du territoire.

Cependant, il n'est pas facile de coordonner les activités de terrain des différents ministères impliqués dans le développement rural, spécialement au plus haut niveau. Un forestier et un vulgarisateur pour le bétail peuvent très bien ressentir la nécessité d'une coopération, mais rapporte un membre du projet, « *si les directeurs, à Dar es-Salam, ne pensent pas comme nous, on ne peut rien faire. !* »

Des dispositions ont été prises pour améliorer la formation des responsables et des bénéficiaires du projet. Dans la première phase du projet, jusqu'en 1979, les fonds étaient peu importants, ils ont considérablement augmenté dans la deuxième phase. En 1987, la situation était la suivante :

* 25 cadres HADO	5 jours chacun
* 50 personnes pour l'agriculture et le bétail	5 jours
* 84 conseillers locaux	5 jours
* 21 enseignants	3 jours
*133 agriculteurs	3 jours

On s'oriente maintenant vers une formation beaucoup plus importante, dispensée à tous les niveaux dans l'administration et au sein des communautés paysannes, condition indispensable pour que les techniques de conservation des sols soient bien comprises et qu'elles se développent efficacement, après l'éviction du bétail. On se préoccupe également d'améliorer la communication entre HADO et les villageois pour réduire les inévitables tensions qui surgissent quand on impose aux gens de retirer le bétail des pâturages.

Les attitudes et les comportements devraient également évoluer et s'adapter aux circonstances. L'interdiction de couper les arbres et d'avoir des chèvres est justifiée lorsque la végétation commence tout juste à renaître. Mais lorsque la brousse reprend ses droits, il faut prévoir des mesures pour contrôler et limiter la faune qu'elle abrite.

On doit aussi s'interroger sur le moment favorable et les conditions nécessaires à la réadmission du bétail. Certains agriculteurs se demandent, par exemple, pourquoi ils ne peuvent pas garder les bœufs en permanence, puisque ceux-ci sont autorisés pour les labours. Si l'on ne veut pas compromettre les progrès accomplis, il faudra trouver des réponses à ces questions, en requérant la collaboration des communautés concernées.

Quelques pistes pour l'avenir

Le déboisement et la dégradation des sols dans les régions arides ou semi-arides s'aggravent sur l'ensemble du continent africain. La plantation d'arbres et les mesures de conservation des sols ont échoué car elles ne répondaient pas au vrai problème, qui est le surpâturage. HADO est l'une des premières organisations officielles à avoir pesé de tout son poids en faveur d'une éviction totale du bétail, malgré les risques politiques que comporte une telle position.

Les résultats de l'expérience KEA sont nettement positifs, mais, si on veut la prendre pour modèle, il faudra tenir compte des particularités locales. Le fait que des terres ont été mises à la disposition des familles qui ne voulaient pas abandonner leurs troupeaux constitue sans nul doute un des facteurs de réussite les plus importants. Un autre point déterminant est l'habileté et la ténacité des agriculteurs rangis. Ils ont su profiter de l'occasion qui leur était offerte pour développer leur agriculture. Un peuple purement pastoral n'aurait pas pu s'adapter aussi bien à la perte de son bétail.

Il faut aussi s'assurer que les opérations d'éviction du bétail sont soutenues et suivies par une équipe de professionnels compétents. Il est tout à l'honneur des forestiers de HADO d'avoir accompli autant de choses. Mais, si l'on s'en réfère à l'expérience de KEA, la régénération de la végétation naturelle peut aussi provoquer des problèmes inattendus tels que des incendies, ou la prolifération de bêtes sauvages et d'insectes. Aider les agriculteurs à s'adapter en peu de temps à ces bouleversements écologiques demande un niveau de compétence qui dépasse celui qu'on peut attendre en général des forestiers.

La mise en application des projets d'éviction du bétail variera donc en fonction des conditions locales. L'approche initiale de HADO a été souvent appréciée, et à juste titre, comme « autoritaire » et « menée de main de fer » (Leach et Mearns,1988 — voir bibliographie). Les délais pour se débarrasser du bétail étaient courts et les gens se trouvaient face à une décision administrative qu'ils ne pouvaient pas discuter. Il est révélateur que, dans les opérations qui ont suivi, on ait cherché à gagner à l'avance la confiance des interlocuteurs.

L'approche plus subtile de l'expérience des collines de Giyukrum s'est en fait avérée plus efficace à long terme. Son principal avantage est d'améliorer et d'adapter la gestion du bétail plutôt que de le faire disparaître complètement. Les agriculteurs proches de la zone peuvent ainsi profiter d'une exploitation viable dès que la protection est effective.

L'expérience de HADO est représentative de ce qui se passe ailleurs en Afrique. La plantation d'arbres n'est jamais, ou presque, une bonne réponse aux problèmes de dégradation des sols dans les régions arides ou semi-arides. Pas plus que les mesures de contrôle de l'érosion ne sont efficaces à grande échelle pour répondre rapidement aux problèmes de dégradation des sols qui affectent si durement ces régions.

Personne ne doute aujourd'hui que l'éviction totale du bétail soit nécessaire si l'on veut éviter l'effondrement total de ces régions dans les dix ou vingt années à venir. Il est tout à l'honneur de HADO d'avoir su faire un choix difficile et d'agir de façon décisive et efficace. Ce projet montre ce qui peut être fait en tenant compte des réalités politiques et de l'efficacité des mesures exécutoires. Le défi consiste à tirer les leçons de l'expérience pour développer des approches applicables dans des contextes sociaux et politiques différents.

Bibliographie

HADO. *HADO Project Phase Two Project Master Plan : 1986/1987-1995/1996.* Ministry of Natural Resources and Tourism (1986).

G. Leach and R. Mearns. *Beyond the woodfuel crisis : people land and trees in Africa.* Earthscan Publications, London (1988).

A.C. Mbegu and W.C. Mlenge. *Ten years of HADO : 1973-1983.* Forestry Division, Ministry of Natural Resources and Tourism.

W. Ostberg. *The Kondoa transformation.* Scandinavian Institute for African Studies, Report n° 76. (1986).

LE PROGRAMME DE DÉVELOPPEMENT RURAL AU TURKANA, KENYA

IMPLIQUER LES PASTEURS DANS LA GESTION DES FORÊTS

On a longtemps cherché à encourager la plantation d'arbres auprès des pasteurs de la région de Turkana, farouchement épris d'indépendance. Sans beaucoup de succès. Désormais, le programme de développement rural a modifié ses objectifs. Il fait participer les populations à la gestion de la végétation naturelle, opération qui donne de bien meilleurs résultats.

La région du Turkana

Le Turkana, au nord du Kenya, est la région la plus sèche d'Afrique de l'Est. Elle est entourée des frontières ougandaise et soudanaise, et s'étend sur 72 000 km^2. La pluviométrie varie de 180 mm à 400 mm par an, valeurs bien inférieures à ce qui est nécessaire pour pratiquer des cultures pluviales. Toutes les rivières de la région sont saisonnières et la plupart d'entre elles sont bordées de forêts claires.

La région est habitée par les Turkanas, un peuple de pasteurs, riches d'une connaissance ancestrale de leur environnement. Leur vie est un mélange subtil de nomadisme et de sédentarisation, au gré des circonstances. Nombre d'entre eux s'installent temporairement auprès des cours d'eau saisonniers. Lorsque les pluies arrivent, certains membres de la famille quittent la région avec le gros du troupeau, à la recherche de pâturages. Les autres, surtout les vieux, les femmes et les enfants, res-

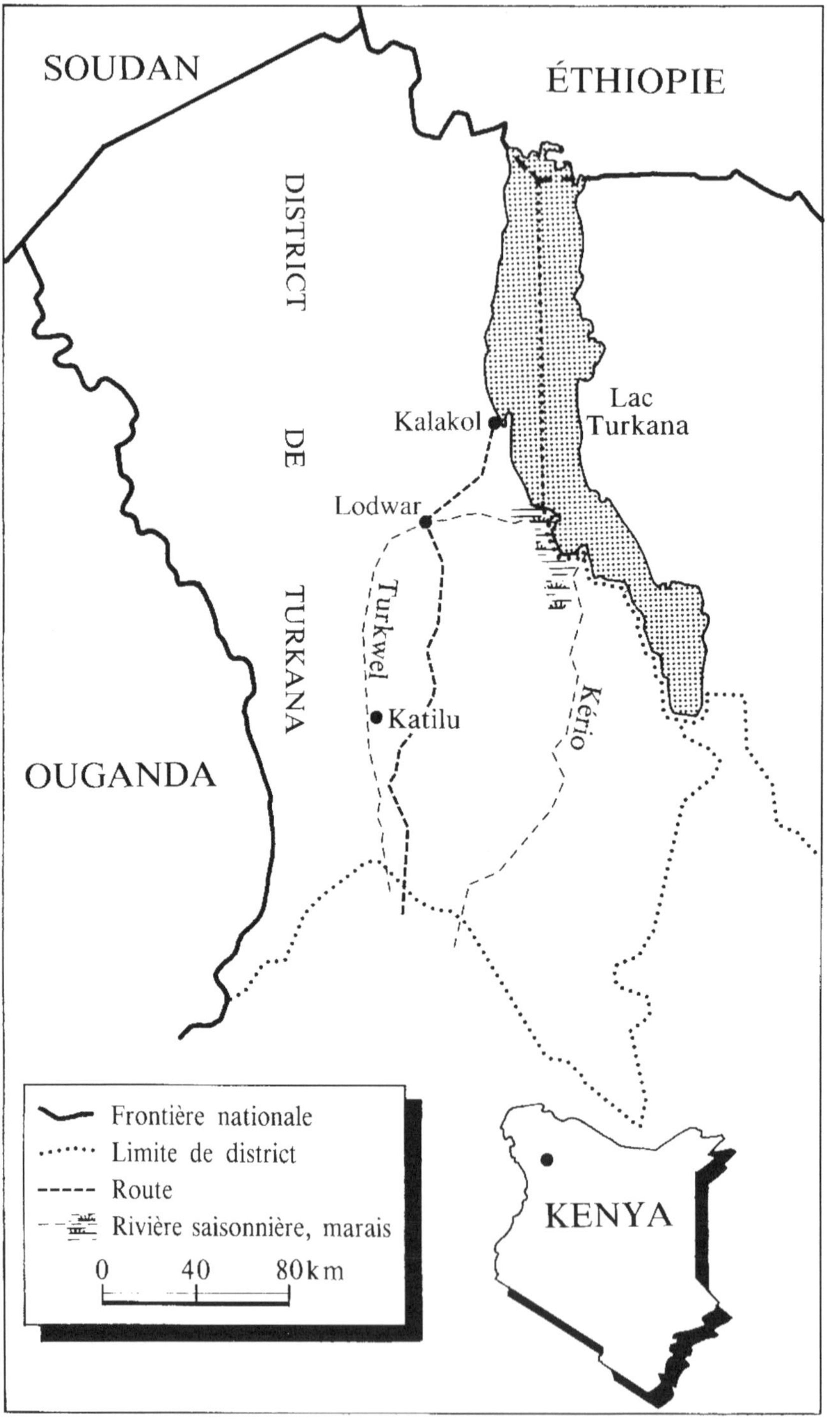

SOUDAN
ÉTHIOPIE
DISTRICT DE TURKANA
Lac Turkana
Kalakol
Lodwar
Turkwel
Katilu
Kério
OUGANDA
Frontière nationale
Limite de district
Route
Rivière saisonnière, marais
0
40
80km
KENYA

Nom du projet	Programme de développement rural au Turkana (PDRT)
Adresse	PDRT, PO Box 175 Lodwar, Kenya. Tel. 0393 21026
Zone du projet	District de Turkana
Précipitations	180 à 400 mm par an
Exécution	Département des forêts
Financement	NORAD 1981/1984 : 120 000 $ par an 1984/1987 : 170 000 $ par an 1987/1990 : 270 000 $ par an
Taux de change	1 shilling kenyan = 0,32 FF

tent avec quelques bêtes et, éventuellement, pratiquent quelques cultures. Parfois, toute la famille se déplace.

Alors que la plupart des terres sont considérées comme des terres communales, certaines des forêts qui bordent les cours d'eau sont divisées en lots ou *ekwar*, traditionnellement attribués à des familles. Ces parcelles donnent des fruits, du bois de construction, des herbes médicinales et surtout du fourrage pour le bétail.

Dans ces forêts, l'espèce dominante est l'*Acacia tortilis* et l'*Acacia eliator*. Pendant la saison sèche, les Turkanas battent ces arbres avec des perches de 10 m de long pour en faire tomber les cosses de graines qu'ils donnent à leurs animaux. Une autre espèce rencontrée couramment dans les *ekwar* est l'*Hyphaene coriacae*, dont les feuilles servent à fabriquer les fameuses vanneries turkanas exportées vers Nairobi et l'étranger.

Identification des problèmes

Au Turkana, les problèmes de la gestion des terres ne se posent pas avec la même acuité que dans d'autres régions arides ou semi-arides du Kenya. Cependant, des problèmes non moins considérables se profilent à court terme. Une route goudronnée reliant depuis peu la région à Nairobi, on a pu observer que la coupe des acacias a considérablement augmenté. Bien que l'exploitation de ces arbres servant à faire du charbon de bois soit encore relativement peu importante, la tendance est inquiétante.

D'autres problèmes surgissent par ailleurs : les camps de réfugiés accueillant les victimes de la sécheresse sont aujourd'hui occupés en permanence et pèsent énormément sur les ressources naturelles locales. Ce qui a entraîné des pénuries de bois et une surexploitation globale de l'environnement. La régénération naturelle ne se fait plus et les premiers symptômes de désertification sont visibles aux abords de ces camps.

Certaines zones des forêts voisines se dégradent également. Lorsque la pression de la population est trop forte, la régénération de l'*Acacia tortilis* se fait mal. De plus en plus, seuls les vieux arbres survivent et quand ils meurent, ou si on les coupe, rien ne vient les remplacer.

A l'intérieur des terres, loin des forêts qui bordent les rivières, le *Dobera glabra* et l'*Acacia tortilis* sont également surexploités. Le *Dobera glabra* donne à la fois des fruits que les Turkanas mangent cuits, et du fourrage pendant la saison sèche. Dans les zones les plus densément peuplées, presque tous les fruits sont consommés ; il reste donc peu de graines pour la reproduction et celles qui germent sont à la merci des chèvres. L'*Acacia tortilis*, également menacé de surpâturage, est dans certaines zones abattu pour faire des clôtures. Les Turkanas préfèrent utiliser des arbres jeunes et entiers plutôt que d'élaguer les branches, à tel point que, dans certains endroits, l'espèce a totalement disparu.

Les premiers efforts

On a commencé à se préoccuper de la situation des Turkanas dans les années 60. A la suite de graves sécheresses et de pertes importantes de bétail, la FAO a lancé un programme pour développer l'agriculture irriguée le long de la plus grande rivière du pays, la Turkwel. Son objectif était de fournir de nouveaux moyens de subsistance aux pasteurs qui avaient perdu leurs troupeaux.

On a construit des canaux, des barrages, des pompes, des pistes d'atterrissage, etc., et introduit une nouvelle gamme de cultures. Mais dans les années 70, lorsque l'aide a pris fin, tout cela a plus ou moins disparu. Certaines des cultures introduites sont néanmoins encore pratiquées par-ci par-là, notamment plusieurs espèces de palmiers-dattiers qui promettent d'être de bon rapport pour les agriculteurs.

On a également tenté de développer la plantation d'arbres, selon la formule « aide alimentaire pour le travail ». Environ 500 000 microcaptages ont été creusés dans tout le district, et des arbres furent plantés. Les résultats sont plutôt décevants, bien que bon nombre d'arbres aient survécu.

L'une des raisons de cet échec relatif est le manque d'expérience de l'équipe en matière de reboisement en zones arides. De plus, les villageois ont peu été consultés pour savoir s'ils souhaitaient des arbres, et si oui, de quelles espèces. La plupart du temps, les éleveurs n'ont pas été associés aux décisions. C'est pourquoi certains arbres, plantés sur les routes de circulation du bétail, n'avaient aucune chance de survie. Les gens étant rémunérés pour ce travail, ils travaillaient, mais n'étaient pas pour autant motivés.

Des microcaptages ont été creusés pour planter des arbres dans des zones qui reçoivent moins de 200 mm de pluie par an.

E. Barrow

Le programme actuel

Le volet forestier du Programme de développement rural au Turkana (PDRT) est sous la responsabiité du département des Forêts du district de Turkana. L'Agence norvégienne pour le développement international (NORAD) apporte un soutien financier et des conseils techniques. Commencé en 1981, le programme en est aujourd'hui à la phase III ; les financements étaient garantis jusqu'en 1990.

La plantation d'arbres constituait l'essentiel de la phase I ; le travail tournait surtout autour du développement des infrastructures, dont la mise en place de pépinières. On proposa à certaines familles d'entretenir des zones plantées contre 1 ShK (0,32 FF) par arbre vivant et par mois. Une famille pouvait donc s'occuper de 300 arbres en zone sèche et dénudée et recevoir 300 ShK (96 FF) par mois jusqu'à ce que les arbres aient bien pris.

Mais les gens se montrèrent surtout intéressés par l'aspect financier de l'opération et n'hésitaient pas à tricher si nécessaire. Si un arbre mourait, par exemple, on le remplaçait par un autre, acheté dans une pépinière, pour continuer de recevoir les revenus. Cette formule dissuadait, en fait, les agriculteurs de planter spontanément des arbres puisque « *le PDRT ne paie que pour l'entretien de ses propres arbres* ». Le résultat visible de la phase I se solda par seulement 20 hectares de plantations. Il est clair que planter des arbres dans une zone aride est une tâche lourde, coûteuse en temps et en argent, et que cette action joue un rôle dérisoire dans une région aussi vaste que le Turkana. Dès le début de la phase II, on s'attacha à collaborer avec les populations locales, pour identifier leurs problèmes et essayer de les résoudre. Le projet a étendu ses activités à la gestion des forêts dégradées. La recherche s'est centrée sur le développement de techniques particulièrement adaptées à la région et sur des sujets précis, comme la recherche d'espèces à fourrage. On a reconnu la nécessité de mettre en place un système efficace de vulgarisation, capable de comprendre les villageois pour mieux les impliquer. La phase III continue sur ces bases, en accentuant l'aspect formation.

Impliquer les Turkanas

Associer la population locale aux débats s'est révélé riche d'enseignement pour les forestiers. Ils étaient persuadés que les Turkanas ne s'intéressaient qu'au bétail ; ils ne connaissaient pas du tout le système des *ekwar* et pensaient que les forêts en bordure de rivière étaient communales. C'est pourquoi, les Turkanas n'avaient jamais été consultés quand le département des Forêts avait imposé sa réglementation.

Les forestiers découvrirent aussi que les Turkanas, qui apparemment ne s'intéressaient pas aux arbres, possédaient en fait énormément de connaissances traditionnelles sur la gestion des arbres. En fait, les Turkanas s'intéressent à la forêt, ils connaissent beaucoup de choses sur les arbres et appliquent des systèmes de gestion traditionnelle.

Le département des Forêts a donc décidé d'organiser des séminaires, au niveau des districts et des divisions, regroupant les fonctionnaires du district, les vulgarisateurs, les chefs et autres leaders locaux. Ces séminaires ont beaucoup appris sur les coutumes traditionnelles et les problèmes de surexploitation dans divers endroits du district.

Pour assurer un suivi, d'autres séminaires furent organisés à un niveau moins élevé. On y associa les enseignants, les gros éleveurs et les femmes qui avaient des responsabilités. Au début de l'année 1988, 70 séminaires avaient eu lieu, et fin 1990 on atteindra quelque 200 séminaires. Leur objectif est de sensibiliser la population, mais aussi de mieux connaître ses problèmes, de façon à mieux adapter les réglementations. Une autre série de séminaires est prévue pour toucher d'autres agriculteurs et d'autres fonctionnaires.

Le département des Forêts a ainsi rassemblé une masse considérable de connaissances et d'expériences pratiquées dans le district. On remarque que le système des *ekwar* n'avait jamais été évoqué dans une recherche anthropologique antérieure. Les forestiers ne peuvent donc pas être sûrs que cet aspect social sera pris en compte par les autres spécialistes.

Déroulement d'une journée type de séminaire

De bon matin, le forestier, son chef, son assistant et un groupe d'une quarantaine de participants se retrouvent sous un gros *Acacia tortilis*. Parmi eux, les anciens du clan, des professeurs, des femmes en vue et des représentants du ministère de l'Agriculture. Après la présentation, les participants font une grande marche à travers la forêt tout en discutant des problèmes. « *Pourquoi n'y a-t-il pas de vieux arbres dans cette forêt ?* », « *Que va-t-il se passer si l'on continue à abattre les* Acacia tortilis *pour le charbon de bois ?* » « *Le propriétaire d'un* ekwar *peut-il prévenir la destruction de son terrain ?* », « *Comment peut-on développer les espèces qui marchent bien ?* »

Le séminaire s'intéresse aux problèmes spécifiques de la région et cherche à trouver des solutions. Ces rencontres aident les forestiers à prendre conscience des réalités locales, et encouragent les Turkanas à définir leurs problèmes particuliers. Des suggestions d'actions possibles sont soumises à la communauté, mais celle-ci sait bien que ses idées et ses opinions sont déterminantes, car, en dernier recours, c'est elle qui prendra les décisions, et non les forestiers. Puis une chèvre est abattue pour le déjeuner. Le repas et la chaleur de l'après-midi incitent à la sieste. Après avoir pris date pour de nouvelles réunions, le séminaire se disperse.

Des mesures de protection de l'environnement

Les séminaires menés sur les districts et les divisions sont devenus des forums de discussion pour envisager les nouvelles réglementations qui intégreraient les traditions turkanas et les lois modernes. Une fois que l'on s'est entendu sur ce qu'il convient de faire, les autorités du district érigent une nouvelle législation. On espère que les lois ainsi formulées — par les gens du district, et pour le district — seront plus efficaces que si elles étaient dictées d'en haut.

Un accord a, par exemple, été conclu entre les chefs, les fonctionnaires locaux et le département des Forêts pour interdire l'exportation du charbon de bois hors du district. Cette interdiction fonctionne depuis des années maintenant, sous le contrôle conjoint de la police et du département des Forêts. Et le volume de charbon de bois exporté est, en effet, devenu quasi nul. Le fait qu'il n'y ait qu'une route goudronnée, pour sortir de Turkana a bien sûr facilité l'application de cette disposition, mais plus important encore est le fait que la population locale ait accepté cette réglementation.

Ailleurs, résultat direct des séminaires, les chefs de clan ont lancé d'autres mesures pour protéger la végétation naturelle. A Logurum, par exemple, où de grandes étendues de forêts avaient été dépouillées d'*Acacia tortilis* entre 1960 et 1970, les chefs et les anciens ont aujourd'hui imposé des réglementations pour accélérer la repousse. Il est toujours possible de tailler cette espèce, mais seulement les branches latérales. La tige principale peut, ainsi, grandir jusqu'à être hors de portée des chèvres et permettre à l'arbre de survivre. Actuellement, des dizaines de milliers d'*Acacia tortilis* reprennent, offrant un spectacle étonnant de régénération.

Des essais, pour régénérer cette même espèce le long des rivières, ainsi que le *Dobera glabra* dans la forêt, n'ont pas donné d'aussi bons résultats. Mais des suggestions sont lancées et certaines expériences isolées sont encourageantes. Des *Dobera glabra*, par exemple, dont les fruits avaient été jetés dans des épineux d'*Acacia nubica* pour les protéger des ruminants, ont pu germer et se développent correctement.

Planter des arbres devient une pratique admise

Malgré les piètres résultats de la phase I, on n'a pas totalement écarté la plantation d'arbres. Au moins pour pouvoir montrer des arbres aux visiteurs et satisfaire les bailleurs de fonds. Le projet s'est cependant efforcé d'aller au-delà. La majorité des plants produits par le PDRT — qui étaient repiqués par le département des Forêts avec un système d'incitation — sont désormais remis aux écoles ou aux particuliers intéressés.

On voit aujourd'hui des arbres dans de nombreuses concessions. Grâce à un concours organisé par le département des Forêts, les cours d'écoles ont également leurs arbres. Toujours à l'initiative du département, les enseignants du district recevront un manuel d'instruction.

Pour répondre à la demande, la production de plants a beaucoup augmenté. En 1981, 25 000 plants avaient été produits. Aujourd'hui, 900 000 plants par an sortent d'une vingtaine de pépinières.

Plus intéressant encore que le nombre de plants produits est sans doute le changement d'attitude des agriculteurs, en regard des efforts de vulgarisation du projet. Il est maintenant évident que les Turkanas sédentarisés aiment planter des arbres, ce qui représente un changement énorme pour un peuple au départ étranger à cette pratique. Une enquête souligne que ces populations connaissent mieux le département des Forêts que n'importe quelle agence de vulgarisation ; plus de 80 % des personnes interrogées étaient au courant de certaines de ses activités.

Une recherche centrée sur les réalités locales

Les taux de survie des plants dans la phase I du programme étaient médiocres étant donné l'emploi d'espèces et de techniques inadaptées. Un grand nombre de recherches ont maintenant défini les espèces et les méthodes adéquates, et elles se poursuivent dans la phase III.

La faible pluviométrie dans la région rend essentielle la recherche de méthodes pour limiter l'arrosage. Les microcaptages, testés par le projet, semblent être le meilleur moyen pour mener à bien la croissance des arbres. Les chercheurs ont désormais une liste des espèces testées sur la région. Un manuel enseigne également les principes généraux de l'arrosage des pépinières et répond aux problèmes techniques qui peuvent se poser.

La responsabilité de ces recherches a désormais été transférée à l'Institut de recherche forestière du Kenya (KEFRI). Des recherches ont également été entreprises sur le palmier-dattier, introduit par la FAO dans le projet d'irrigation. L'objectif est de mettre au point des méthodes qui permettront aux simples agriculteurs de le faire pousser sans système d'irrigation. Les résultats sont encourageants. On peut légitimement penser que le palmier-dattier constituera un jour une source de revenus pour les agriculteurs de la région.

Diffuser le message chez les forestiers

Dans ce projet, les forestiers ont fait preuve d'une grande souplesse dans leur approche, source non négligeable de succès. Il est essentiel qu'ils diffusent leur message auprès des autres forestiers, et en particulier de ceux qui sont en formation. Il faut dire que la formation est actuellement toujours centrée sur les plantations de forêt dans les hautes terres. Encore récemment, il n'existait pas de données sur la sylviculture en milieu aride ou semi-aride, et les forestiers ne recevaient aucune formation de vulgarisation.

C'est pourquoi, le projet a mis en place des cours pour les étudiants en deuxième année de sylviculture à l'université Moi. Ils peuvent ainsi étudier la sylviculture en milieu aride au Turkana et l'approche communautaire de la vulgarisation forestière. C'est là un des aspects les plus intéressants du projet, puisque l'expérience chèrement acquise au Turkana est ainsi transmise à la nouvelle génération de forestiers kenyans.

Un succès à l'avenir incertain

L'impact du projet sur l'ensemble du district du Turkana est relativement limité. Il a surtout été efficace dans les zones à forte population, là où les problèmes sont les plus sérieux. On a également démontré que les forestiers devaient pouvoir s'écarter de leur formation initiale pour adapter leurs programmes aux communautés locales. Quand il s'agit de travailler au Turkana, on peut jeter au feu les théories apprises sur la sélection des espèces, l'espacement, la gestion des forêts et les récoltes...

Le projet reflète bien ceux qui l'ont exécuté et financé. La volonté de réévaluer le programme et de changer de direction au vu des médiocres résultats de la phase I a été de toute première importance. Mais on peut se poser des questions sur l'avenir du projet quand les financements actuels seront taris.

Actuellement, le département des Forêts du Turkana est bien équipé en véhicules et dispose de budgets confortables, attribués par l'Agence norvégienne pour le développement international (NORAD). Fait rare, mais nécessaire dans cette région, les vulgarisateurs disposent même de 4 × 4.

Au Kenya, comme dans bien d'autres pays d'Afrique, le département des Forêts dispose de peu de fonds et serait incapable d'assumer le projet. On craint que si NORAD se retire, les activités s'arrêtent ; à moins que le gouvernement n'augmente considérablement ce budget.

Bibliographie

E.G.C. Barrow. *Extension and learning. Examples from the Pokot and Turkana, pastoralists in Kenya.* Paper presented in IDS Workshop Farmers and Agricultural Research : Complementary Methods' (1987a).

E.G.C. Barrow. *Establishment of trees in arid and semi-arid lands ; some sociological and technical implications.* Paper written for ODI Social Forestry Network (1987b).

TDRP. *Forestry manual for primary school teachers in Turkana District.* Draft (1987).

TRDP. *Project status summary report phase II, III.* Forestry Department (1988).

LE PROJET AGRICOLE DU POKO-EST AU KENYA

L'AGRICULTURE COMME MODE DE SURVIE POUR LES PASTEURS

L'élevage de troupeaux constitue le fondement économique et culturel de la vie des pasteurs du Pokot, au centre du Kenya. Le projet exposé ci-dessous a permis de se rendre compte qu'ils étaient prêts à accepter l'agriculture comme mode de survie, si cette activité était soutenue pendant une période de sécheresse prolongée.

En fait, les Pokots ne souhaitent pas intégrer de tels changements à leur mode de vie, aussi sont-ils retournés à l'élevage dès que la sécheresse a pris fin.

De l'aide d'urgence au développement

Le Pokot est une région située au centre du Kenya dans cette large bande de terre aride et semi-aride qui relie l'Éthiopie, la Somalie et le Soudan. Elle fait partie du Grand Rift et le paysage est marqué par de grands volcans éteints et des failles géologiques.

La pluviométrie est très variable. En 1988, il est tombé par exemple 1 300 mm d'eau, alors que d'autres années ont connu une sécheresse catastrophique. La moyenne annuelle est de 600 mm et le potentiel d'évapo-transpiration quatre fois plus grand. La végétation naturelle consiste essentiellement en une savane clairsemée d'acacias tels qu'*Acacia reficiens* et *Acacia mellifera*, parsemée de-ci de-là, le long des rivières, des forêts riveraines. On trouve peu, voire pas du tout, d'eau potable dans certains endroits.

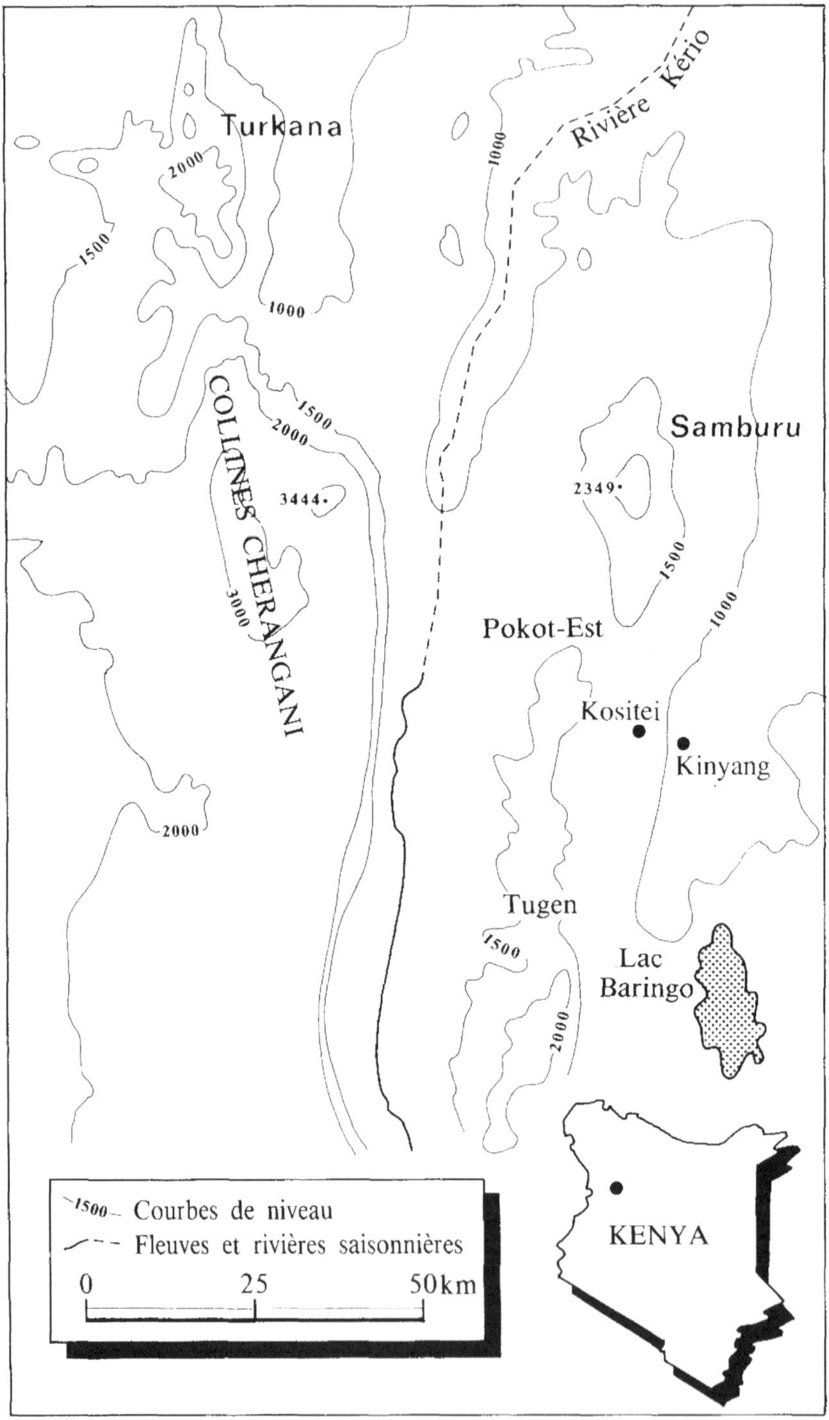
Rivière Kério
Turkana
2000
1500
1000
1000
1500
2000
COLLINES CHERANGANI
3444
3000
Samburu
2349
1500
1000
Pokot-Est
Kositei
Kinyang
2000
Tugen
1500
2000
Lac
Baringo
KENYA
1500 Courbes de niveau
Fleuves et rivières saisonnières
0
25
50km

Nom du projet	Projet agricole du Pokot-Est (PAPE)
Adresse	Kositei Mission, Nginyang, PO Marigat, Kenya
Zone du projet	Nginyang Division, Pokot-Est
Précipitations	600 mm par an
Exécution	Mission catholique et Gorta
Financement	Variable selon les années, avec un maximum de 45 000 $ en 1981
Taux de change	1 shilling kenyan = 0,32 FF

La région a, pendant longtemps, été habitée par des pasteurs pokots qui élevaient des bovins, des moutons, des chèvres et des chameaux. La terre appartient à tous, mais elle est traditionnellement divisée en « zones d'élevage » tenues par des groupes déterminés. Les Pokots possèdent, depuis toujours, des connaissances approfondies sur l'aménagement des prairies et le rôle des arbres. Jusque-là, il n'était d'ailleurs pas nécessaire de planter des arbres car régénération naturelle et organisation des zones d'élevage s'équilibraient.

Les problèmes d'insécurité dans le pays et la rareté des pluies ont souvent mené la région au bord du désastre. Ce fut le cas dans les années 70, où plusieurs années sans pluie ont généré la famine et de lourdes pertes de bétail. Plusieurs organisations, dont une mission irlandaise, ont fourni l'aide d'urgence.

En 1976, cette mission lança un programme fondé sur la formule « aide alimentaire pour le travail », qui employait 1400 personnes. 2 000 hectares furent mis en culture en éclaircissant les forêts naturelles. L'aspect « aide alimentaire pour le travail » a, petit à petit, cédé la place au développement à long terme, l'aide d'urgence étant abandonnée.

Cette expérience est devenue, en 1978, le Projet agricole du Pokot-Est (PAPE). Depuis 1980, l'association Gorta (the Irish Freedom from Hunger Council) l'a transformé en un programme de développement rural intégré, orienté sur la production agricole. D'autres activités du projet sont tournées vers l'aménagement des parcours de bétail, le réensemencement, la médecine vétérinaire, la sylviculture et l'amélioration du statut de la femme. Gorta a fourni l'essentiel du budget — environ 45 000 $ par an, plus le salaire de plusieurs expatriés —, et quelques associations ont apporté de plus petites sommes. Actuellement, trois expatriés sont en poste sur place.

Le projet couvre la division Nginyang, une zone de 5000 km^2 comptant une population de 30 000 habitants. La densité moyenne de la population est de 6 habitants au km^2.

L'hypothèse, soutenue au départ du projet, était qu'il fallait développer la production agricole. Etant donné la situation vers la fin des

La pépinière du projet à Kositei. La demande en jeunes pousses est peu importante, aussi les responsables du projet songent-ils à supprimer la pépinière.

Paul Kerkhof/Panos Pictures

années 70 et le début des années 80, les Pokots ne pouvaient plus vivre de leurs troupeaux. La sylviculture était considérée comme un élément important pour la restauration des pâturages dégradés, d'autant plus qu'elle était soutenue, au niveau national, par le président du Kenya.

Élaboration du dispositif

Le projet démarra sans pouvoir s'appuyer sur des connaissances locales en matière de sylviculture. On ne disposait pas non plus d'informations au niveau national, puisque la plupart des recherches sylvicoles avaient jusqu'à présent été menées dans les zones à haut ou moyen potentiel, et non sur les terres arides ou semi-arides.

On établit un certain nombre de parcelles de recherche, pour sélectionner les espèces les plus appropriées aux difficiles conditions climatiques et trouver les méthodes de culture les mieux adaptées. Un système emprunté au Neguev, en Israël, basé sur la récolte des eaux par des systèmes de microcaptages semi-circulaires, donna les meilleurs résultats.

Les essais furent menés sur une cinquantaine d'espèces, y compris des espèces exotiques. *Azadirachta indica, Acacia tortilis, Atriplex numellaria, Balanites aegyptiaca* et plusieurs variétés de *Prosopis* ont particulièrement bien poussé.

Des enquêtes ont montré que les arbres revêtaient une grande importance pour les Pokots. Mais, aucune d'elles ne s'est inquiétée de ce qu'ils pensaient de la plantation d'arbres, activité tout à fait nouvelle pour eux.

Formation et vulgarisation

Lorsque le projet a débuté, la vulgarisation était considérée comme un processus à double sens. Instruit par la population, tout spécialement sur la question de l'aménagement des parcours du bétail, le PAPE forma une petite équipe de vulgarisateurs et une dizaine de personnes de Pokot furent choisies pour aller, de temps à autre, suivre une formation d'agriculture dans un collège.

Bien que le développement agricole fût l'axe principal du projet, la sylviculture était également considérée comme importante. Des gens étaient payés pour produire des plants en pépinières, sous la direction du personnel du PAPE. La production se comptait au début par milliers de plants, puis par dizaines de milliers ; aujourd'hui, elle diminue. La plupart de ces plants ont été utilisés sur les terres gérées par le projet et sur les terres communales ; quelques-uns ont été vendus sur place à prix subventionné. Lorsque des Pokots achetaient des plants, ils choisissaient surtout des fruitiers. Aujourd'hui, la majorité des plants produits sont surtout vendus dans les hautes terres, hors de la zone du projet.

Le PAPE a installé trois parcelles de démonstration pour présenter ses techniques de sylviculture. C'étaient des parcelles de quelques hectares, clôturées par des branches épineuses d'acacia et protégées par des gardes qui travaillaient sous le contrat « aide alimentaire pour le travail ». Elles ont très bien fonctionné et ont de plus fourni de grandes quantités de graines vendues dans tout le pays, qui ont rapporté de l'argent au projet. Si cette expérience eut peu d'effet pour convaincre les gens d'en faire autant sur leurs propres terrains, elle les sensibilisa efficacement aux possibilités qu'offre le contrôle de l'environnement.

C'est sans doute dans les écoles que la sylviculture a provoqué le plus d'intérêt. Beaucoup d'efforts ont été déployés depuis plus de dix ans pour encourager la plantation d'arbres sur les exploitations individuelles, mais sans grand résultat. « *J'aurais du mal à vous montrer un terrain bien planté* », avoue un employé du projet. Des parcelles de démonstrations agricoles, également mises en place, ont été abandonnées, faute d'avoir suscité quelque intérêt. « *Quand on s'est retrouvé avec une belle parcelle de démonstration, équipée pour le captage des eaux de pluie et tout ce qu'il faut et que personne n'en a voulu, on s'est quand même posé des questions !* », continue un autre animateur.

Dans certaines zones où l'eau ne pose pas de problème particulier, on observa de meilleures réactions, mais jamais beaucoup d'enthousiasme. « *Convaincre les gens de préparer les sols ou de planter des arbres a toujours été difficile. Mais quand je leur parle de chèvres ou de chameaux, alors, ils sont avec moi !* », commente un responsable.

Dans cette région, les services de vulgarisation du gouvernement ont récemment été étoffés, si bien que le projet a pu cesser ses activités de vulgarisation. Le PAPE espérait que le gouvernement intégrerait ses vulgarisateurs, mais cela s'est révélé illusoire ; d'autres ONG dans le pays ont pu en faire l'expérience. Il est quasiment impossible de confier un service de vulgarisation au gouvernement quand ce service a été mis en place par des fonds extérieurs.

Aménagements de parcours et contrôle des pâturages

Le problème majeur des Pokots est, sans aucun doute, la faible productivité de leur système pastoral. Cela tient surtout au surpâturage, mais le problème a été aggravé par l'insécurité qui règne dans le pays et qui a contraint les éleveurs à se retirer dans des régions reculées, loin des autres ethnies. Certaines de ces régions ont longtemps été des *« no man's land »*. Les Pokots ont toujours contrôlé le niveau de pâturage, en accord avec des règles interprétées et gérées par les « anciens ». Récemment, la respectabilité des anciens s'est effritée en même temps que le sens de la gestion du milieu. Pour marquer l'importance des zones réservées au pâturage et soutenir l'autorité des aînés, dans certaines régions, le projet a fourni du travail et du matériel.

La plus grande surface contrôlée couvrait 3000 hectares. Elle était clôturée par des branches épineuses et surveillée par des salariés. Elle fut semée d'herbes, telles que *Cenchrus ciliaris, Enterpogon macrostachys, Eragrostis superba*... L'effet sur la qualité des pacages a été spectaculaire et l'impact sur la production de bois supérieur à ce qu'il fut jamais dans aucun programme de sylviculture. De temps en temps, et en accord avec les éleveurs, un nombre limité de bêtes étaient autorisées à pénétrer dans les zones protégées, moyennant un droit d'entrée. L'expérience a fonctionné pendant quelques années et fut encensée par la presse. Mais au cours de la sécheresse de 1983, les contrôles ont disparu et ils n'ont pas été rétablis depuis.

De la difficulté de maintenir en vie les innovations

Les pasteurs du Pokot-Est ont, de tout temps, possédé une culture et une économie fondées sur le bétail. Ce qui est parfaitement compréhensible dans une région aussi dépourvue de pluies. Ainsi, les mauvaises années, ils peuvent emmener les troupeaux paître dans des régions susceptibles de produire du fourrage. Ce qui signifie aussi que posséder des troupeaux et en tirer une quelconque production sont des activités très valorisées, alors que l'agriculture est plutôt méprisée.

Durant les sécheresses des années 70, les Pokots n'ont pas pu subvenir à leurs besoins avec leurs seules bêtes, et leurs voisins hostiles ont encore accru leurs problèmes. Plutôt que de se contenter de fournir une aide d'urgence, le projet a préféré rechercher une solution viable à plus long terme, et l'agriculture apparut préférable à l'élevage. La sylviculture faisait partie du programme car elle était considérée comme le meilleur moyen d'arrêter la progression du désert et d'éviter le piège du bois du chauffe.

La production de cultures vivrières dans les conditions du Pokot-Est reste cependant difficile et risquée. Lorsque les animateurs du projet ont souhaité transmettre la responsabilité des activités aux Pokots, ils se sont aperçus que les Pokots n'avaient aucune envie de devenir des agriculteurs. Quand les pluies sont revenues et que les troupeaux se sont reconstitués, les Pokots ont choisi de retourner à l'élevage.

Le volet du projet concernant le pâturage contrôlé semble pourtant s'être bien adapté à la tradition pastorale des Pokots, aussi eut-il, un certain temps, un impact appréciable. Le fait qu'il n'ait pas résisté aux tensions que connut la région au cours de la sécheresse n'est pas surprenant. Les sociétés pastorales comme celle des Pokots choisissent souvent d'exploiter des zones de secours pour le pâturage pendant les longues périodes de sécheresse.

La question de savoir pourquoi le pâturage contrôlé ne fut pas rétabli après la sécheresse fait l'objet de discussions. Cela tient peut-être, tout simplement, au fait que les anciens n'avaient plus le poids nécessaire pour faire respecter les règles. Une autre hypothèse, ou du moins un facteur qui y a contribué, suppose que les éleveurs ont pensé que, puisque le projet avait déjà pris la responsabilité de fournir des clôtures et des gardiens, il pouvait bien maintenant continuer à gérer la région.

Cette expérience met bien en évidence le fait que les Pokots s'intéressent surtout à l'élevage. C'est leur seule stratégie pour survivre, dans les conditions de vie difficiles qui sont les leurs. Ils sont cependant ouverts à des mesures comme la médecine vétérinaire, l'approvisionnement en eau et les parcours de bétail, qui sont autant d'occasions d'améliorer leur sécurité alimentaire et leur production. L'agriculture est pour eux une tout autre affaire. Le sytème d' « aide alimentaire pour le travail » a constitué, pour eux un moyen de subsistance lorsqu'ils n'avaient pas d'autre alternative. Mais, de là à s'engager à long terme vers l'agroforesterie ou un mode de vie agricole, il y a un pas qu'il ne sont pas prêts à franchir.

Bibliographie

EPAP. *Annual reports of the East Pokot Agricultural Project, 1978, 80, 1981, 1983.*

PLANIFICATION ET GESTION DES SOLS ET FORÊTS A GUESSELBODI, NIGER

DES COÛT ÉLEVÉS MALGRÉ LA PARTICIPATION DE LA COMMUNAUTÉ

De larges zones des forêts naturelles de Guesselbodi, à côté de Niamey, ont été détruites par la coupe excessive de bois de feu et le surpâturage. On a tenté de combattre ce fléau par la plantation d'eucalyptus et, à l'aide d'autres mesures forestières classiques, mais cela s'est révélé, à l'usage, coûteux et peu efficace. Ces mesures ont donc été abandonnées.

De bien meilleurs résultats ont été obtenus en associant les communautés locales à la gestion des forêts naturelles pour en tirer le bois et le fourrage. Cependant, compte tenu du prix actuel du bois de feu, même cette approche est loin de couvrir les frais engagés. Il semble que de tels programmes ne peuvent survivre qu'à condition de recevoir des aides extérieures.

La disparition de la forêt

La forêt de Guesselbodi se trouve au sud-ouest du Niger, à 30 km de Niamey, la capitale. La zone du projet est située sur le haut plateau qui couvre la plus grande partie du pays. Le climat y est de type soudano-sahélien, avec des précipitations de 500 mm de moyenne annuelle, entre mai et septembre.

En regard de la plupart des systèmes de classement, il paraît difficile de qualifier de forêt la végétation de Guesselbodi. Elle se com-

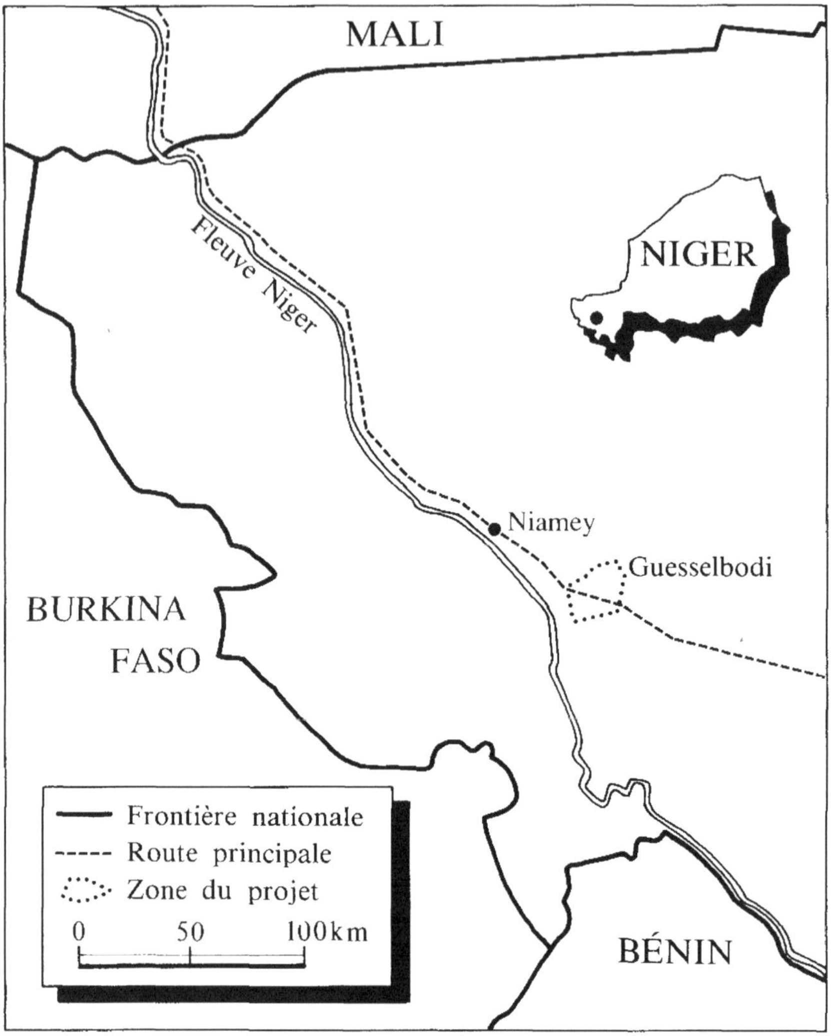

Nom du projet	Projet de planification et d'utilisation des sols et forêts (PUSF)
Adresse	BP 12203 Niamey, Niger
Zone du projet	Forêt de Guesselbodi
Précipitations	500 mm par an
Exécution	Le service des Forêts et des expatriés
Financement	300 $ à 600 $ par an, de USAID
Taux de change	1 franc CFA = 0,02 FF

pose en effet d'arbres éparpillés : *Combretum micranthum, Combretum nigricans, Boscia senegalensis*, et quelques arbustes d'acacias. On y trouve aussi des *Prosopis africana* et des *Commiphora africana. Cenchrus bifloris, Aristida mutabilis* et *Eragrostis tremula* sont les principales espèces d'herbes.

La région est surtout habitée par les agriculteurs djermas, mais les éleveurs fulanis et touaregs, semi-nomades, la traversent de temps en temps. La densité moyenne de population est de 20 habitants au km^2, mais la plus grande partie des habitants est concentrée le long des rivières. En altitude, dans les régions les plus sèches, la densité peut tomber à 2 habitants au km^2. La forêt elle-même n'est pas habitée.

La ville de Niamey compte environ 700 000 habitants et ce nombre croît à la vitesse étonnante de 10% par an. Le bois de feu est l'unique source d'énergie pour plus de 90% des foyers. Niamey, une des villes les plus pauvres d'Afrique, risque de rester longtemps dépendante pour son bois.

La forêt de Guesselbodi a été reconnue officiellement en 1948, et depuis des photographies aériennes ont été prises régulièrement. Elles montrent que les arbres et la brousse disparaissent à un taux de 2 % à 3% par an (50% depuis trente ans). La plus grande partie de la région est, aujourd'hui, tout à fait à nue et couverte d'une croûte de latérite, qui empêche toute régénération naturelle de la végétation. Même sur les meilleures parcelles, la végétation est dispersée et les pentes connaissent souvent une très sérieuse érosion par ruissellement.

Le projet PUSF

Depuis 1971, des organisations comme la Banque mondiale, le Centre technique forestier tropical (CTFT) et la Caisse centrale de coopération économique (CCCE) de France, financent des expérimentations pour établir des plantations forestières à Guesselbodi. Le service des Forêts plante plusieurs centaines d'hectares, surtout des eucalyptus, mais rencontre les mêmes problèmes que ceux qui se posent dans tous les projets de ce type, au Sahel. La plantation et l'entretien de cette forêt coûtent très cher, le taux de survie des plants est plutôt médiocre et les taux de croissance nettement inférieurs aux attentes. Cette approche a donc été abandonnée.

En 1980, le Projet planification et utilisation des sols et forêts (PUSF) démarre. Son objectif : faire prendre en charge localement la régénération naturelle et la gestion de la forêt. Ces forêts pouvaient être utilisées de diverses façons, les meilleurs sols étant réservés à la culture, et les autres aux herbages. Il s'agissait, avant tout, d'impliquer au maximum la population locale.

Le projet étudia les principales forêts dans un rayon de 100 km autour de Niamey et retint huit zones pour une investigation plus poussée. Guesselbodi fut choisi comme projet pilote pour promouvoir et développer le nouveau système de gestion. Bien que du bon travail ait été fait dans les autres forêts, Guesselbodi est de loin le projet le plus performant. Il dépend du service forestier du ministère de l'Hydrologie et de l'Environnement et il fut financé, dès le départ, par l'Agence américaine pour le développement international (USAID). Le budget a varié de 300 000 $ à 600 000 $ par an pour l'ensemble des forêts. Quatre expatriés et quelques volontaires fournissaient une assistance technique. Le projet connaît actuellement un certain flottement. Les financements sont plus bas que par le passé, mais des négociations sont en cours pour les renouveler et même les augmenter.

Essais et planification

Au cours des premières étapes du projet, un calendrier a été mis en place. La surface totale de 5 000 hectares a été divisée en 10 parcelles de 500 ha chacune, de façon à les exploiter à tour de rôle selon des rotations de dix ans. On estima que 3000 ha seulement étaient propres à produire du bois de feu, les 2000 ha restant n'étant pas récupérables. Même les parties productives étaient en mauvais état, 207 ha seulement ayant un taux de couvert des cimes de 80 % à 100 %.

*Des microcaptages en forme de V au pied d'*Acacia holosericea.
Une solution pour les sols arides.
Paul Kerkhof/Panos Pictures

Des essais et des expérimentations sylvicoles ont été menés, depuis plusieurs années, pour évaluer les mesures proposées, et certains sont toujours en cours. Ils ont mis en évidence le fait que les *Combretum* sont les meilleures espèces pour le bois de taille, et que la production augmentait considérablement si les arbres étaient taillés à 30 cm de hauteur et protégés de la dent des ruminants. Là où les arbres n'ont pas été protégés, les taux de survie après la taille sont tombés à 10%.

Des semis directs de *Balanites aegyptiaca, Bauhinia et Acacia* furent tentés à plusieurs reprises, mais sans succès. La plantation d'arbres autour des microcaptages, en revanche, marchait très bien, de même que les semailles de diverses sortes d'herbes. Le projet décida finalement, qu'en dehors de l'*Acacia holosericea* — espèce australienne à croissance très rapide dans les conditions locales — seules seraient utilisées des espèces indigènes.

Des essais ont également été menés pour évaluer les effets du *mulch* avec des branches et des herbes sèches, et du défonçage du sol sur la régénération de la végétation. Le défonçage consiste à casser la croûte de surface avec une pique. Le *mulching* s'est montré particulièrement efficace pour stimuler la régénération de la végétation, mais les meilleurs résultats ont été obtenus en combinant les deux méthodes (voir tableau 19.1).

On attribue l'effet bénéfique du *mulch* au fait qu'il favorise l'activité des termites. Ceux-ci, en effet, y creusent de beaux tunnels qui facilitent ensuite la pénétration des eaux de pluie. Phénomène à rapprocher de l'expérience des *zay*, dans le Yatenga au Burkina Faso (voir le projet PAF). La présence de ces brindilles et branches sur le sol facilite également la retenue des graines, emportées par le vent.

Un vaste projet de réhabilitation de la forêt

Grâce à ce projet, des zones ont été plantées d'herbes et d'arbres. Une protection contre les ruminants a été jugée nécessaire, pendant les trois années qui suivent la plantation des arbres. Pour ce faire, le projet finance un garde pour 250 hectares. Ce sont souvent des Touaregs qui n'ont pas de lien avec les communautés agricoles locales.

Chaque garde a un chameau et une épée. Les animaux trouvés dans les zones protégées, sont enfermés et rendus à leur propriétaire moyennant une amende. Ce système de contrôle est particulièrement efficace et bien moins onéreux que les clôtures. Il revient néanmoins assez cher si l'on considère le salaire des gardes — 40 000 francs CFA (800 FF) par mois — et le coût d'entretien des chameaux. Actuellement, douze gardes sont employés au contrôle.

Pour réhabiliter les zones qui n'avaient plus aucune végétation, des murets ont été construits le long des courbes de niveaux de façon à réduire l'érosion. Dans la mesure du possible, ils étaient faits de pierres trouvées sur place ; sinon, on les construisait en terre. Les frais

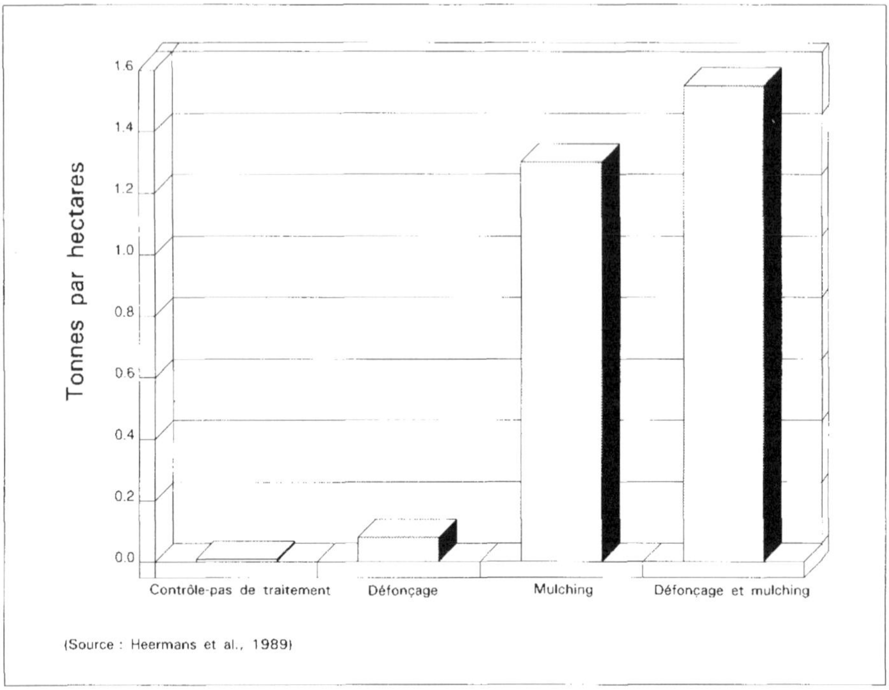

Figure 19.1 — *Effet du défonçage et du mulching sur la régénération naturelle. Le graphique montre la production totale de biomasse après trois ans de traitement.*

pour aménager ainsi une zone, ont été estimés à 68 000 francs CFA (1 360 FF) par hectare. Sur les collines, des microbarrages ont été construits pour réduire l'érosion par ruissellement.

Des microcaptages en forme de V ont été édifiés à la main dans des régions prévues pour la sylviculture. Les branches du V font 2,5 m de long, et la pointe du V est légèrement surélevée par rapport au bout des branches, de façon que l'eau ne s'écoule pas trop violemment et n'endommage pas le muret.

Les microcaptages dans les sols sableux se sont révélés inefficaces. Ils se comblent très vite avec les vents de sable et ont de toute façon peu d'eau à retenir. Dans les sols très lourds, au contraire, l'eau ne pénètre pas et il convient d'y planter des arbres qui supportent un terrain gorgé d'eau.

Là où une croûte de latérite s'était formée, des bulldozers ont retourné le sol sur 40 cm d'épaisseur. Cela est revenu très cher et a donné des résultats médiocres, si bien que la formule a été abandonnée. Casser cette croûte de latérite avec une pique coûtait bien sûr moins cher et l'herbe repoussait, mais cela ne durait qu'une saison. Ensuite, le sol retrouvait sa carapace.

Chaque année, la pépinière centrale de Guesselbodi produisait 100 000 plants, utilisés principalement autour des microcaptages. Encouragés par les essais, les animateurs du projet décidèrent de traiter chaque arbre planté avec 30 g d'engrais NPK et 39 g de superphosphate triple. Le sarclage était fait une fois par saison, en même temps que les réparations éventuelles des microcaptages et des retenues d'eau.

De grandes quantités d'herbes ont été semées : 5 tonnes de graines d'*Andropogon gayanus* ont été, par exemple, semées chaque année. Compte tenu du nombre de régions totalement dénudées, les risques d'incendies sont minimes et les pare-feu inutiles. Ils sont en revanche indispensables dans d'autres zones.

Le résultat de ces mesures est que la production annuelle de bois de feu a doublé ou triplé, passant de 0,5 stère par hectare avant l'intervention, à 1 stère ou 1,5 stère après. La production d'herbe a elle aussi augmenté et atteint 640 kg de produit sec par hectare et par an (Heermans *et al.* 1987 — voir bibliographie).

La gestion participative de la forêt : une entreprise difficile

Une enquête socioéconomique en langue locale fut menée, pour savoir comment les populations locales exploitaient la forêt et comment elles réagiraient aux opérations prévues. Elle révéla que les autochtones tirent profit de la forêt à des fins variées, allant du pâturage à la récolte de miel, en passant par les plantes médicinales. On apprit également qu'un certain nombre de sentiers traversaient la forêt.

Les animateurs du projet ont organisé de nombreuses réunions dans l'espoir d'associer les villageois à la gestion de la forêt. Mais ceux-ci se sont montrés indifférents, voire méfiants envers le service des Forêts. Les forestiers avaient eu par le passé un rôle répressif, ils estimaient de leur devoir de protéger la forêt des atteintes de la population locale. Dans l'une des langues locales, on qualifie d'ailleurs les forestiers de « *Sarkin Daji* », ce qui signifie « Rois des Forêts ».

Le manque de communication réelle entre les forestiers et les villageois est très bien illustré par l'échec de certains projets forestiers communaux, menés dans la région. Une fois plantés, des arbres n'ont été revendiqués ni par le service des Forêts ni par les villageois, si bien qu'ils sont morts. « *Les arbres appartiennent à la terre* », dit une expression locale.

Un autre obstacle à la participation des villageois est le fait que les gens ne sont pas habitués à ramasser du bois de chauffe pour le marché. Activité qui a toujours été l'apanage des commerçants, « des gens d'ailleurs ». Mais les gens d'ici ont commencé à se motiver quand on leur a proposé des avantages tangibles en échange des responsabilités qu'ils prendraient dans la gestion de la forêt.

Le gouvernement du Niger a une politique nationale en faveur du mouvement coopératif, et de nombreux villages possèdent leur coopérative, même si nombre d'entre elles sont actuellement en sommeil. Il était donc logique que le projet mette en place une coopérative de produits forestiers, regroupant les neuf villages bordant la forêt Guesselbodi.

Des travaux dans ce sens ont commencé en 1985/1986 et, en février de l'année suivante, un contrat fut signé entre le service des Forêts et le ministère de l'Hydrologie et de l'Environnement, prévoyant l'exploitation commerciale du bois de feu dans la région. C'était un geste important de la part du service des Forêts puisqu'il déléguait une grande partie des responsabilités de la gestion d'une forêt enregistrée à la population. Une clause sur la production du foin fut signée ultérieurement.

Selon les termes de ce contrat, les rôles du service des Forêts, des particuliers et de la coopérative se répartissaient comme suit...

* Le service des Forêts est responsable de la réhabilitation et de la conservation de la forêt. Il est responsable des calendriers de récolte annuelle et définit les règles de cette récolte. Il fait respecter l'ordre en conséquence.

* La coopérative est autorisée à exploiter la forêt conformément aux règles définies par le service des Forêts.

* Les habitants des neuf villages concernés sont membres de la coopérative et ont le droit d'acheter un permis pour récolter du bois de feu ou du foin.

Les membres de la coopérative doivent lui vendre tout le bois qu'ils récoltent, à l'exception de ce dont ils ont besoin pour leur consommation domestique ; mais ils peuvent vendre le foin comme ils veulent.

* La coopérative revend le bois qu'elle acquiert des villageois à des marchands de bois attitrés.

Selon les règles du service des Forêts, le bois mort ou en mauvais état peut être récolté, et les arbres vivants de certaines espèces ou de certains diamètres peuvent être coupés. Chaque bûcheron dispose d'un outil fait d'un bâton planté de clous pour mesurer les arbres, de façon à ne pas couper des arbres trop jeunes. Les arbres, dont les graines sont particulièrement utiles à la régénération naturelle, ou ceux qui sont essentiels à la vie sauvage, sont marqués par des ingénieurs forestiers et il est interdit de les couper.

Les revenus de la vente sont partagés à 75 % par le Fonds forestier, dirigé par le service des Forêts, et destinés à la réhabilitation et l'entretien de la forêt, et à 25 % par la coopérative. Les taxes correspondant aux permis pour la coupe du bois reviennent au Fonds forestier, alors que celles pour la coupe du foin reviennent à la coopérative.

Un point de collecte du bois fut aménagé par la coopérative sur la principale route goudronnée qui mène à Niamey. De là, les marchands de bois viennent acheter la production et l'emportent vers la ville. La coopérative ne vend le bois qu'à la saison des pluies, lorsque les prix sont les meilleurs.

En 1987, première année de récolte planifiée, 980 stères de bois et 4 355 bottes de foin ont été récoltés. Ce qui correspond à un revenu de 478 000 francs CFA (9 560 FF) pour le Fonds forestier, et 128 000 francs CFA (2 560 FF) pour la coopérative. En 1988, 1 822 stères et 44 804 bottes de foin ont été récoltés, et la coopérative a gagné environ 2 millions de francs CFA (40 000 FF). En 1989, 149 bûcherons étaient inscrits et l'on espérait une production de 2 400 stères.

En montant cette coopérative, s'assurant qu'elle pourrait rentabiliser le projet, le PUSF a favorisé la participation villageoise. Mais le service des Forêts garde encore la responsabilité de la forêt. D'après une enquête, les villageois conçoivent le rôle du PUSF comme un rôle de contrôle de l'exploitation de la forêt, celui de la coopérative comme un rôle d'organisation du marché pour garantir de bons prix. Eux, n'ont qu'un rôle à jouer : se soumettre aux règlements. Quant aux femmes, elles ne prennent quasiment aucune part dans l'exploitation commerciale de la forêt.

La question de la viabilité financière

Le gros problème de ce projet est qu'il est loin d'être viable financièrement. Des analyses montrent que le coût d'une réhabilitation complète, microcaptages et plantation d'arbres compris, reviendrait à 200 000 francs CFA (4 000 FF) l'hectare. Une étude, menée par l'Agence allemande pour la coopération technique (GTZ), a démontré qu'il était impossible de couvrir de tels frais par la vente du bois à Niamey, dans les conditions actuelles (Winter *et al.* 1988 — voir bibliographie).

Augmenter les prix n'est guère une solution, puisque la coopérative ne fournit qu'une petite proportion du bois vendu à Niamey. Elle doit donc s'aligner sur les prix des autres fournisseurs. Actuellement, aucun signe de hausse des prix du bois n'est enregistré, en termes réels. Mais l'étude de GTZ estime qu'il faudrait augmenter trois ou quatre fois les prix pour que le projet en tire quelque revenu. Dans ce cas, le bois risquerait bien de ne plus être compétitif par rapport aux autres combustibles.

Il n'est pas non plus utile d'envisager une augmentation conséquente de la production forestière, au-delà du stère et demi par hectare déjà atteint. La production de foin pourrait probablement augmenter, mais l'implication financière serait dérisoire. Il a été envisagé de vendre le bois directement aux consommateurs de Niamey pour supprimer la part des commerçants, mais il est peu probable que la coopérative soit plus efficace que les entreprises privées en matière de distribution.

On a aussi pensé subventionner le projet avec la taxe actuelle sur le bois de feu. Elle est traditionnellement prélevée sur tout chargement de bois qui entre à Niamey. Le gouvernement du Niger et la Banque mondiale viennent de signer un contrat prévoyant une augmentation conséquente de cette taxe, pour subventionner le projet. Mais dans la pratique, et même sur le principe, cet arrangement pose un certain nombre de questions. La plupart des consommateurs de bois de feu sont extrêmement pauvres et il y aurait sûrement une résistance énorme de leur part à toute augmentation de la taxe. De plus, le gouvernement risque de trouver difficile de continuer à subventionner ce projet alors qu'il a tant d'autres urgences à affronter avec un budget plus que limité.

Une autre alternative est de réduire les frais du projet. Il est compréhensible que le service des Forêts souhaite inclure, dans son programme de réhabilitation et de gestion de la forêt, un volet sur la conservation des sols et la sylviculture. Des analyses ont prouvé que les bénéfices de telles activités sont forcément bas dans les conditions climatiques qui sont celles du projet.

Le projet a montré ce qui peut être fait, en engageant simplement des gardes touaregs. Leur présence a fait cesser la coupe incontrôlée du bois et le surpâturage ; on pense que cette seule mesure va permettre une régénération considérable de la forêt. L'étude de GTZ estime cependant que ce type de protection n'est envisageable que dans des régions à bon potentiel de régénération spontanée.

Une chose est certaine : il est beaucoup plus simple de conserver et d'entretenir les ressources forestières tant qu'elles existent que de tenter de les restaurer en engageant de grands frais de conservation des sols et de plantation d'arbres, une fois qu'elles ont été détruites ou sévèrement dégradées.

Et après ?

Le PUSF a pratiquement réussi à démontrer qu'il était possible de réhabiliter les forêts naturelles et la savane dans un environnement semi-aride. A Guesselbodi, la production de bois et d'herbe a repris, de même que la vie sauvage. A tous les niveaux, la forêt a recommencé à vivre, d'une façon qui de plus profite aux villageois.

Cependant, le projet rencontre toujours de gros obstacles matériels et financiers. On évoque les problèmes de comptabilité de la coopérative, qui est toujours aux mains du département des Forêts. Et l'on se demande si la coopérative est vraiment le meilleur moyen pour susciter la participation locale à la gestion de la forêt.

On se demande également si les projets de gestion des forêts — même s'ils réduisent leurs frais et impliquent les communautés locales — ont des chances d'être viables dans les régions arides et semi-arides, où ils sont nécessaires. Actuellement, un tel programme ne peut survivre dans un pays pauvre comme le Niger que grâce à des financements extérieurs consistants.

Bibliographie

J. De Winter *et al.* *Étude, aménagement et protection des forêts naturelles dans la région de Niamey*. Deutsche Forstinventur Service GMBH, RFA (1988).

FLUP. *Annual Reports, 1982-1986.*

J. Heermans, G. Minnick and C. Polansky. *Guide to forest restoration and management in the Sahel based on case studies at the national forests of Guesselbodi and Gorou-Bassounga, Niger*. FLUP/USAID (1987).

Troisième partie

APPROCHES POUR LA CONCEPTION ET L'EXÉCUTION DE PROJETS

APPROCHES POUR LA CONCEPTION ET L'EXÉCUTION DE PROJETS

Des approches très variées ont été utilisées pour concevoir et exécuter les projets agroforestiers. La plupart des responsables ont appris sur le tas, solution la plus appropriée aux conditions locales, la plus réaliste aussi, compte tenu des ressources disponibles.

A la lumière de ces expériences, ce chapitre présente des éléments essentiels pour concevoir et réaliser des projets, en comparant les différentes stratégies utilisées et en prolongeant la discussion sur les principales alternatives proposées.

ENQUÊTES PRÉLIMINAIRES

La première étape consiste, bien sûr, à mener une enquête préliminaire sur les attitudes et les priorités des gens, de façon à bien comprendre la communauté concernée. Cette enquête fournit également un repère qui permettra ensuite de mesurer l'impact du projet. Dans la pratique cependant, de nombreux projets n'ont pas prévu d'enquête, ou l'ont menée des années après le début du projet.

Il est facile de comprendre pourquoi ces enquêtes ne sont pas entreprises. Elle requièrent du temps et de l'argent, alors que, souvent, les animateurs de projets sont soucieux d'afficher rapidement des résultats. Certains d'entre eux pensent aussi connaître suffisamment la région. Pourtant, les enquêtes ont presque toujours produit des résultats intéressants et inattendus et, à long terme, elles ont évité de grandes pertes de temps et d'argent.

Parmi les projets étudiés ici, on distingue deux types d'enquêtes : l'enquête socio-économique générale et l'enquête diagnostique. La première est large et recherche des informations sur la population et les activités de la zone du projet. Elle intègre donc des données sur la démographie, sur l'agriculture, le bétail et la sylviculture.

Les enquêtes prouvent que les agriculteurs possèdent de bonnes connaissances en matière de plantations d'arbres. Ici, un paysan tanzanien déterre une pousse spontanée de Grevillea *pour la transplanter dans sa pépinière.*

Lars Johansson

L'enquête diagnostique est en général plus centrée sur un point précis, par exemple, les contraintes spécifiques des exploitations agricoles vis-à-vis des arbres. Cette approche a été surtout utilisée par le Conseil international pour la recherche en agroforesterie (ICRAF), dans sa méthodologie « Diagnostic et conception » (D & D).

La majorité des enquêtes agroforestières s'appuient sur des interviews des habitants de la région considérée. Seuls quelques projets ont utilisé des techniques plus élaborées comme des photographies aériennes et des cartographies détaillées de la végétation. Ces techniques ont donné de bons résultats, mais leur coût les rend la plupart du temps inaccessibles.

La technique d'enquête la plus répandue consiste à préparer à l'avance un questionnaire standard. Poser la même question à tout le monde facilite le traitement de l'information et permet de tirer des conclusions d'ordre quantitatif.

Mais si l'on cherche à traiter de trop nombreux sujets, la liste de questions devient peu maniable. L'université de Dar es-Salam, par exemple, a utilisé un questionnaire de 48 pages pour mener une enquête sur le projet SECAP en Tanzanie. La patience et la concentration des personnes interrogées sont alors évidemment mises à rude épreuve ; l'analyse des données devient complexe et exige un traitement informatique. Le rapport final est lourd car surchargé d'informations.

Certains sujets sont difficiles à appréhender par un questionnaire standard et demandent une approche plus souple et informelle. Le projet KWDP au Kenya, qui mit en évidence le conflit entre maris et femmes sur le problème du bois de feu, est un bon exemple d'enquête culturelle fournissant de très précieuses informations. L'inconvénient est que ce type de travail exige des enquêteurs très qualifiés. Seul un petit nombre de gens peuvent être alors interrogés, les résultats ne sont donc pas forcément représentatifs.

Certaines questions difficiles sont souvent oubliées, comme le régime foncier, le droit de propriété des arbres, les prises de décision dans l'exploitation agricole... Elles sont pourtant essentielles dans la conception du projet. Vu de l'extérieur, il paraît souvent évident que les agriculteurs souhaitent planter des arbres. Mais, dans la pratique, des facteurs comme l'incertitude quant à la propriété des terres, l'émigration des hommes, la position des femmes, qui n'ont pas leur mot à dire dans l'exploitation de leur mari, empêchent ce désir de prendre forme.

Lorsque ces enquêtes ont lieu, il est important de s'assurer qu'elles sont bien comprises comme faisant partie intégrante du projet. Dans certains cas, les enquêtes ont été considérées comme de simples outils de planification, dans lesquels les responsables du projet s'impliquaient peu ou pas du tout. Elles ont alors été menées comme un élément à part, parfois même par un consultant extérieur. Le produit final ressemblait alors à un long exposé d'arguties, de peu d'intérêt pour le projet lui-même.

Dans d'autres cas, les enquêtes ont été davantage intégrées au projet, le personnel de vulgarisation s'associant à la formulation du questionnaire puis au travail d'enquête proprement dit. Ils pouvaient ainsi prendre conscience de la diversité des exploitations qu'ils visitaient et mieux évaluer les connaissances des agriculteurs. Dans certains projets, les vulgarisateurs ont aussi participé au traitement des données. Tout cela leur a bien sûr permis de s'impliquer dans l'enquête et de s'intéresser aux résultats. Cette démarche peut paraître longue et fastidieuse, mais elle est très éducative et, à long terme, elle sert le projet de la manière la plus appréciable. Elle permet aussi de s'assurer du bon choix de l'approche quand il s'agit de questions délicates.

Le problème de bon nombre d'enquêtes est leur volume. Plus elles sont longues, plus le projet coûte cher, et plus il devient difficile d'y impliquer les vulgarisateurs. Certaines enquêtes ont touché des centaines, voire des milliers d'agriculteurs ; elles étaient tellement élaborées qu'il était impossible d'en tirer des conclusions claires. Le traitement des données a parfois demandé tant de travail qu'il ne restait plus de temps pour rédiger correctement le rapport final. L'expérience a prouvé que les enquêtes qui se concentrent sur quelques problèmes importants et leurs possibles solutions sont les plus utiles et plus efficaces.

Des solutions pour la recherche

Puisqu'il n'existe pas de techniques agroforestières toute prêtes, la plupart des projets ont dû faire eux-mêmes des recherches. La majorité des animateurs craignent cette étape car ils savent par expérience que les recherches soulèvent souvent plus de questions qu'elles n'en résolvent et qu'elles donnent des résultats souvent peu concluants, voire contradictoires. Concevoir un programme de recherche de façon qu'il rende des résultats exploitables rapidement, à faible coût, est l'une des tâches les plus délicates.

Les techniques de recherche employées sont variées. Certains projets ont mené des recherches en station ; dans ce cas, des parcelles expérimentales étaient installées sous contrôle, soit dans des centres de recherche existant, soit au siège du projet, soit enfin dans les grandes pépinières. Ces parcelles ont permis de sélectionner différentes espèces d'arbres ; des essais ont également été menés pour évaluer l'impact des arbres sur la production vivrière et tester différentes combinaisons agroforestières.

De tels essais demandent à être répétés plusieurs fois et contrôlés attentivement si l'on veut être sûr d'obtenir des résultats statistiquement valides. Un certain nombre de projets ont appliqué les recommandations de l'ICRAF pour concevoir leurs expérimentations.

Cependant, des recherches de ce type demandent de gros moyens et un engagement prolongé des chercheurs. Certains projets ont engagé des recherches qui impliquaient des dizaines de combinaisons agroforestières, sans maîtriser la vision à long terme que cela supposait. Ils ont donc obtenu des résultats très peu significatifs d'un point de vue statistique. Ce n'est toutefois pas en pure perte, car ces résultats donnent tout de même des informations sur le comportement des différentes espèces, et indiquent ce qu'il est intéressant de montrer aux visiteurs, très nombreux sur certains sites.

Le principal inconvénient de ces recherches en station est la difficulté de les concrétiser par la suite en recommandations pratiques destinées aux agriculteurs. Car les conditions d'expérimentation sont forcément différentes des conditions réelles. C'est pourquoi de nombreux animateurs pensent qu'il serait important de mettre davantage l'accent sur les recherches menées en situation réelle. Ce concept étant relativement nouveau en agroforesterie, et même en agriculture, il n'existe que peu de repères à ce sujet. A chaque projet de trouver ses propres méthodes.

Le KWDP au Kenya s'est appuyé, par exemple, sur des recherches de terrain dans une zone très peuplée pour évaluer les performances de différentes espèces d'arbres à bois de feu, et pour savoir ce que les agriculteurs en pensaient. Le KWDP a utilisé une approche ouverte et les 22 agriculteurs retenus avaient toute liberté pour réaliser l'expérience. Des plants leur furent distribués ; les animateurs indiquaient leurs caractéristiques et leurs besoins, et les agriculteurs choisissaient le nombre et le type d'espèces qu'ils souhaitaient. Le choix de la date et de la technique de plantation était laissé aux agriculteurs.

On a évalué les taux de survie et de croissance des plants tous les six mois. Les agriculteurs furent également interrogés sur leur conception de la gestion et de l'exploitation des arbres. On estima l'intérêt qu'ils portaient aux essais au moyen de divers critères : l'emplacement choisi, l'attention portée aux plants et leur empressement à créer ou non des pépinières pour produire leurs propres plants. Autre point important à signaler : les animateurs du projet ont été associés à ces essais, si bien qu'ils les considéraient comme faisant partie intégrante de leur travail.

Le problème majeur d'une approche de terrain aussi ouverte est qu'il devient difficile de quantifier les résultats tant ils sont variés. Certains agriculteurs, en effet, font des semis fréquents, d'autres non. Les arbres peuvent être plantés en parcelles, en haies, sur des terrains rocailleux ou au milieu des champs. En 1988, on en a conclu que, pour obtenir des résultats quantitatifs, ce type d'approche devait être complété par des essais de terrain plus étroitement contrôlés.

Le projet PAFSAT au Cameroun est un bon exemple de recherche de terrain contrôlée. Quatre-vingts essais standard y sont menés dans des fermes sélectionnées, pour évaluer les orientations proposées et les comparer avec les techniques agricoles traditionnelles. Au départ, le personnel du projet s'est beaucoup impliqué dans le suivi et le contrôle des expériences sur les parcelles, mais cela s'est, par la suite, révélé trop prenant. Les agriculteurs ont donc été formés ; ils ont maintenant la responsabilité de la réalisation et de l'évaluation, mais pas de la conception des recherches.

En principe, de tels essais contrôlés devraient donner des résultats valides et des données quantitatives. Mais, même dans cet exemple, plus de la moitié des résultats ont dû être écartés du fait de variables incontrôlables — la vache du voisin ayant par exemple piétiné la parcelle d'expérimentation. Cependant, les essais des quarante autres agriculteurs ont malgré tout donné des résultats utiles et encourageants.

L'employé d'un projet au Kenya illustre très bien les problèmes qui se posent dans des recherches de terrain : *« Un agriculteur muguga a planté avec enthousiasme des* Leucaena leucocephala *dans son champ, ce qui lui avait été demandé. Mais c'était en fait le champ d'une de ses deux femmes et il ne lui avait pas demandé son avis ; il a commis une erreur. Cette femme n'aimait pas les* Leucaena leucocephala *qui, disait-elle, abîmaient son terrain. Elle s'est plainte amèrement, se demandant pourquoi son mari venait « gâter » son champ à elle et non celui de l'autre femme. Le mari, voulant éviter les problèmes conjugaux, s'est retiré du projet ; il a détruit sa parcelle d'expérimentation. »*

Des spécialistes pensent que les recherches sur le terrain seront toujours affectées par de telles variantes. Mais d'autres chercheurs soulignent les inconvénients des recherches en station. En conclusion, on peut penser que la plupart des projets auraient avantage à associer intelligemment les deux méthodes.

Le package technologique

C'est l'ensemble des innovations proposées à la population locale. Dans l'idéal, ce dispositif devrait découler des informations obtenues au cours de l'enquête initiale et des recherches sur les conditions et les besoins locaux. Mais dans la pratique, le package technologique est souvent choisi *avant* que le projet ne démarre.

Les chapitres qui suivent décrivent les caractéristiques des dispositifs les plus couramment employés dans les projets agroforestiers. Chacun d'eux a ses limites et certains ont été desservis par une publicité exagérée.

Cultures intercalaires dispersées et cultures en bandes alternées

La culture intercalaire est souvent considérée comme l'essence même de l'agroforesterie. Dans de nombreuses régions d'Afrique, des agriculteurs pratiquent des formes traditionnelles de cultures intercalaires dispersées. Par exemple, lorsque les terres sont débroussaillées pour être cultivées, il n'est pas rare que des arbres soient laissés au milieu des champs. Ailleurs, des agriculteurs laissent grandir les pousses spontanées d'espèces qui les intéressent. *Acacia albida* est sans doute l'espèce intercalaire traditionnelle la plus connue ; mais de nombreuses autres espèces sont cultivées, selon des techniques très variées.

La plupart des projets étudiés dans cette enquête ont développé la culture intercalaire sous une forme ou sous une autre. Dans les régions humides, les projets ont encouragé avec succès la culture d'espèces exotiques et indigènes comme *Callandria calothyrsus, Leucaena leucocephala* et *Tephrosia, Sesbania* et *Markhamia.* Dans les régions sèches, l'*Acacia albida* a été le plus souvent utilisé.

La culture en bandes alternées est une forme extrême de culture intercalaire. Elle fut mise au point au début des années 80, à l'Institut international d'agriculture tropicale (IIAT) du Niger. Des rangées d'arbres ou d'arbustes de la famille des légumineuses sont plantées au milieu des cultures. Les arbres sont taillés pendant la montée de la sève de façon que l'azote et les composés organiques contenus dans les feuilles retournent à la terre et servent d'engrais.

L'association *Leucaena leucocephala* et maïs a donné les meilleurs résultats, augmentant à la fois les rendements de bois et de maïs. Cette technique fut l'objet d'une telle publicité qu'elle fut reprise dans les lieux les plus variés, des zones semi-désertiques aux régions froides de montagne.

Un volet de culture en bandes alternées a été inclus à la plupart des projets présentés dans cette étude. Mais dans la forme proposée par l'IICT, elle n'a pas remporté un grand succès auprès des agriculteurs. Le problème est que *Leucaena* n'est pas l'arbre miracle que beaucoup espéraient. On était tellement persuadé que cette espèce poussait partout que, lorsqu'elle refusait de pousser quelque part, les responsables de projets pensaient que c'était de leur faute ; ils n'imaginaient pas que cela pouvait aussi tenir aux limites de l'arbre.

Un autre problème posé par la culture en bandes alternées est qu'elle demande beaucoup de travail et que, sous sa forme initiale, elle exige une densité de plusieurs milliers d'arbres par hectare. L'investissement, les risques et le travail liés à ce type de culture la rendent donc peu attrayante pour les agriculteurs.

On a souvent remarqué que les agriculteurs étaient prêts à retenir certains aspects de cette technique lorsque cela leur semblait utile. Dans le projet KWDP au Kenya, des agriculteurs plantaient, par exemple, des rangées de ces arbres le long des limites de parcelles. D'autres en plantaient une seule rangée, au milieu du champ ou le long d'une courbe de niveau. Dans le projet PAP, des agriculteurs les plantèrent également sur les courbes de niveau. Ailleurs, des plantations en bandes furent installées, suivant les conseils de vulgarisateurs et évoluèrent progressivement vers la culture intercalaire dispersée.

Dans plusieurs endroits, on s'est aperçu que les agriculteurs étaient prêts à faire de la culture intercalaire avec des arbres de la famille des légumineuses pour avoir du fourrage. Les feuilles sont alors utilisées pour le bétail, surtout par les agriculteurs qui pratiquent le nourrissage à l'étable.

Peut-on vraiment qualifier ce type de variante de culture en bandes alternées ? Ce n'est sans doute qu'une question d'interprétation. Mais on peut dire que la culture en bandes alternées au sens strict n'a pas connu de succès dans les projets étudiés. Des formes de culture intercalaire plus dispersée semblent beaucoup mieux convenir aux agriculteurs.

Les plantations d'arbres sur les courbes de niveau et sur les limites des exploitations

En altitude, bon nombre de projets ont proposé de planter les arbres sur les bords des banquettes, le long des courbes de niveau, dans l'idée que les arbres stabiliseraient les banquettes, produiraient du bois, fertiliseraient le sol et adouciraient le climat.

Dans le projet PAP, expérimenté depuis vingt ans au Rwanda, de grands arbres comme le *Grevillea robusta* sont plantés sur le bord des banquettes ; des arbres de la famille des légumineuses sont également plantés en haies, le long des banquettes ou perpendiculairement à elles. Les haies sont taillées au bout de 12 mois la première fois, puis tous les 4 à 6 mois dans les rotations suivantes. Ce genre de technique est aussi expérimentée par le projet SECAP, en Tanzanie.

L'expérience a prouvé que certains aspects de ces techniques sont plus séduisants que d'autres pour les agriculteurs. *Grevillea robusta*, par exemple, est très apprécié des agriculteurs qui le plantent le long de leurs propriétés et de leurs champs, et parfois même au milieu des cultures. Dans certains cas, cet arbre a transformé le paysage.

D'un autre côté, les plantations d'arbres de la famille des légumineuses le long des courbes de niveau ont remporté moins de succès. Comme pour la culture en bandes alternées, la quantité de travail exigée par cette technique est plutôt dissuasive. Des équipes comme celle du projet PAP voient bien que, dans leur région, les sols ne sont pas exploités si intensément qu'ils requièrent ce type de pratique de la part des agriculteurs.

Les parcelles boisées

Les agriculteurs apprécient les parcelles boisées depuis très longtemps, surtout dans les régions très peuplées et bien arrosées. Mais les techniques utilisées par les agriculteurs ont toujours été différentes des techniques sylvicoles conventionnelles. Parfois, ils plantent des arbres dans des champs et continuent de cultiver autour, jusqu'à ce que les arbres forment un bois, comme dans le système « *taungya* ».

L'espace entre les arbres est réduit ; il peut même être de 50 cm. La récolte est souvent plus précoce que dans la sylviculture traditionnelle. Ces bois, pour la plupart, semblent avoir été davantage installés pour donner des poteaux et du bois de construction que du bois de feu.

Plusieurs projets, comme le RAP au Zimbabwe, et les programmes de bois de villages en Tanzanie, au Mali et au Burkina Faso, ont utilisé les bois comme principal argument de vulgarisation. La tendance de départ était de considérer les bois comme des versions miniatures de la forêt ; on plantait alors les eucalyptus en lignes, à intervalles réguliers, on les protégeait avec de solides clôtures. Mais les résultats ont presque toujours été décevants. Peu de bois de villages ont survécu, souvent par manque d'intérêt de la part des communautés locales. Et bien que des agriculteurs individuels soient prêts à planter des bosquets, ils préfèrent le faire à leur idée plutôt que de suivre les consignes strictes des animateurs du projet. C'est pourquoi cette approche « à l'ancienne » a en général été abandonnée.

Les brise-vent

On pourrait penser que les brise-vent constituent une excellente solution pour lutter contre les vents violents, qui endommagent les cultures et érodent le sol. Le projet de la vallée Majjia, qui existe depuis 1975, est dans ce domaine l'exemple le plus intéressant en Afrique. Ses résultats ont fait l'objet de nombreuses recherches, mais des questions importantes restent posées.

Elles concernent, par exemple, la conception précise de ces brise-vent et les nombreuses controverses qui en découlent. Une école défend les brise-vent bas et touffus du côté exposé au vent et de grands arbres sous le vent. Ce qui, dit-elle, empêche l'écoulement du vent sous la cime des arbres et le balayage du sol juste derrière l'ouvrage. L'autre école réplique, que de tels brise-vent peuvent provoquer de grosses turbulences et plaide pour un dispositif plus perméable au vent.

Il est difficile de mesurer l'impact de ces deux alternatives sur les rendements agricoles. Si l'on veut comparer les rendements d'un champ protégé avec un champ témoin, celui-ci doit se situer assez loin du brise-vent pour ne pas risquer d'être influencé par lui. Mais cela peut impliquer des variations dans la nature des sols, dans la quantité d'eau disponible et dans d'autres facteurs qui peuvent aussi affecter les résultats.

Les recherches de la vallée Majjia semblent indiquer que les rendements nets, c'est-à-dire ceux qui tiennent compte de la perte de surface occupée par l'ouvrage, ont augmenté. Les profits ont cependant été faibles et variables. Il semble que la quantité de bois ramassé sur les brise-vent — essentiellement des poteaux —, est plus significative que l'augmentation de la production agricole elle-même.

Les autres avantages des brise-vent, la réduction de l'érosion ou l'amélioration générale de l'environnement, par exemple, sont encore plus difficiles à apprécier. Ils peuvent être pourtant énormes à long terme. Mais il faut également tenir compte d'éventuels effets négatifs, comme le pompage de l'eau souterraine par un trop grand nombre d'arbres. De nombreux chercheurs ont exprimé leur inquiétude à ce sujet à propos du projet Majjia.

Une évaluation précise des coûts et des bénéfices entraînés par les brise-vent est difficile, assurément. Jusqu'à maintenant, on n'a pas encore assez d'expérience pour pouvoir dire exactement où installer des brise-vent et sous quelle forme. Il faut aussi se rappeler que de grandes quantités d'arbres dispersés dans la campagne — comme on peut en trouver dans un paysage traditionnel africain — peuvent être aussi efficaces pour réduire les problèmes de vent. Cette formule est même parfois préférable aux brise-vent.

Microcaptages

Faire pousser des arbres dans des régions arides ou semi-arides exige des techniques particulières. L'une des plus efficaces est le recours aux microcaptages, utilisés par exemple dans le projet du Turkana au Kenya, où des arbres ont réussi à pousser dans des régions qui reçoivent 180 mm d'eau par an.

Un microcaptage est une légère dépression creusée dans la terre, qui conduit l'eau de ruissellement vers l'arbre planté au point le plus bas. La forme et la taille de ces microcaptages varient selon les conditions locales. Des butées de pierres ou de terre peuvent aussi aider à canaliser l'eau. Des bulldozers et des niveleuses ont parfois été utilisées pour construire ces dispositifs, mais la plupart du temps ils sont faits avec des outils manuels.

Les microcaptages ne sont pas une invention récente. Dans certaines communautés agricoles, comme celle des Dogons au Mali, ils sont utilisés depuis des siècles pour améliorer les conditions agricoles. Au Burkina Faso, où le projet PAF en a construits, les agriculteurs se sont montrés très intéressés par la technique. L'amélioration de la production agricole est réelle et constitue alors l'encouragement le plus efficace, bien plus que l'impact sur la plantation d'arbres.

Stimuler la régénération de la végétation naturelle dans les régions pastorales

Compte tenu des larges surfaces impliquées et de leur faible productivité, les dispositifs proposés dans les régions pastorales sèches doivent être peu coûteux. Les plantations d'arbres et l'installation de microcaptages reviennent si cher qu'elles ne peuvent être utilisées que dans peu d'endroits. L'objectif est de prévoir des systèmes suffisamment bon marché pour être utilisés à grande échelle, plutôt que d'investir massivement sur de petites surfaces pendant que le reste se désertifie.

La seule mesure conséquente dans les régions sèches est la protection contre le surpâturage. Ensuite, les arbres et les herbes repoussent rapidement, en général sans autre intervention extérieure.

Généraliser un système efficace de contrôle contre le surpâturage relève du domaine socioéconomique et politique, plutôt que technique. Les projets ont utilisé des approches variées. Certains, comme HADO en Tanzanie et Guesselbodi au Niger, ont eu recours à des réglementations rigoureuses. Le projet Turkana au Kenya recourut également à des contrôles, mais en les discutant et en les faisant appliquer par les communautés elles-mêmes. Là où les contrôles ont été efficaces, les résultats ont été satisfaisants. Mais reste à savoir combien de temps ces contrôles pourront fonctionner.

Les contrôles sur la coupe du bois peuvent aussi être importants dans les régions à forte exploitation, surtout si cette exploitation se fonde sur des raisons commerciales. Le projet Turkana a réussi à interdire la production de charbon de bois et, dans le projet de Guesselbodi au Niger, la coupe pour la production commerciale de bois de feu est strictement contrôlée. Rappelons encore, que l'efficacité de tels contrôles dépend avant tout de facteurs socioéconomiques et politiques.

Faire des semis directs d'espèces variées sur de grandes étendues apparaît, à première vue, comme une bonne formule, moins onéreuse que la plantation d'arbres. Mais l'expérience a montré que les coûts sont finalement supérieurs et les résultats décevants.

La formule a été tentée dans le cadre du projet Ferlo au Sénégal, où plus de 1700 hectares ont été labourés et directement semés, dans l'espoir de reboiser les abords des puits. La pratique se révéla coûteuse et le taux de croissance des arbres faible, si bien que cette approche est aujourd'hui abandonnée. D'autres techniques de semis directs furent également expérimentées, pendant plusieurs années, dans la région de Guesselbodi, mais sans grand succès.

Seul un cas de semis direct a donné des résultats encourageants. Il s'agit du projet Turkana, où le *Dobera glabra*, espèce indigène très prisée pour ses fruits et comme ressource fourragère, disparaissait lentement, incapable de se régénérer du fait de sa surconsommation provoquée par le broutage des ruminants. On s'aperçut qu'il suffisait de semer des graines de *Dobera* dans des buissons d'acacia, où elles sont hors de portée des animaux, pour qu'elles germent et que les pousses se développent normalement. L'effet de cette pratique n'a cependant pas encore été mesuré.

L'utilisation du « *mulch* » est une autre mesure plutôt économique qui peut être efficace pour promouvoir la restauration de la végétation naturelle, même lorsque le sol est couvert d'une grosse croûte de latérite. Dans le projet Guesselbodi au Niger, on s'aperçut qu'on pouvait faciliter la régénération naturelle simplement en laissant des branches et autres matières organiques sur le sol. Il peut être utile de casser la croûte de latérite, mais ce n'est pas essentiel. Le *mulch* favorise une grande activité des termites, en rendant le sol poreux et en augmentant l'infiltration de l'eau.

Contrairement aux essais de semis directs appliqués aux arbres, les semis de graines d'herbes ont très bien réussi dans la plupart des projets. A Guesselbodi, on envisage de semer de l'herbe dans des zones considérées comme impropres au reboisement.

Reconnaître que la végétation naturelle peut reprendre ne veut pas dire que l'on écarte l'idée de planter des arbres dans des zones pastorales. Comme on l'a vu dans la zone aride du Turkana, certains agriculteurs et des éleveurs souhaitent le faire. Ces plantations ne représentent pas grand-chose en matière de reboisement, mais elles sont une étape importante dans la sensibilisation à la protection de l'environnement.

Adapter le dispositif au contexte

Une conclusion s'impose devant toutes ces expériences: il n'y a pas de modèle standard pour réussir un projet. La plupart des expériences étudiées connaissent des conditions particulières, aussi des tests et des adaptations seront-ils toujours nécessaires pour les appliquer ailleurs.

Ces techniques doivent aussi s'harmoniser avec les conditions sociales et écologiques du lieu. Dans une zone fertile, l'approche n'est bien sûr pas la même que dans une zone aride. Cela peut paraître évident, mais bon nombre de projets ont dû l'apprendre à leurs dépens.

Il est également important de garder à l'esprit que l'agriculteur modèle n'existe pas. Les conditions économiques, sociales, culturelles varient toujours selon les régions et à l'intérieur même d'une communauté. Le fait qu'un agriculteur accepte de planter une haie ne veut pas dire que son voisin voudra en faire autant. Il pourra par exemple préférer planter des arbres fruitiers. Le fait que les brise-vent aient bien fonctionné dans la vallée Majjia ne garantit pas le même résultat dans des conditions apparemment similaires, ailleurs.

Il ne faut pas non plus négliger la prudence naturelle des agriculteurs, prudence bien compréhensible quand on connaît les conséquences dramatiques qu'une mauvaise récolte peut avoir sur une famille. Il ne serait donc pas raisonnable d'attendre qu'un agriculteur adopte d'emblée de nouvelles techniques, comme la culture en bandes alternées, la plantation d'arbres ombrifères, de haies sur les courbes de niveau, de parcelles pour le fourrage, et encore moins toutes ces techniques réunies. Des changements aussi radicaux ne peuvent être intégrés rapidement et c'est sans doute tout à fait légitime.

LES TECHNIQUES DE VULGARISATION

Tous les projets sont soucieux de développer des techniques efficaces de vulgarisation et des voies très diverses ont été employées. Les facteurs culturels locaux sont de première importance pour déterminer ce qui a le mieux marché dans des circonstances données. Mais les projets ont également dû tenir compte des contraintes financières et institutionnelles.

Le bouche à oreille

Dans la plupart des projets, les vulgarisateurs ont eu un contact direct avec les agriculteurs, dans leur exploitation. L'un des grands avantages de cette méthode est qu'elle permet de bons échanges, dans lesquels le vulgarisateur apprend beaucoup de l'agriculteur, tout en lui donnant quelques conseils. Certains projets considèrent cette étape comme un moment important dans la formation de leurs équipes.

L'inconvénient de cette approche est qu'elle est lente et coûteuse, car très peu de gens peuvent être touchés de cette façon. Elle risque également de s'intéresser davantage aux agriculteurs progressistes et performants qu'aux petits agriculteurs pauvres, ceux qui ont pourtant le plus besoin d'aide.

Certains projets cherchent à élargir l'impact de ce type de vulgarisation individuelle en se concentrant sur quelques agriculteurs spécialement choisis, dans l'espoir qu'ils adopteront les techniques proposées et qu'ils serviront d'exemple vivant. Des réunions et des démonstrations sont souvent organisées dans leur exploitation ; les voisins sont invités, ce qui favorise de nouvelles occasions d'approche individuelle et fait évoluer la situation vers la vulgarisation de groupe.

La vulgarisation de groupe

Les services de vulgarisation gagnent, bien sûr, à concentrer leurs efforts sur des groupes, plutôt que de s'adresser aux personnes une par une. Il existe toutes sortes de techniques pour y parvenir.

Le projet Gituza du Rwanda, par exemple, offre une prime aux agriculteurs qui acceptent de se rendre aux réunions de vulgarisation. Ils ont droit à une réduction sur le prix des plants et se voient remettre un certificat de présence. Dans d'autres projets, des graines, des plants ou des petites brochures explicatives sont remis gratuitement au cours de ces rencontres. Tuer une chèvre pour offrir un repas aux participants, ou projeter un spectacle audiovisuel sont aussi choses courantes.

Des agriculteurs ont parfois subi des pressions pour assister aux réunions. Les producteurs de tabac, dans le projet BAT du Kenya, sont par exemple tenus d'assister aux réunions et de produire des plants dans des pépinières collectives, au risque de se voir privés des produits de culture nécessaires à leur travail s'ils ne se plient pas à la règle. Dans les pays à régime autoritaire, de fortes pressions politiques ou sociales peuvent s'exercer sur les agriculteurs.

Ces réunions ne sont pas forcément organisées par les équipes d'animation elles-mêmes. Il est parfois préférable de se servir de manifestations existant par ailleurs — un festival, par exemple — si l'on sait qu'elles attirent du monde. Il ne reste plus alors qu'à trouver le meilleur moyen d'y introduire des éléments de vulgarisation.

Les projets qui cherchent à encourager une communauté à mener des actions de contrôle du pâturage, ou toute autre activité, s'appuient énormément sur ces réunions de groupes. Le projet Turkana du Kenya a par exemple mis en place un système élaboré : des milliers de gens participent à des séminaires locaux sur la gestion du terroir. Ces séminaires se déroulent d'abord au niveau du district et de la division administrative, pour les fonctionnaires et les responsables politiques. Puis d'autres séminaires sont organisés pour toucher le plus de gens possible, notamment les populations semi-nomades.

Mais l'on minimise trop souvent les diversités au sein même d'une communauté. L'expression « population locale » comprend en effet des adultes, des femmes, des enfants, des migrants, des agriculteurs, des éleveurs, et toute autre personne vivant dans le village ou y séjournant à un moment donné. Il est capital de définir quelles sont, parmi ces différents groupes, les personnes visées par le projet et de s'assurer que le message leur parvient. Car se contenter de convoquer une réunion du village ne garantit pas que les gens intéressés se déplacent.

Le projet Lusume, en Zambie, s'est par exemple rendu compte que les femmes ne venaient pas aux réunions. Des réunions spéciales ont donc été organisées pour elles. Au Mali, le projet Koro a réussi à mettre en place un système efficace pour toucher les agriculteurs locaux qui, cependant, n'atteint pas les pasteurs fulanis qui traversent la région.

Certains projets concentrent leurs efforts de vulgarisation sur les Églises ou les groupes de femmes, ou bien organisent des activités pour des groupes particuliers. Ils espèrent, qu'ensuite l'information se propagera d'elle-même à l'ensemble de la communauté. Mais l'expérience prouve que cela ne marche pas de cette façon. Au Kenya, les responsables du projet KWDP se sont aperçus que ce type de groupe avait au contraire tendance à se replier sur lui-même et à écarter des discussions tout « étranger » au groupe.

Fermes modèles et parcelles de démonstration

Les fermes modèles ont été utilisées par un grand nombre de projets. Elles permettent en effet de présenter le dispositif proposé dans un contexte précis, de façon que les agriculteurs apprécient les réalisations possibles et apprennent à les reproduire.

Une ferme modèle peut être tenue par un agriculteur, une école ou un groupe de villageois. Elle peut même, éventuellement, être tenue par des animateurs de projets, sans l'aide ou presque des villageois. Parfois, des excursions sont organisées pour faire visiter les fermes modèles. Mais le voisinage est encore plus incitatif, simplement parce que les agriculteurs passent régulièrement devant la ferme.

Le projet PAP, au Rwanda, est sans doute celui qui a fait de plus grands efforts dans ce sens. Une centaine de fermes modèles ont été créées sur la zone du projet, chacune d'elles présentant toutes les techniques de cultures d'arbres, de techniques agricoles, d'élevage et de conservation des sols. Les agriculteurs choisis pour diriger ces exploitations étaient très solidement épaulés par des vulgarisateurs. Du matériel leur était fourni gratuitement, et le projet rémunérait, le cas échéant, la main-d'œuvre. Malgré tous ces efforts, les effets de la vulgarisation ont produit un effet négligeable. Aucun agriculteur de l'endroit, ni même aucun voisin, n'a utilisé la moindre technique proposée. Les fermes modèles sont restées des îlots coupés de la communauté.

D'autres projets ont vécu une expérience semblable. Un animateur d'EPAP, au Kenya, qui cherchait à ce que la communauté prenne le travail en charge, le constate : *« Lorsque l'on a voulu confier à quelqu'un la responsabilité d'une parcelle parfaitement aménagée, avec un système d'irrigation et d'autres agencements, personne n'en a voulu. »*

Dans le projet RAP du Zimbabwe, des parcelles de démonstration furent installées à côté des pépinières. On présentait les techniques de préparation des sols, d'adjonction de minéraux, d'engrais et de pesticides. L'effet produit fut si minime que l'activité a été abandonnée.

L'idée des fermes modèles est séduisante, à condition que les améliorations proposées par le projet soient clairement visibles pour les agriculteurs et les visiteurs. Mais l'expérience prouve qu'elles ne sont pas efficaces en tant qu'instrument de vulgarisation. Peut-être l'atmosphère qui les entoure semble-t-elle étrangère aux villageois et les techniques présentées trop compliquées, risquées ou onéreuses ?

Les parcelles de démonstration sont des formes moins élaborées que les fermes modèles ; elles ont été très largement utilisées. Une parcelle peut être juste un petit morceau de terrain, sur lequel quelques espèces d'arbres sont plantées.

L'avantage des parcelles est qu'il est facile d'y introduire des changements mineurs, ou de petites améliorations. Les agriculteurs n'ont pas alors à craindre de devoir changer toutes leurs habitudes s'ils veulent les adopter. Prises sous cet angle, les parcelles de démonstration sont d'excellents outils de vulgarisation.

Bien souvent, les parcelles de démonstration sont d'anciennes parcelles d'expérimentation sur lesquelles les animateurs de projet ont testé de nouvelles espèces. Lorsque l'essai est concluant, la parcelle d'expérimentation devient une parcelle de démonstration.

Diffuser le message par l'intermédiaire des écoles

On considère en général les écoles comme de bons vecteurs de vulgarisation. Il y en a à peu près partout. Elles sont déjà structurées et touchent une forte proportion de la population. Leur emploi du temps est connu à l'avance. Alors qu'une réunion spécialement organisée par un responsable de projet peut se trouver annulée au dernier moment, à cause d'un enterrement par exemple. Il semble donc que, pour réussir un projet, il faille commencer par trouver une école et un enseignant enthousiaste et s'entendre avec lui pour intégrer au programme scolaire le programme de vulgarisation.

Ce système connaît néanmoins quelques inconvénients. Les projets ne travaillent souvent qu'avec un seul enseignant et, s'il change de village, tout est à recommencer. On n'est jamais sûr non plus que les enfants transmettent le message à leurs parents. Lorsque le KWDP au Kenya a évalué l'impact de la vulgarisation menée dans les écoles, on s'aperçut qu'il y avait peu de communication entre enfants et parents au sujet des arbres. Plusieurs projets ont également eu la mauvaise surprise de retrouver les plantations mortes après les vacances scolaires.

L'efficacité des écoles pour diffuser les idées des projets n'est donc pas garantie. Mais il est certain qu'il y a là un potentiel considérable pour la vulgarisation agroforestière. Car les écoles offrent la possibilité d'influencer la génération qui va suivre. Il faut toutefois choisir attentivement les écoles vraiment intéressées par ce travail et s'assurer qu'elle recevront le soutien et les conseils nécessaires.

Le soutien audiovisuel

La plupart des projets s'appuient sur des supports audiovisuels pour diffuser leurs informations. Des dessins, des diapositives, des films et des émissions de radio ont été utilisés de toutes sortes de façons et avec des résultats divers.

L'une des méthodes les plus courantes en Afrique de l'Ouest, est la méthode du GRAAP qui utilise des dessins collés sur des panneaux de flanelle. Elle a été employée, entre autres, dans le projet Bois de village, au Mali et au Burkina Faso, et dans le projet PAP au Rwanda. Elle ne demande ni électricité ni moyen onéreux. Les dessins utilisés par les vulgarisateurs pour stimuler les discussions peuvent être produits localement pour s'assurer de leur pertinence. Cependant, la méthode semble se limiter aux régions francophones.

Les diapositives, au contraire, nécessitent un projecteur, de l'électricité, un écran et une salle noire. Bon nombre de projets ont néanmoins utilisé ce système avec succès. Le projet Gursum d'Éthiopie, par exemple, a fonctionné avec un simple projecteur à batteries rechargeables, alimenté par l'énergie solaire.

Dans ce cas, seules les diapositives ont posé un problème ; elles venaient de l'étranger et avaient peu de rapport avec la situation locale. Lors d'une projection, on a malencontreusement présenté une photo de *Leucaena* luxuriants prise en Asie, alors que sur place on n'avait réussi à produire que des arbres nains, plutôt rabougris. Conclusion : quelle que que soit la technique adoptée, il est bien sûr essentiel que le message passe auprès du public.

Le théâtre est également un bon outil de vulgarisation, mais il demande une certaine organisation. Se déplacer avec une troupe et organiser les représentations est un travail énorme, qui prend beaucoup de temps. Sans compter les problèmes qui se posent lorsque des acteurs sont malades ou absents pour quelque raison que ce soit.

Le KWDP au Kenya a utilisé le théâtre pendant quelques années et attiré beaucoup de monde de cette façon. Il mettait en scène des sujets sensibles comme les relations entre maris et femmes, sur les questions de pénurie de bois de feu. Cette formule a, maintenant, quasiment été abandonnée ; elle est remplacée par le cinéma.

Les films sont faits sur place et attirent également beaucoup de monde. Mais ils nécessitent, eux aussi, du travail et de l'argent ; ils sont inabordables pour les projets qui ne reçoivent pas de finances extérieures. De plus, on ne mesure pas encore très bien si ces films transforment vraiment les habitudes en matière de cultures d'arbres, ou si les gens ne viennent aux projections que pour s'amuser.

Les visites d'étude

Presque tous les projets ont organisé des visites d'étude pour former leur personnel, et certains pour présenter les projets aux agriculteurs. Les projets PAF au Burkina Faso et HADO en Tanzanie, par exemple, ont organisé des visites pour les agriculteurs de la région et pensent qu'ils en ont tiré profit.

Les visites d'étude sont très appréciées des vulgarisateurs et des responsables de projets, elles les motivent énormément. C'est spécialement vrai pour les petits fonctionnaires, qui sont en général très mal payés. Les visites d'étude encouragent également bien des agriculteurs à s'engager dans un projet.

Ces visites font en général grande impression sur les participants et les influencent énormément. En 1985, le projet Koro au Mali organisa une excursion pour le personnel, l'administration et des agriculteurs pour voir les brise-vent de la vallée Majjia au Niger. Les brise-vent de margousiers, implantés sur des centaines de kilomètres, impressionnèrent tant les visiteurs que, de retour au Mali, ils étaient persuadés que cette formule était la seule solution possible chez eux.

Au cours des années qui ont suivi le voyage, tout a été tenté pour reproduire l'expérience au Mali. En vain ! Le directeur du projet avait des doutes sur le principe des brise-vent, mais il fut ébranlé par la détermination de certains participants. Il fallut attendre quelques années pour commencer à rechercher des solutions plus adaptées aux conditions locales.

Cet exemple montre l'impact que peut avoir une visite d'étude. Il montre aussi, à quel point il est important de vérifier la pertinence du projet visité, au regard des conditions locales. Car, si tel n'est pas le cas, les enjeux échappent aux visiteurs et la démarche est alors néfaste.

Impliquer les ministères de l'Agriculture

Lorsque les programmes sont financés par des gouvernements, ce sont en général les départements forestiers qui ont la responsabilité des activités de plantation d'arbres. Mais les départements des forêts n'ont aucune expérience de vulgarisation auprès des agriculteurs, ni les moyens d'organiser de larges campagnes d'information sur la plantation d'arbres.

Dans certains cas, des investissements importants ont été faits pour équiper les services en véhicules et matériels divers, et créer une infrastructure forestière. Cependant, lorsque les programmes agroforestiers prévoient de développer surtout la culture intercalaire et la gestion du bétail, on peut se demander si le département des forêts est réellement la structure adéquate.

On observe une tendance croissante à transférer la responsabilité de la vulgarisation forestière aux ministères de l'Agriculture. On suppose que les vulgarisateurs agricoles encourageront la plantation d'arbres, au même titre que n'importe quelle autre culture. Les forestiers sont alors considérés comme des spécialistes des arbres, comme il existe des spécialistes pour le café, la conservation des sols, etc.

L'idée est séduisante. Elle permet de monter un service de vulgarisation efficace, sans les frais ni les complications qui seraient nécessaires autrement. Elle évite également les problèmes qui se posent, lorsque les forestiers doivent jouer à la fois le rôle de police des forêts et celui de gentil vulgarisateur. Il convient cependant d'éviter quelques pièges.

L'un des principaux obstacles est que les vulgarisateurs agricoles manifestent en général peu de sympathie pour la sylviculture. Dans certains endroits, on la considère même comme incompatible avec les techniques agricoles modernes. En Zambie, par exemple, on donne des récompenses aux « *agriculteurs de pointe* » qui disent avoir supprimé tout arbre de leurs champs. Dans ces cas-là, pour développer la sylviculture, il faut à la fois prévoir une nouvelle formation pour les vulgarisateurs et changer les normes agricoles.

Autre problème : les vulgarisateurs agricoles ont l'habitude de travailler avec des techniques parfaitement rodées ; mais tel n'est pas le cas en agroforesterie. Le projet RAP du Zimbabwe a confié la formation du personnel agricole à un agroforestier du ministère de l'Agriculture. Effet médiocre : le message agroforestier n'était ni clair ni bien défini.

Malgré ces difficultés, la tendance générale à impliquer toujours plus les personnels agricoles en agroforesterie a des chances de se poursuivre. Une plus grande coopération entre les forestiers et les responsables agricoles est évidemment nécessaire dans la mesure où la raison même de l'agroforesterie est de permettre une meilleure intégration entre la sylviculture, l'agriculture et la gestion du bétail.

LA FORMATION DU PERSONNEL

Dans la majorité des projets financés par des programmes d'assistance bilatéraux ou multilatéraux, le personnel est constitué d'employés du gouvernement. Les ONG, en revanche, recrutent leurs équipes spécialement pour tel ou tel projet. Mais dans les deux cas, le personnel doit acquérir de nouvelles connaissances et apprendre de nouvelles techniques.

Par exemple, les personnes embauchées doivent être formées pour mener une enquête, mettre en place et entretenir des pépinières. Elles doivent apprendre les différentes techniques de plantation d'arbres et de communication. Cette formation dure de quelques semaines à quelques mois — six mois, par exemple — selon les projets.

De nombreux projets assurent la formation en cours d'emploi ; les cours sont soit groupés en une semaine, soit dispensés le soir, pendant toute l'année. Des projets comme celui de PAP au Rwanda ou de Gursum en Ethiopie attachent beaucoup d'importance à la formation et offrent en moyenne trois semaines de cours par an à leur personnel. Il est intéressant de noter que les projets qui investissent déjà beaucoup dans la formation ont le sentiment qu'ils devraient le faire encore davantage.

Les livres sont en général considérés comme des outils importants dans la formation mais, dans la pratique, leur utilité est variable. Certains donnent trop d'informations techniques et sont dissuasifs. Un projet a reconnu que son manuel était « plus apprécié des visiteurs que de son personnel ». Il est bien sûr très utile qu'un manuel soit testé auprès de son futur public avant d'être édité. Il est également important de le réviser et d'en faire des évaluations de temps en temps, de façon à y intégrer les nouvelles idées.

Une bonne formation peut avoir des effets tout à fait appréciables sur l'efficacité des équipes de vulgarisation. Mais on ne peut trop exiger du personnel. Certains projets ont démarré avec seulement des forestiers qui devaient se débrouiller dans des domaines aussi variés que la gestion du bétail et la production agricole, ce qui n'est pas très réaliste. Il est bien sûr plus efficace de recruter une équipe pluridisciplinaire dès le départ.

Il faut également s'assurer que les programmes, tant dans les centres de formation en sylviculture qu'en agriculture, reflètent le besoin de collaboration entre les forestiers et les ouvriers agricoles en agroforesterie.

La principale pépinière du Projet de la vallée de la Majjia, au Niger. Les pépinières centralisées offrent de nombreux avantages mais aussi un sérieux inconvénient : la distribution des plants dans les villages.

Jeffrey Foxx/CARE

PRODUCTION ET DISTRIBUTION DE PLANTS

La production de plants est un élément essentiel dans la plupart des projets agroforestiers. De nombreuses discussions ont été nécessaires, pour pouvoir définir le meilleur moyen d'atteindre cet objectif.

Les pépinières centralisées

La plupart des projets présentés dans cette étude ont démarré en créant des pépinières centralisées. Certains d'entre eux, spécialement dans les régions arides, dépendaient uniquement de ce type de production. Son gros avantage est de permettre une production rapide et facile à contrôler du point de vue de la qualité, comme du nombre de plants produits.

Le problème évident des pépinières centralisées est celui de la distribution. On oublie trop souvent que, même si les agriculteurs jugent utile d'utiliser des plants, cela ne fait pas partie de leurs priorités. On s'est aperçu, par exemple, que les agriculteurs n'étaient pas prêts à faire plus de deux kilomètres à pied pour se procurer des plants. Dans de nombreux projets pourtant, la pépinière centralisée est à plus de 20 km — et même quelquefois un peu plus loin — des agriculteurs. Il ne faut donc pas s'étonner si la distribution des plants est souvent décevante.

On peut résoudre en partie ce problème en transportant des plants dans les villages, les écoles et autres points de passage. Mais cela n'est possible que si des véhicules sont disponibles au moment des plantations. Encore faut-il que les camions et les pick-up puissent emprunter les routes, souvent peu fréquentables au moment des pluies. De nombreux plants ne survivent pas à toutes ces difficultés. Moins de la moitié des plants produits en pépinière centralisée atteignent leurs destinataires.

Les pépinières collectives

Pour décentraliser la production des plants, des pépinières communales ou collectives ont été organisées au niveau des villages, dans un certain nombre d'endroits. Les techniques utilisées sont alors plus simples que celles généralement employées en sylviculture classique, et les pépinières sont beaucoup plus petites. Elles sont en général soutenues par des projets ou des agences gouvernementales qui leur fournissent les sacs en plastique, les outils, les graines et des conseils.

Avec ce type de pépinières, la distribution est plus commode. Mais elles ne sont pas faciles à mettre en place ni à entretenir, car elles demandent un long travail de vulgarisation et surtout un intérêt soutenu de la part de la population locale.

Certains projets ont offert des récompenses aux villageois, pour les encourager à établir des pépinières. Par exemple, installer des points d'eau, offrir des charrettes pour les ânes ou payer du personnel. Mais cela a accru la confusion, car on ne savait plus si les gens désiraient vraiment les pépinières ou simplement les avantages qui y étaient associés. Les responsables des projets se sont alors trouvés face à un choix difficile. S'ils offraient un soutien trop discret, les groupes visés risquaient de ne pas s'intéresser au projet. S'ils en faisaient trop, les motivations risquaient d'être faussées et l'ensemble de l'opération compromis.

Les problèmes de ce genre sont courants. Aucun des projets étudiés ne s'est d'ailleurs montré parfaitement satisfait des résultats. La plupart du temps, les pépinières collectives fournissent moins de la moitié de la production nécessaire. Malgré cela, le sentiment général est que ces pépinières collectives sensibilisent les gens à la culture d'arbres et leur donnent envie d'en prendre la responsabilité de A à Z. Elles développent aussi un esprit de groupe, élément essentiel à la réussite d'un projet.

Les pépinières à la ferme

On considère en général qu'il faut donner des plants aux agriculteurs si l'on veut réussir les programmes agroforestiers. Mais une enquête menée dans l'ouest du Kenya par le KWDP, en 1984, montre qu'un tiers des exploitants agricoles produisaient déjà des plants depuis des années, sans aucune aide extérieure.

Ce travail nécessite un faible investissement et peu de temps de travail. Les plants sont en général repiqués au début de la saison des pluies, si bien qu'il est inutile de les arroser. On n'a pas besoin de sacs en plastique ni de tailler les racines, et il n'est pas utile de prévoir une protection contre les animaux. Les plants sont produits par les agriculteurs, puis vendus ou donnés à d'autres.

Depuis cette découverte, on s'intéresse de plus en plus au développement des pépinières à la ferme. De nombreux projets procurent toutes sortes d'aide aux agriculteurs : dons de graines, de sacs en plastique et parfois d'arrosoirs, conseils techniques en tout genre...

Dans les régions sèches, le problème est beaucoup plus délicat. De gros moyens sont nécessaires pour l'arrosage, la culture d'arbres est moins rentable, si bien que les agriculteurs sont peu motivés pour créer des pépinières. Le projet Koro, au Mali, a cependant réussi à dépasser ces obstacles ; de bons résultats ont été obtenus dans les pépinières à la ferme, dès les premières années de travail.

Le projet KWDP au Kenya a aussi orienté ses efforts dans ce sens. Des projections de films, des émissions de radio, des réunions publiques ont été organisées pour toucher le plus de monde possible. Des semences ont également été distribuées. Le projet a aussi dispensé un certain nombre de conseils pour améliorer la production des pépinières. Mais les agriculteurs ont une écoute très sélective. Ils refusent par exemple la taille des racines des plants, alors que cette méthode a prouvé son efficacité.

Dans les zones bien arrosées, les agriculteurs peuvent produire leurs plants tout seuls. Ce qui veut dire que la production centralisée n'est pas aussi impérative qu'on le pensait jusque-là. Toute la difficulté est de trouver la meilleure manière d'encourager ces pépinières à la ferme.

Certains projets paient des agriculteurs pour produire des plants dans leurs exploitations. Les plants sont alors achetés à un taux déterminé. Cela évite de payer du personnel pour s'occuper des pépinières. A chaque agriculteur de savoir quel investissement il souhaite fournir dans la production de plants. Mais comme chaque fois qu'un projet utilise des incitations, se pose alors la question de la viabilité du projet.

La fourniture de semences

Disposer des bonnes graines au bon moment est une nécessité vitale pour tout type de pépinières, qui, souvent, ne reçoivent pas toute l'attention nécessaire.

Même les projets bien organisés se trouvent, parfois, dans la situation délicate de ne pas avoir les graines qu'ils veulent au moment où ils en ont besoin. D'autres fois, la production n'arrive pas à satisfaire la demande, ou bien les espèces produites ne conviennent pas aux besoins des agriculteurs.

Là encore, il n'existe pas de remède miracle. Mais il importe que des employés et des agriculteurs locaux soient formés pour mettre en place un système efficace de récolte des graines.

SUIVI ET ÉVALUATION

Le suivi et l'évaluation sont des étapes essentielles pour la réussite des projets. Sans ce regard critique sur ce qui a été réalisé, il est impossible de savoir quels sont les volets d'un projet qui marchent et quels sont ceux qui doivent être abandonnés. Les méthodes à utiliser sont multiples.

Les données sur le nombre et les espèces de plants produits dans les pépinières sont la plupart du temps conservées. Même si les informations ne sont pas structurées, les gens savent en général ce qui se passe dans leurs pépinières. Ce qui arrive après la distribution des plants est, en général, beaucoup plus difficile à savoir.

Certains projets conservent les noms de tous les agriculteurs qui ont reçu des plants. Une liste est établie et des forestiers ou des vulgarisateurs essaient d'évaluer les taux de survie des plants. C'est un procédé lent et coûteux qui n'élimine pas toutes les sources d'erreurs : des agriculteurs peuvent par exemple avoir reçu des plants d'une autre provenance. Cette procédure fournit malgré tout certaines indications.

Dans le projet RAP, au Zimbabwe, on a tâché de réduire le travail de suivi et d'évaluation en demandant aux responsables des pépinières de contrôler eux-mêmes les taux de survie des plants dans leur secteur, et d'envoyer les résultats au siège d'Harare. Ces personnes n'étaient évidemment pas formées à cela. Elles ont utilisé diverses méthodes ; certains responsables n'ont pas envoyé de résultats du tout. Si bien que les informations recueillies ont été peu exploitables.

Le projet Gituza au Rwanda a fait de gros efforts pour obtenir des informations détaillées, non seulement sur les taux de survie des plants mais aussi sur les rendements des arbres. Des listes précises ont été établies, consignant le nombre de plants produits et leurs destinations. Des vulgarisateurs ont visité les exploitations agricoles et noté le nombre de plants vivants, leur taille, le lieu où ils étaient plantés, etc. On a demandé aux agriculteurs ce qu'ils pensaient des arbres, quelles espèces ils souhaitaient obtenir l'année suivante et en quelle quantité. Les résultats, traités par ordinateur, ont servi de base pour impulser de nouvelles directions au projet.

Des enquêtes menées minutieusement et intelligemment donnent des informations très précieuses. Le seul problème est qu'elles nécessitent de l'argent, un personnel compétent et un équipement informatique. Si bien qu'on ne peut utiliser cette méthode quand les fonds étrangers sont épuisés. Mais les projets qui fondent le suivi et l'évaluation sur le traitement informatique ne peuvent pas non plus survivre.

Il est également important de garder l'esprit ouvert, et de regarder au-delà de la production des plants et des taux de survie. Le projet Turkana au Kenya a dû, par exemple, évaluer les changements d'attitudes des éleveurs de la région en ce qui concerne la gestion de leur parcours dans la savane et en forêt, et apprécier leurs sentiments vis-à-vis du département des Forêts. L'une des questions essentielles dans le projet de la vallée Majjia portait sur l'effet des brise-vent sur la production agricole. Dans le projet HADO en Tanzanie, les résultats les plus appréciables ont été obtenus dans les domaines de la nutrition et de la santé.

Le suivi et l'évaluation sont en général plus efficaces quand ils sont menés par les vulgarisateurs eux-mêmes. Ils voient et mesurent ainsi directement les résultats de leurs efforts. Quand, au contraire, ces opérations de contrôle sont considérées comme un exercice à part et menées par des chercheurs extérieurs au projet, les vulgarisateurs ont tendance à se désintéresser des résultats, si bien que toute la richesse de ce regard critique sur le travail disparaît.

Lorsque le suivi est assuré par le personnel du projet, une contribution extérieure peut être utile pour interpréter les résultats. Cela évite les risques de distorsions, les préjugés et les aveuglements toujours possibles de la part du personnel impliqué au jour le jour dans le projet. Cela permet également d'apprécier plus facilement ce qui réussit et ce qui rate.

La plupart des projets cherchent à appliquer un modèle de suivi et d'évaluation suffisamment simple pour traiter les informations sur le terrain, sans avoir recours à l'ordinateur. Les résultats sont ainsi immédiatement disponibles. Éventuellement, on peut faire le travail en deux temps, une première analyse étant faite immédiatement sur le terrain, et une autre, plus tard et plus détaillée, sur ordinateur, en ville.

Le principal intérêt de cette étape de suivi et d'évaluation est qu'elle permet de développer un esprit d'ouverture et d'autocritique au sein du projet. Ce n'est pas facile, mais si on y parvient, le projet sera beaucoup mieux adapté aux besoins des populations auxquelles il s'adresse.

Enfin, une question importante mais souvent négligée est la nécessité d'assurer la transmission de l'information entre une équipe et la suivante. Dans certains projets, il n'existe quasiment pas d'information sur ce qui s'est passé antérieurement. De telles « amnésies » institutionnelles ont pour effet de répéter, inutilement, un travail déjà fait par d'autres ou de reproduire les mêmes erreurs.

MESURER LES RÉUSSITES ET LES ÉCHECS

De nombreux projets évaluent leurs réalisations en termes de plants distribués, de surfaces couvertes ou du nombre d'agriculteurs touchés. Ces informations sont souvent les seules qui permettent aux gens de l'extérieur de juger un projet.

Il est bien sûr nécessaire de mesurer les résultats objectifs des projets ; mais les informations purement statistiques ne disent pas en quoi le projet a apporté une amélioration dans la vie des gens. C'est ce qui est apparu clairement dans l'opération de reboisement autour des puits du projet Ferlo au Sénégal. Des milliers d'hectares d'*Acacia senegal* ont été plantés mais les bénéfices pour les villageois ont été minimes.

Les projets ont souvent des résultats intangibles, difficiles à mesurer. Dans le village de Longa au Burkina Faso, par exemple, les villageois ont pris la décision de faire cesser le pâturage libre, si bien que le bétail est désormais gardé à l'étable. Décision qui aura de toute évidence un bien meilleur effet que la plantation d'arbres. Est-ce là un résultat de la prise de conscience encouragée par le projet PAF ? C'est difficile à dire, mais le fait est que des changements importants interviennent dans le village.

Mesurer précisément le succès d'un projet est donc quasiment impossible. Mais les responsables doivent néanmoins décider si de nouveaux volets doivent être programmés, si ceux qui existent doivent se poursuivre, être transformés ou interrompus. Il faut aussi décider des niveaux de financement. Les analyses économiques sur les coûts et les bénéfices peuvent apporter des éléments mais, en dernier recours, il s'agit plutôt de porter un jugement sur la base des informations recueillies.

L'un des critères les plus importants est de savoir si le projet est viable ou non. Certains projets ont eu beaucoup d'impact de leur « vivant », mais ont peu de chance de laisser des traces derrière eux. Pour ceux qui avaient un objectif de secours d'urgence, cela se justifie. Mais pour les projets qui ont une vocation de développement agricole à long terme, la question de la viabilité est fondamentale pour estimer leur taux de réussite.

Un deuxième critère essentiel est l'aptitude à reproduire un projet ailleurs. Partout, les problèmes que rencontrent les agroforestiers sont gigantesques. Ce ne sont pas des programmes qui prennent en charge quelques centaines, voire quelques milliers d'hectares, qui leur apporteront des solutions. Si l'agroforesterie veut jouer un rôle important, elle doit développer des techniques et des approches que des agriculteurs pourront eux-mêmes reproduire sur une plus grande échelle.

Mais une certaine souplesse est nécessaire dans l'application de ces deux critères de base. L'économie de certains pays, spécialement dans la région du Sahel, est tellement dépendante de l'aide étrangère que la notion de viabilité ne peut être envisagée qu'en termes relatifs, et jamais de manière absolue.

Prenons l'exemple du projet Gursum en Éthiopie. Très dépendant de la formule « aide alimentaire pour le travail », il ne peut envisager de mener des activités sans aide extérieure. Mais dans un pays où l'aide alimentaire est vitale pour l'économie rurale, un projet qui réussirait à appliquer la formule « aide alimentaire pour le travail » en même temps qu'il mènerait des activités de développement indépendantes de l'aide alimentaire, irait incontestablement dans la bonne direction.

INDEX

R

S

T

V

Z

INFORMATIONS SUR LES BAILLEURS DE FONDS

Ce livre n'aurait pu être publié sans l'aide des organismes suivants :

The Swedish International Development Authority (SIDA)

La Commission de la Communauté européenne, Directoire général pour le développement, Ligne de budget 946, « Écologie des pays développés ».

L'Agence de coopération (ACTA)

L'ACTA opère sous le patronage de la Convention de Lomé, édifiée entre les pays d'Afrique, des Caraïbes et du Pacifique (ACP).

Le but de l'ACTA est de collecter, de diffuser et de permettre les échanges d'informations concernant la recherche, l'expérimentation et les innovations dans le domaine du développement rural et agricole et leurs applications au profit des États membres de l'ACP.

Pour remplir cet objectif, l'ACTA édite des études et publications, organise et anime des conférences des séminaires et des cours, assure des traductions et offre un important service d'information.

L'Agence de coopération culturelle et technique, organisation intergouvernementale créée par le traité de Niamey, en mars 1970, rassemble des pays liés par l'usage commun de la langue française, à des fins de coopération dans les domaines de l'éducation, de la culture, de la communication, des sciences et des techniques, et plus généralement dans tout ce qui concourt au développement de ses pays membres et au rapprochement des peuples.

Les activités de l'agence dans les domaines de la coopération scientifique et technique pour le développement se regroupent en cinq programmes : agriculture, environnement, énergie, prospection et concertation en sciences et techniques pour le développement, information scientifique et technique. Toutes les actions menées dans le cadre de ces programmes sont complémentaires et ont pour finalité principale le développement du monde rural.

L'agriculture et l'alimentation constituent des domaines prioritaires par excellence. Les énergies (nouvelles et renouvelables en particulier) sont considérées dans leurs applications pour répondre aux besoins des populations isolées. L'environnement apparaît depuis 1990 comme un programme spécifique, compte tenu de l'importance des problèmes de pollution et de conservation des sols et des eaux.

La vocation de l'agence, qui est de favoriser les échanges, la circulation des hommes et des idées et la coopération au sein de la francophonie, fait que la constitution des réseaux et la diffusion de l'information ont toujours été des actions privilégiées. Celles-ci se concrétisent par des aides au développement des ressources humaines et des structures physiques de la recherche, l'organisation de réseaux, de colloques, de séminaires, l'édition et l'aide à l'édition des résultats de la recherche et de manuels, de dictionnaires spécialisés, de revues ; le tout prioritairement dans les domaines liés à l'agriculture et le développement rural.

ÉTATS MEMBRES

Belgique, Bénin, Burkina Faso, Burundi, Canada, République centrafricaine, Comores, Congo, Côte d'Ivoire, Djibouti, Dominique, France, Gabon, Guinée, Guinée équatoriale, Haïti, Liban, Luxembourg, Madagascar, Mali, Ile Maurice, Monaco, Niger, Ruanda, Sénégal, Seychelles, Tchad, Togo, Tunisie, Vanuatu, Vietnam, Zaïre.

ÉTATS ASSOCIÉS

Cameroun, Égypte, Guinée-Bissau, Laos, Maroc, Mauritanie, Sainte-Lucie.

GOUVERNEMENTS PARTICIPANTS

Nouveau-Brunswick, Québec.

ACCT, 13, quai André Citroën, 75015 Paris. Tel (1) 45 75 62 41.
Télex : AGECOP 20 19 16. Télecopie : (1) 45 79 14 98.

692598 - Janvier 2017
Achevé d'imprimer par
1livre.com
du rêve à la réalité !

Made in United States
Orlando, FL
04 November 2026

90202162R00140